myBook+

Ihr Portal für alle Online-Materialien zum Buch!

Arbeitshilfen, die über ein normales Buch hinaus eine digitale Dimension eröffnen. Je nach Thema Vorlagen, Informationsgrafiken, Tutorials, Videos oder speziell entwickelte Rechner – all das bietet Ihnen die Plattform myBook+.

Und so einfach geht's:

- Gehen Sie auf **https://mybookplus.de**, registrieren Sie sich und geben Ihren Buchcode ein, um auf die Online-Materialien Ihres Buchs zu gelangen
- **Ihren individuellen Buchcode finden Sie am Buchende**

Wir wünschen Ihnen viel Spaß mit myBook+ !

https://mybookplus.de

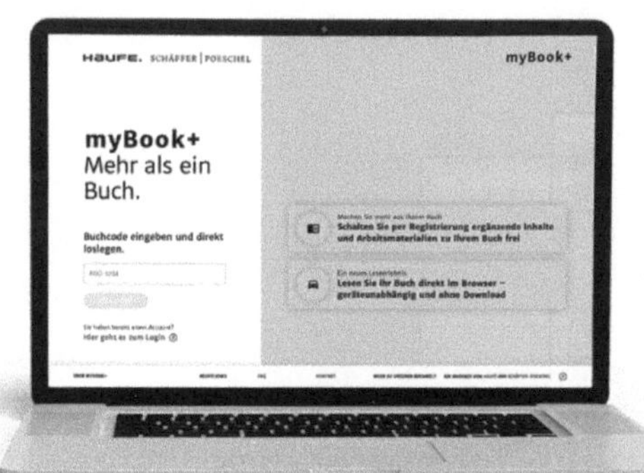

Jahresabschluss leicht gemacht

Jean Bramburger, Elmar Goldstein, Michéle Schwirkslies

Jahresabschluss leicht gemacht

So erstellen Sie Ihre Bilanz selbst

11. aktualisierte und überarbeitete Auflage

Haufe Group
Freiburg · München · Stuttgart

Bibliografische Information der Deutschen Nationalbibliothek
Die Deutsche Nationalbibliothek verzeichnet diese Publikation in der Deutschen Nationalbibliografie; detaillierte bibliografische Daten sind im Internet über http://dnb.dnb.de abrufbar.

Print:	ISBN 978-3-648-15992-7	Bestell-Nr.: 01136-0011
ePDF:	ISBN 978-3-648-17103-5	Bestell-Nr.: 01136-0153

Jean Bramburger, Elmar Goldstein, Michéle Schwirkslies
Jahresabschluss leicht gemacht
11. Auflage, September 2023

www.haufe.de
info@haufe.de

Bildnachweis (Cover): © iStock, Kerkez

Produktmanagement: Dipl.-Kfm. Kathrin Menzel-Salpietro
Lektorat und Satz: Helmut Haunreiter, Marktl am Inn

Aus Gründen der besseren Lesbarkeit wird bei Personenbezeichnungen und personenbezogenen Hauptwörtern entsprechend den Empfehlungen des Rats für Deutsche Rechtschreibung und gemäß dem Amtlichen Regelwerk der deutschen Rechtschreibung in diesem Buch die männliche Form im Sinne des generischen Maskulinums verwendet. Entsprechende Begriffe beziehen sich ausdrücklich auf Personen jeglichen Geschlechts. Die verkürzte Sprachform hat nur redaktionelle Gründe und beinhaltet keine Wertung.

Inhaltsverzeichnis

Einleitung

»Wie, ich darf den Jahresabschluss selbst machen? Muss ich nicht einen Steuerberater damit beauftragen?« Es gibt nicht wenige Kleinunternehmer, die zwar ihre Buchhaltung selbst erledigen, den Jahresabschluss aber vom Steuerberater aufstellen lassen. Die Bilanz aufzustellen und Steuererklärungen auszufüllen, ist schwierig, ungleich schwieriger als die laufende Buchhaltung selbst. Praktiker brauchen deshalb einen Leitfaden, der den schwierigen Jahresabschluss leicht macht.

Dieser Leitfaden holt den Buchhalter einer Einzelfirma am Ende der Dezemberbuchhaltung ab und führt ihn Schritt für Schritt vom Abstimmen der Konten, von Umbuchungen, Abgrenzungen, Abschreibungen usw. zum Jahresabschluss – Bilanz- und GuV – bis hin zum Eintrag in den Steuererklärungen.

Die Besonderheiten der GmbH-Abschlüsse sowie die Jahresabschlüsse von Personengesellschaften würden den Rahmen dieses Buchs sprengen. Zu diesen beiden unterschiedlichen Rechtsformen empfehlen wir deshalb die beiden Bücher: »GmbH-Jahresabschluss leicht gemacht«, das die spezielle Gliederung, Davonvermerke, den Anhang und die Steuererklärungen einer kleinen GmbH behandelt, sowie »Jahresabschluss der Personengesellschaften« mit den Besonderheiten zu Kapitalkonten und Ergebnisverteilung.

Für wen ist dieser Leitfaden zum Jahresabschluss gedacht?

1. Das Praxisbuch ist von großem Nutzen für Kleinunternehmer, Handwerker und Dienstleistende, die Abschluss und Steuererklärung selbst erstellen wollen.
2. In zweiter Linie sind es aber gerade auch jene Buchhalter, die nicht blindlings ihr Werk aus der Hand geben wollen. Sie sind mit diesem Buch in der Lage, den Jahresabschluss gezielt vorzubereiten und das spätere Ergebnis nachzuvollziehen und zu kontrollieren. Damit können gravierende Fehler, z. B. falsche oder fehlende Bilanzansätze, rechtzeitig aufgedeckt werden.
3. Durch Verwendung der DATEV-Kontenrahmen ist dieses Buch auch für die Ausbildung in Steuerwesen, Buchhaltung und BWL-Studium interessant. Hier kann der Bezug von rechtlicher Systematik und Schulwissen mit der Praxis hergestellt werden. Das in der Ausbildung erworbene theoretische Wissen ist damit leichter in die Praxis umzusetzen.

Selbst in der professionellen Steuerberatungspraxis gibt es kaum brauchbare Schemata, wonach Jahresabschlüsse standardisiert und effektiv erstellt werden können. Checklisten und Musterabschlüsse setzen zumeist Fachwissen und Praxiserfahrung voraus oder sind für Anfänger und Laien zu detailliert. Die Autoren haben über Jahre hinweg Jahresabschlüsse kleiner und mittlerer Unternehmen aufgestellt und Probleme in unstimmigen Buchhaltungen und schwierigen Sachverhalten gelöst.

Dieser Leitfaden ist mit dem Anspruch aufgelegt, Sie Schritt für Schritt durch die Jahresabschlussarbeiten zu führen. Sie bekommen hiermit ein einfaches Standardschema an die Hand, mit dem Sie sich den Abschluss leicht machen können, bis hin zur Abgabe der Steuererklärung mit Übermittlung der E-Bilanz.

Schwierig sind teilweise die Ausnahmefälle, von denen wohl viele, aber längst nicht alle und vor allem nicht alle in ihrer Tiefe behandelt werden konnten. Wollte man die schwierigen Fälle aus der Praxis und fremde Fachbegriffe ignorieren, so wäre der aufgestellte Jahresabschluss zwar klar und schlicht, aber auch schlichtweg falsch. In einem kniffligen Fall werden Sie deshalb möglicherweise keine Lösung, sondern nur ein Problembewusstsein entwickeln und professionelle Hilfe in Anspruch nehmen müssen. Denn dieses Buch kann keine mehrjährige Ausbildung zum Bilanzbuchhalter oder Steuerfachangestellten ersetzen und vor allem nicht zum Steuerberater.

Bezüglich der erforderlichen E-Bilanz wird lediglich auf zwingende Vorschriften eingegangen. Außerdem bleiben rein handelsbilanzielle Wahlrechte – ohne steuerliche Auswirkungen – unbesprochen. Es mag eine spannende Aufgabe sein, in der Handelsbilanz ein gutes Ranking herzustellen und sich gleichzeitig gegenüber dem Finanzamt arm zu rechnen. Für solche Aufgaben sei jedoch auf weiterführende und detaillierte Lehrbücher und die professionelle Hilfe von Steuerberatern verwiesen.

Die laufende Buchhaltung ist der eine Teil des Rechenwerks, in das mit Zeit und Übung jeder Buchhalter hineinwachsen kann. Der Jahresabschluss dagegen dient in der Praxis häufig dazu, zunächst die Fehler des abgelaufenen Jahres zu korrigieren. Was jedoch nicht dem tatsächlichen Zweck des Jahresabschlusses entspricht. Dennoch ist es zumeist in der Praxis wenig sinnvoll, dass der Abschluss von demjenigen erstellt wird, der diese Fehler unwissend oder allzu sorglos begangen hat. Daran anschließende Entscheidungen bei den Abschlussbuchungen haben mitunter gravierende steuerliche Auswirkungen. In dem Steuerchaos behält gerade noch ein Steuerberater aufgrund seiner Ausbildung und Erfahrung den Überblick und das nur, wenn er über Fortbildungen ständig am Ball bleibt. Das Honorar für die Beratung und Begleitung durch ein Steuerbüro möchten sich viele Unternehmer jedoch gern sparen oder sie sind z. B. aufgrund angespannter Marktlage wirtschaftlich nicht in der Lage, externe Hilfe zu suchen. Der Jahresabschluss ohne Steuerberater kommt jedoch oft einer fehlenden Haftpflichtversicherung gleich. Wenn es gut geht, freut man sich, die Versicherungsbeiträge gespart zu haben. Wenn jedoch ein Schaden eintritt, dann wünscht man sich, die Prämie gezahlt zu haben.

Andererseits gab es immer schon Lehrbücher zum Jahresabschluss und mittlerweile gibt es regelmäßig neue Buchhaltungsprogramme und Apps, die damit werben, nicht nur bei der Buchhaltung zu unterstützen, sondern auch den Abschluss auf Knopfdruck selbst erledigen zu können. Für einen solchen idealen Jahresabschluss muss die Buchführung jedoch vollständig und richtig vorliegen. An diesem Punkt setzen die meisten Lehrbücher zum Jahresabschluss an und beschreiben einzelne Positionen der Bilanz und Gewinn- und Verlustrechnung (GuV). Wie Sie dorthin gelangen, wird jedoch oft nur mit ein paar Sätzen abgehandelt.

- In diesem Buch nehmen dagegen das Abstimmen der laufenden Buchhaltung und das Zusammenstellen der zum Jahresabschluss benötigten Unterlagen den größten Stellenwert ein.
- In einem gesonderten Kapitel werden die Inventur der Vorräte und die Buchung von Bestandsveränderungen sowie Bewertungsabschlägen behandelt.
- In diesem Buch können nur Standardfälle von kleinen Unternehmen behandelt werden. Der Einfachheit halber ist jeweils der 31.12. mit dem Bilanzstichtag gleichgesetzt. Vollkaufleute könnten einen anderen Bilanzstichtag und ein abweichendes Wirtschaftsjahr festlegen. Bis auf die Umsatzsteuererklärung, die nach wie vor für das Kalenderjahr abgegeben wird, ergäben sich beim Jahresabschluss mit abweichendem Wirtschaftsjahr keine Besonderheiten.
- Abschließend sind die einzelnen Steuererklärungen ggf. mit Berechnung der Steuerschuld und Rückstellung auszufüllen. Hinzu kommt die Übermittlung der E-Bilanz.

Tipp

Die alternative Gewinnermittlung von Kleinunternehmern und Freiberuflern durch EÜR finden Sie in dem speziellen Werk »Einnahmen-Überschussrechnung 2021/2022 für Freiberufler und Selbstständige« von Iris Thomsen und Kerstin Markgraf, 16. Auflage, Haufe 2022, behandelt.

Lesen Sie im folgenden Wegweiser nach, wie Sie Schritt für Schritt den Jahresabschluss Ihres Unternehmens aufstellen.

Ablaufplan Jahresabschluss

1. Vortragen der Eröffnungsbilanz
2. Abstimmen der Buchhaltung
3. Abstimmen: Aktiva
4. Abstimmen: Passiva
5. Abstimmen: Aufwendungen und Erträge
6. Inventur
7. Abschlussbuchungen – Aufstellen der Bilanz
8. Anlagevermögen, Abschreibungen, Anlagenspiegel
9. Umlaufvermögen
10. Passiva
11. Gewinn- und Verlustrechnung
12. Steuererklärungen
13. Die fertige Bilanz und GuV
14. Übertragen der E-Bilanz

Arbeitstechniken und Buchungen sind unter Verwendung der Kontenrahmen DATEV SKR03 und SKR04, IKR und des Groß- und Außenhandels beschrieben. Den angeführten Beispielen liegt der SKR03 und SKR04 zugrunde. Für Alternativrechnungen und die steuerliche Gestaltung ist der Rat des Steuerberaters einzuholen.

Da die Abschlusserstellung stets vergangenheitsorientiert ist, finden Sie sämtliche Beispiele und Konten auf dem Stand vom 31.12.2022. Bei den aufgeführten Buchungsbeispielen bezieht sich das Soll und Haben jeweils auf das Konto.

Viel Erfolg mit dem Jahresabschluss 2022. Für sämtliche Anregungen und Hinweise sind Verlag und Autoren dankbar.

Heppenheim/Berlin im Juli 2023

Jean Bramburger, Steuerberaterin

Dipl.-Kfm. Elmar A. Goldstein

Dipl.-Finanzwirtin (FH) Michéle Schwirkslies, Steuerberater

1 Vorbereitungen zum Jahresabschluss

Die Erstellung des Jahresabschlusses mit Hilfe der EDV kann man in drei Arbeitsschritte aufteilen:

1. Abstimmen der Buchhaltung und Zusammenstellen der Unterlagen (Abschluss vorbereiten)
2. Umbuchungen und Jahresabschlussbuchungen
3. Erstellen des Jahresabschlusses (Bilanz, Gewinn- und Verlustrechnung und ggf. Anhang und weiterer Berichte) sowie der Steuererklärungen.

Es gibt bei den Jahresabschlussarbeiten verschiedene Stufen und Begriffe. So wird zwischen vorbereitenden Abschlussarbeiten, Abschlussvorarbeiten, »eigentlichen« Abschlussarbeiten u. Ä. unterschieden.

Im Grunde dürfte das dem Praktiker ziemlich egal sein, und die in diesem Buch gezogene Grenze zwischen der Vorbereitung und den Abschlussarbeiten wird gar manchem als willkürlich erscheinen.

- Während die Auflösung der Rechnungsabgrenzungen aus dem Vorjahr zur laufenden Buchhaltung gehört, ist die Neubildung in der Praxis zumeist dem Jahresabschluss vorbehalten.
- Soll-Versteuerer (§ 16 UStG) buchen im Rahmen der laufenden Buchhaltung alle noch nicht bezahlten Ausgangsrechnungen ein. Ist-Versteuerer nach § 20 UstG verbuchen die noch nicht bezahlten Rechnungen in der Praxis oftmals erst zum Jahresabschluss.

In jedem Fall ist schon beim Abstimmen der Konten die Bildung der Jahresabschlussposten durch Belege und weitere Unterlagen vorzubereiten. Und warum nicht gleich in einem Arbeitsgang abstimmen und buchen?

Tipp

Sie riskieren, dass noch eine einzige Fehlbuchung auf dem letzten abzustimmenden Konto über ein paar andere, bereits abgerechnete Konten korrigiert werden muss, welche wiederum die errechneten Rückstellungen, Wertberichtigungen u. a. über den Haufen wirft. Neben der zusätzlichen Arbeit laufen Sie Gefahr, Auswirkungen zu übersehen.

Außerdem interessiert sehr wohl die Unterscheidung zwischen »Abschlussvorarbeiten« und »vorbereitenden Abschlussarbeiten« nach der Steuerberatergebührenverordnung. Sie können also die Vorarbeiten kostengünstig selbst übernehmen und dem Steuerberater die eigentliche Erstellung des Jahresabschlusses und der Steuererklärungen in die Hand geben.

- Zu den Abschlussvorarbeiten gehört die Abstimmung der Buchhaltung bis zur Saldenbilanz der Jahresverkehrszahlen. Wenn dies der Steuerberater erledigen soll, kann er für diese Arbeit zusätzlich eine Zeitgebühr in Rechnung stellen.
- Zu den vorbereitenden Abschlussbuchungen als Teil des Jahresabschlusses gehören die Buchungen der Abschreibungen, die Bildung der Rechnungsabgrenzungsposten soweit noch nicht in der Buchführung erfolgt, Rückstellungen, Rücklagen, Buchungen der Inventuranpassungen, die Prüfung nicht abzugsfähiger Betriebsausgaben, Privatnutzungen Kfz und Telefon und Anpassungsbuchungen an die Betriebsprüfung.

Wenn Sie den Jahresabschluss nach diesem Buch nur vorbereiten wollen, sei die endgültige Definition, was eigentlich zu den Vorbereitungen zum Jahresabschluss gehört, Ihrem Steuerberater vorbehalten. In den meisten Fällen wird er Ihnen eine kanzleieigene Liste mit den Abstimm- und Abschlussvorarbeiten vorlegen, und Sie können mit Sicherheit einen großen Teil dieser Arbeiten in diesen Vorbereitungen wiederfinden. Alternativ können Sie nach Absprache die umfangreiche Checkliste der Vorarbeiten zusammenstreichen oder ergänzen. Sie verfügen damit auch über eine Dokumentation der von Ihnen bereits erledigten Arbeiten.

Zusammen mit der Überprüfung der Buchhaltung sichten Sie auch die zugrunde liegenden Belege und zusätzliche Unterlagen. Für den Jahresabschluss sind auch einige dieser Unterlagen in Kopie zusammenzustellen sowie Auflistungen und Berechnungen zu fertigen.

Bereits zum Abstimmen der Buchhaltungen benötigen Sie:

- Die Bilanz und Gewinn- und Verlustrechnung des Vorjahres bzw. Eröffnungsbilanz,
- Steuerbescheide und sonstige Steuerunterlagen (Prüfungsberichte, Kontoauszüge u. Ä.),
- den Zugriff zu sämtlichen Belegordnern der einzelnen Buchungskreise:
  1. Kasse;
  2. Banken;
  3. Eingangsrechnungen;
  4. Ausgangsrechnungen,
- sämtliche Monats- bzw. Quartalsauswertungen der Jahresbuchhaltung:
  1. Buchungsjournal, Grundaufzeichnung der Buchungssätze;
  2. Summen- und Saldenlisten;
  3. Umsatzsteuervoranmeldungen;
  4. Kontenblätter ,
- Auswertungen der Nebenbuchhaltungen:
  1. Kassenbuch als Journal oder Tagesberichte;
  2. Offene-Posten-Buchhaltung – Saldenliste, Kontenblätter der Kontokorrentkonten, Offene-Posten-Liste;
  3. Wechselbuch,
  4. Lohnkonten der Lohnbuchhaltung und Jahreslohnjournal.

Als weitere Arbeitsmittel sollten Ihnen zur Verfügung stehen:

- Vorräte-Inventar zum Jahresende mit den entsprechenden Belegen: Die Vorräte an Waren sowie Roh-, Hilfs- und Betriebsstoffe wurden zwar zum Ende des Wirtschaftsjahres, üblicherweise am 31.12. aufgenommen und vorab bewertet. Bestandsveränderungen, Bewertungsabschläge und Wertaufholungen sind anschließend zu erfassen. Da nicht jedes Unternehmen Vorräte hält, wird die Inventur und Bewertung in einem gesonderten Kapitel abgehandelt.
- Anlagenverzeichnis/Anlagenbuchhaltung: Soweit im laufenden Jahr das Verzeichnis nicht fortgeführt wurde, bleibt die ganze Arbeit noch im Rahmen des Jahresabschlusses zu tun. Eine eigenständige Anlagenbuchhaltung sollte zusammen mit der Finanzbuchhaltung abgestimmt werden.

Es empfiehlt sich, bereits im laufenden Wirtschaftsjahr die Buchhaltung regelmäßig abzustimmen und ggf. notwendige Korrekturbuchungen vorzunehmen. Führt dies doch – wie auch die unterjährige Erfassung des Anlagevermögens in der Anlagenbuchhaltung und die Verbuchung der Abschreibungen – zu einer aussagekräftigeren Buchhaltung und damit auch zu aussagekräftigeren Buchhaltungsauswertungen, wie z. B. der Betriebswirtschaftliche Auswertung (BWA), die für eine verlässliche Einschätzung des voraussichtlichen Betriebsergebnisses und ggf. auch zur Vorlage an Gesellschafter oder Banken benötigt wird. Eine abgestimmte Buchhaltung ist aber immer die Grundvoraussetzung für den Jahresabschluss und muss daher mindestens am Ende des Wirtschaftsjahres vor Aufstellung des Jahresabschlusses vorgenommen werden. Wenn jedoch gleichzeitig mit den nötigen Umbuchungen auch sämtliche Abschlussbuchungen vorgenommen werden, geht sehr schnell der Überblick verloren. Die Arbeiten lassen sich nicht mehr nachvollziehen. Deshalb sind zumindest zwei getrennte Durchgänge der Buchhaltungskonten vorgesehen.

Es ist allerdings ein gewisses Maß an Flexibilität gefordert, um bei nicht planmäßig verlaufenden Abschlussarbeiten vom Ablaufschema abweichen zu können. Gerade das Abstimmen der Buchhaltung erfordert oft eine kreative Improvisation, beschäftigt es sich doch mit Fehlern in der Buchhaltung, die es gar nicht geben dürfte. Würde eine Buchhaltung an sämtlichen der im Folgenden beschriebenen Fehler und Versäumnisse kränkeln, dann wäre es tatsächlich besser, sie komplett neu zu erstellen. Einige Fehler können für sich allein schon so gravierend sein, dass ein Steuerprüfer vom Finanzamt die Ordnungsmäßigkeit der Buchführung infrage stellt und Umsatz- und Gewinnhinzuschätzungen vornimmt. Die hier angebotenen Lösungen und Korrekturen sind deshalb so zu verstehen, dass Buchungsfehler nicht ungeschehen, sondern lediglich wiedergutzumachen sind. Dann sind nicht nur die Fehler in der Buchführung unauslöschlich dokumentiert, sondern auch Ihr ernsthaftes Bemühen, das Zahlenwerk zu heilen und als Grundlage für die Besteuerung zu retten.

In den folgenden Buchungsbeispielen wird der Kontenrahmen SKR03/SKR04 der DATEV verwendet. Wie auch beim IKR ist der SKR04 nach dem Jahresabschluss gegliedert, d. h. die Kontenklassen folgen den einzelnen Positionen von Aktiva, Passiva, Erträgen und Aufwendungen laut Handelsgesetzbuch.

An dieser Stelle noch ein Wort zur klassischen und zur modernen Arbeitsweise mit Papier bzw. PC. Heutige Buchhaltungsprogramme bieten bereits vielerlei Unterstützung im Rahmen der Kontenabstimmung und verfügen zumeist auch über eine digitale Belegverknüpfung mit dem Buchungssatz. Dennoch sind noch nicht alle an die rein digitale Arbeitsweise gewohnt, weshalb sie für sie unkomfortabel ist. Wie ein angehender Buchhalter die T-Konten zum Verständnis des Systems der doppelten Buchführung braucht, braucht manch ein Buchhalter und/oder Unternehmer das Papier, um die Kontenabstimmung und die Vorarbeiten zum Jahresabschluss mit der für ihn angestrebten Sicherheit und Routine erledigen zu können Es gibt daher kein wirkliches Richtig oder Falsch, wenn es um die Frage geht, ob die Abstimmarbeiten digital oder papierhaft durchgeführt werden sollten. Sicherlich empfehlenswert ist es jedoch, bei beiden Formen auf eine gute Dokumentation und Ablage der Arbeitspapiere und verwendeten Checklisten zu achten.

2 Vortragen der Eröffnungsbilanz

Ablaufplan Jahresabschluss
1. Vortragen der Eröffnungsbilanz
2. Abstimmen der Buchhaltung
3. Abstimmen: Aktiva
4. Abstimmen: Passiva
5. Abstimmen: Aufwendungen und Erträge
6. Inventur
7. Abschlussbuchungen – Aufstellen der Bilanz
8. Anlagevermögen, Abschreibungen, Anlagenspiegel
9. Umlaufvermögen
10. Passiva
11. Gewinn- und Verlustrechnung
12. Steuererklärungen
13. Die fertige Bilanz und GuV
14. Übertragen der E-Bilanz

In diesem Kapitel gehen Sie zurück zum Jahresanfang und tragen die Eröffnungsbilanz auf einzelne Bestandskonten vor. Die Eröffnungsbestände müssen den Bilanzwerten des Vorjahres entsprechen (sog. Bilanzidentität). Anhand der Vorjahresbilanz nehmen Sie notwendige Ergänzungen vor, fassen Sie Kapital- und Umsatzsteuerkonten zusammen und gliedern ggf. auf andere Konten um. Außerdem können Bilanzänderungen aufgrund von steuerlichen Betriebsprüfungen nur im Rahmen der Eröffnungsbilanz, also in die erste verfahrensrechtlich offene/änderbare Bilanz eingearbeitet werden.

Die Abschlussbilanz des Vorjahres wird aus laufender Buchhaltung, Abschlussbuchungen und den Inventurwerten zum Jahresende aufgestellt. Die Bestände an Vermögenswerten werden links angeordnet (Aktiva), Schulden und in der Regel das Eigenkapital auf der rechten Seite (Passiva).

Sämtliche Erfolgskonten saldieren zum Jahresende mit dem Jahresgewinn und werden mit Ablauf eines Wirtschaftsjahres über das Eigenkapital abgeschlossen.

Da zu Jahresbeginn sämtliche Vermögenswerte und Schulden erhalten bleiben, sind vor dem Buchen der Geschäftsvorfälle lediglich die Bestandskonten vorzutragen.

Zum Vortrag wird aus buchungstechnischen Gründen eine Verrechnungsstelle benötigt, das Eröffnungsbilanzkonto (DATEV-Kontenrahmen # 9000). Werden gegen dieses Konto sämtliche Bestände gebucht, so erscheint dort spiegelbildlich die Jahresabschlussbilanz.

Nehmen Sie den Abschluss des Vorjahres bzw. die Eröffnungsbilanz mit Kontennachweis und die Summen- und Saldenliste Dezember zur Hand.

Prüfen Sie als erstes:

- Sind die Eröffnungsbilanzwerte bereits vorgetragen?
  Diese Werte stehen ganz links in den Spalten vor den Monats- und Jahresverkehrszahlen.

Beispiel

Zur besseren Übersicht wurde bei der nachfolgenden Liste auf den Abdruck der Monatswerte und vieler Erfolgs- und Personenkonten verzichtet.

Summen- und Saldenliste Monat: Dezember 2022		**Eröffnungswerte**		**Jahresverkehrszahlen**		**Jahressaldo**	
Konto	**Bezeichnung**	**Soll**	**Haben**	**Soll**	**Haben**	**Soll**	**Haben**
0210/0440	Maschinen			60.000		60.000	
0320/0520	Kfz			45.000		45.000	
0420/0650	Büroeinrichtung			15.000		15.000	
0480/0670	Geringwertige Wirtschaftsgüter			20.000		20.000	
1400/1200	Forderungen aus LuL	120.000		1.400.000	1.300.000	220.000	
1570/1400	Abziehbare Vorsteuer			145.000	9.000	136.000	
1000/1600	Kasse	1.000		56.000	55.900	1.100	
1200/1800	Bank	2.000		2.500.000	2.552.000		50.000
1800/2100	Privatentnahmen			150.000	20.000	130.000	
1890/2180	Privateinlagen			5.000	30.000		25.000
1600/3300	Verbindlichkeiten aus LuL		66.468	1.000.000	1.200.000		266.468
1705/3560	Darlehen			60.000		60.000	
1770/3800	Umsatzsteuer			1.500	217.500		216.000
1780/3820	Umsatzsteuerzahlungen			105.080	15.000	90.080	
8000/4000	Umsatzerlöse			10.000	1.450.000		1.440.000
3200/5200	Wareneingang			700.000	27.000	673.000	
4100/6000	Löhne u. Gehälter			400.000		400.000	
4220/6315	Pacht			48.000		48.000	
4500/6500	Kfz-Kosten			50.000		50.000	
4650/6640	Bewirtungskosten			5.000		5.000	
4670/6670	Reisekosten			10.000		10.000	
4930/6815	Bürobedarf			5.000		5.000	
2110/7310	Zinsen kurzfristige Verb.			2.000		2.000	

Summen- und Saldenliste Monat: Dezember 2022		**Eröffnungswerte**		**Jahresverkehrs-zahlen**		**Jahressaldo**	
Konto	**Bezeichnung**	**Soll**	**Haben**	**Soll**	**Haben**	**Soll**	**Haben**
2120/7320	Zinsen langfristige Verb.			50.050		50.050	
4320/7610	Gewerbesteuer			5.000		5.000	
9000/9000	Saldenvorträge Sachkonto		3.000				3.000
9008/9008	Saldenvorträge Debitoren		120.000				120.000
9009/9009	Saldenvorträge Kreditoren	130.000				130.000	
10100	Kunde	600		30.000	31.200		600
~~	~~~~	~~~~	~~~~	~~~~	~~~~	~~~~	~~~~
60100	Lieferant		1.200	25.000	27.500		3.700

Da die wenigsten Jahresabschlüsse bis Februar erstellt sind, werden viele Werte bei Eingabe der Januarbuchhaltung noch nicht bekannt sein. Deshalb werden zumeist nur die Finanzkonten erfasst wie Kasse, Bank, auch Darlehenskonten und abgestimmte Personenkonten. Auf dem Vortragskonto (z. B. 9000) steht ein Saldo.

Arbeitsschritt

Buchen Sie die fehlenden Aktiva und Passiva ein.

Sind bereits sämtliche Eröffnungsbilanzwerte vorgetragen einschließlich dem Vorjahresergebnis, so saldieren die Vortragskonten zu 0 EUR. Überprüfen Sie, ob die Werte mit den Positionen der Vorjahresbilanz übereinstimmen.

Beispiel

Der Kassenbestand zum Jahresanfang beträgt 1.000 EUR, das Bankguthaben 2.000 EUR. Die ersten Buchungen in den Buchungskreisen Kasse und Bank lauten deshalb:

FIRMA: Hans Klein, Mandant: 345, Buchhaltung: 1/22, Konto:

Soll	Haben	GegenKto	Datum	Konto	Text
1.000,00		9000/9000	02.01.	1000/1600	Vortrag Kasse
~~	~~~~	~~~~	~~~~		

Soll	Haben	GegenKto	Datum	Konto	Text
2.000,00		9000/9000	02.01.	1200/1800	Vortrag Bank
~~	~~~~	~~~~	~~~~		

In diesem und in den folgenden Beispielen wird der SKR03/SKR04 verwendet. In den jeweils folgenden Kontentafeln können Sie die betreffenden Kontennummern im IKR (Industriekontenrahmen) und dem BGA (Kontenrahmen des Groß- und Außenhandels) ablesen.

Damit sind lediglich die Bestände von Kasse und Bank vorgetragen. Von Jahresbeginn an können diese Geldkonten monatlich mit den tatsächlichen Beständen laut Kassenbuch und Kontoauszug der Bank abgeglichen werden. Auf dem Eröffnungsbilanzkonto 9000 steht ein Saldo von 3.000 EUR im Haben.

Im März sind alle Personenkonten abgestimmt (wie das zu bewerkstelligen ist, finden Sie am Ende der Vorarbeiten behandelt). Die Übernahme der offenen Posten (Debitoren und Kreditoren) aus dem alten Jahr soll der Computer auf Knopfdruck erledigen. Wenn er dies nicht tut, so sind die ausstehenden Rechnungen einzeln oder die jeweiligen Salden der Personenkonten einzubuchen. In den DATEV-Kontenrahmen werden dazu die Gegenkonten 9008 für die Debitoren und 9009 für den Vortrag der Kreditoren verwendet. Die Salden sämtlicher Debitoren und Kreditoren erscheinen im DATEV-System automatisch auf den Konten »Forderungen aus Lieferungen und Leistungen« bzw. »Verbindlichkeiten aus Lieferungen und Leistungen«.

FIRMA: Hans Klein, Mandant: 345, Buchhaltung: 3/22, Konto:					
Soll	Haben	GegenKto	Datum	Konto	Text
	600,00	10100	02.01.	9008/9008	Vortrag Kunde
~~	~~~~	~~~~	~~~~		
(Summe der Kundenforderungen: 120.000)					
Soll	Haben	GegenKto	Datum	Konto	Text
1.200		60100	02.01.	9009/9009	Vortrag Lieferant
~~	~~~~	~~~~	~~~~		
(Summe der Lieferantenverbindlichkeiten: 130.000)					

Im Juni des Jahres wird im Steuerbüro die Bilanz erstellt.

Bilanz in EUR zum 01.01.2021

Aktiva		Hans Klein, Freiburg	Passiva
Anlagevermögen		Eigenkapital	1.350.000
1. Grundstücke	1.000.000	Jahresüberschuss	53.000
2. Maschinen	200.000		
3. Fuhrpark	180.000	**Fremdkapital**	
4. Geschäftsausstattung	250.000	1. langfristige Verbindlichkeiten	
Umlaufvermögen		- Hypotheken	800.000
1. Waren	800.000	- sonst. Darlehen	150.000
2. Kundenforderungen	120.000	2. kurzfristige Verbindlichkeiten	
3. Bankguthaben	2.000	- Lieferantenverbind.keit.	130.000
4. Kassenbestand	1.000	- sonst. kurzfr. Verbindlichk.	70.000
	2.553.000		2.553.000

Bis zum Jahresabschluss 2022 wurde versäumt, die restlichen Eröffnungsbestände vorzutragen. In der abgebildeten Summen- und Saldenliste aus dem Dezember finden sich deshalb etliche Bestandskonten nicht wieder (angefangen von den Grundstücken bis hin zu den kurzfristigen Verbindlichkeiten), denn es erscheinen nur die im Laufe des Jahres angesprochenen Konten.

Die Vorgabe durch den Kontennachweis zur Bilanz (hier allerdings nicht abgebildet) führt zu den folgenden Buchungssätzen:

FIRMA: Hans Klein, Mandant: 345, Konto: Eröffnungsbilanz					
Soll	Haben	GegenKto	Datum	Konto	Text
	1.000.000 EUR	0090/0240	01.01.	9000/9000	Geschäftsgebäude
	200.000 EUR	0280/0470			Betriebsvorrichtung
	100.000 EUR	0320/0520			Pkw (Fuhrpark)
	80.000 EUR	0350/0530			Transporter (Fuhrpark)
	100.000 EUR	0420/0650			Büroeinrichtung (Geschäftsausstatt.)
	150.000 EUR	0490/0690			Sonstige Geschäftsausstatt.
	800.000 EUR	3980/1140			Warenbestand
1.403.000 EUR		0880/2010			Eigenkapital
350.000 EUR		0660/3171			Hypothekendarlehen A-Bank
450.000 EUR		0661/3172			Hypothekendarlehen Sparkasse B
150.000 EUR		0630/3560			Darlehen
15.000 EUR		1701/3501			sonstige Verbindlichkeiten
15.000 EUR		1742/3740			Verbindlichkeit Sozialversicherung
10.000 EUR		1741/3730			Verbindlichkeit Lohn-/Kirchensteuer
30.000 EUR		1790/3841			Umsatzsteuer Vorjahr
2.423.000 EUR	2.430.000 EUR	Summe			
	3.000 EUR	9000	Dieser Vortrag Kasse, Bank ist bereits erfasst		
130.000 EUR	120.000 EUR	9009/9008	Verbindlichkeiten/Forderungen aus Lief./Leist.		
2.553.000 EUR	2.553.000 EUR	Summe			

2.1 Eigenkapital und Umsatzsteuer in der Eröffnungsbilanz

Aus dem Kontennachweis zur Bilanz können Sie ersehen, wie sich die einzelnen Bilanzpositionen zusammensetzen. Zum Vortrag werden diese Positionen zum größten Teil wieder auf die ursprünglichen Konten aufgegliedert.

Tipp

Die Positionen der Eröffnungsbilanz des Vorjahres müssen mit denen der Schlussbilanz des Vorjahres übereinstimmen (Bilanzidentität nach § 252 Abs. 1 HGB). Anderenfalls könnten zwischen den Jahren Positionen verändert, weggelassen oder eingefügt werden.

Benutzen Sie den Vortrag also nicht zu Korrekturen von fehlerhaften Bilanzansätzen aus dem Vorjahr oder Umbuchungen, die sich erst im Laufe des Jahres ergeben.

Beispiel

Die Dezember-Telefonrechnung steht als sonstige Verbindlichkeit in der Bilanz, wurde am 15. Januar jedoch nochmals auf dem Aufwandskonto »Telefonkosten« erfasst. Tragen Sie zunächst die Verbindlichkeit vor, und buchen Sie dann beim Abstimmen der Konten um. Die abkürzende Buchung »Eröffnungsbilanz im Soll an Telefonkosten im Haben« verstößt gegen die Bilanzidentität.

Der Grundsatz der Bilanzidentität bedeutet jedoch nicht, dass identische Bestandskonten vorgetragen werden müssen.

Arbeitsschritt

Soweit notwendig, gliedern Sie beim Vortrag auf andere Konten um.

Eine Notwendigkeit zur Umgliederung ergibt sich aus den Kontenbezeichnungen:

Beträge auf den Konten »Vorjahr«, »laufendes Jahr« u. Ä. werden auf Konten mit Bezeichnungen wie »Frühere Jahre« bzw. »Vorjahr« umgegliedert.

Beispiel

Kontenbezeichnung im alten Jahr		Vortragskonto im neuen Jahr
Umsatzsteuer Vorjahr	➡	Umsatzsteuer frühere Jahre
Vorsteuer im Folgejahr abziehbar	➡	abziehbare Vorsteuer

BGA	IKR	SKR03	SKR04	Kontenbezeichnung (SKR)
148	2629	1548	1434	Vorsteuer im Folgejahr abziehbar
141	260	1570	1400	Abziehbare Vorsteuer
1111	2623	1545	1422	USt.-Forderungen Vorjahr
1112	2624	1545	1425	USt.-Forderungen frühere Jahre
1822	4825	1790	3841	Umsatzsteuer Vorjahr
1822	4826	1791	3845	Umsatzsteuer frühere Jahre

Zunehmend werden in der EDV-Buchhaltung Unterkonten beim Kapital-/Privatkontenbereich und der Umsatzsteuer nicht mehr abgeschlossen, sondern lediglich per Saldo in die Bilanzposition eingesteuert. In diesen Fällen jedoch bleibt die Arbeit beim Vortrag ins neue Jahr zu tun. Denn ähnlich wie bei den Erfolgskonten beginnt bei den Unterkonten jedes Jahr mit 0 EUR.

Insbesondere sind die Eigenkapitalkonten neu zu gliedern. Auf die Besonderheiten von Personengesellschaften soll an dieser Stelle nur kurz eingegangen werden – bei den Abschlussbuchungen finden Sie diese eingehender beschrieben.

Sämtliche Privatkonten des Vorjahres werden beim Einzelunternehmer in der Regel auf ein einziges Kapitalkonto im neuen Jahr vorgetragen:

Beispiel

Kapital	300.000 EUR
Privatentnahmen	- 40.000 EUR
Privateinlagen	+ 20.000 EUR
Jahresüberschuss	+ 35.000 EUR
Vortrag Kapital	**315.000 EUR**

BGA	IKR	SKR03	SKR04	Kontenbezeichnung (SKR)
871	3021	1880	2130	Unentgeltliche Wertabgaben
163	3022	1810	2150	Privatsteuern
162	3023	1890	2180	Privateinlagen
164	3024	1820	2200	Sonderausgaben beschränkt abzugsfähig
165	3025	1830	2230	Sonderausgaben unbeschränkt abzugsfähig
165	3026	1840	2250	Zuwendungen, Privatspenden
164	3027	1850	2280	Außergewöhnliche Belastungen
161	3028	1860	2300	Grundstücksaufwand
162	3029	1870	2350	Grundstücksertrag

Vorträge bei der Umsatzsteuer

Für den Vortrag der Umsatzsteuerverbindlichkeiten und -forderungen und der Neugliederung auf andere Eröffnungskonten orientieren Sie sich an der Umsatzsteuererklärung des Vorjahres: In der dort ausgewiesenen Abschlusszahlung fließen sämtliche Beträge ein, die im Vorjahr die fällige vereinnahmte Umsatzsteuer, die abziehbaren Vorsteuerbeträge und Umsatzsteuervorauszahlungen betreffen – egal, auf welchen Konten sie verteilt ausgewiesen waren.

Beispiel

	Altes Jahr	Neues Jahr
Umsatzsteuer Vorjahr	5.000 EUR	
Umsatzsteuer frühere Jahre	10.000 EUR	15.000 EUR
Umsatzsteuer nicht fällig	4.500 EUR	
umgegliedert zu: Umsatzsteuer		4.500 EUR
Vorsteuer im Folgejahr abziehbar	1.000 EUR	
umgegliedert zu: Abziehbare Vorsteuer		1.000 EUR
Abziehbare Vorsteuer 7 %	5.000 EUR	
Abziehbare Vorsteuer 19 %	300.000 EUR	
Abziehbare Vorsteuer aus EG-Erwerb	10.000 EUR	
Bezahlte Einfuhrumsatzsteuer	10.000 EUR	
Umsatzsteuer	15.000 EUR	
Umsatzsteuer 19 %	450.000 EUR	
Umsatzsteuer aus EG-Erwerb	10.000 EUR	
Umsatzsteuervorauszahlungen	130.000 EUR	
Umsatzsteuervorauszahlungen 1/11	15.000 EUR	
Umsatzsteuer lfd. Jahr UStVA 11 und 12	25.000 EUR	
umgegliedert zu: Umsatzsteuer Vorjahr		30.000 EUR

Das Konto »Umsatzsteuer Vorjahr« wird in der Folgezeit ausgeglichen:

- in Höhe von 25.000 EUR durch die Vorauszahlungen für die Monate November und Dezember des Vorjahres,
- sowie durch die Abschlusszahlung in Höhe von 5.000 EUR für das abgelaufene Jahr laut Umsatzsteuererklärung.

2.2 Bilanzberichtigungen bei Eröffnung

Der Grundsatz der Bilanzidentität fordert, dass die Eröffnungsbilanz mit der Schlussbilanz übereinstimmen muss.

Dies gilt auch für fehlerhafte Ansätze, wenn die Schlussbilanz aus steuerlichen Gründen nicht mehr geändert werden kann. Die Richtigstellung holt man in diesen Fällen in der ersten änderbaren Schlussbilanz nach und zeigt dies dem Finanzamt an. Bereits fehlerhafte Eröffnungsbilanzwerte können in den nachfolgenden Eröffnungsbilanzen geändert werden.

Um die Ergebnisse von Betriebsprüfungen in der Buchhaltung nachzuvollziehen, sind aus wirtschaftlichen Gründen nicht etwa sämtliche in Folge fehlerhaften Bilanzen, sondern nur die jüngste zu berichtigten. Die steuerlichen Auswirkungen und neuen

Bilanzansätze ergeben sich aus der Mehr- und Weniger-Rechnung des Finanzamtes. In der Praxis werden die Eröffnungsbilanzwerte angepasst, selbst wenn daraus kein Steuervorteil gezogen wurde.

Beispiel

Bei der Betriebsprüfung wurde eine Teilwertabschreibung für das Bürogebäude in Höhe von 50.000 EUR nicht anerkannt. Da eine geänderte Jahresbilanz nur Kosten verursachen würde und Streit darüber, wer diese aufzubringen hat, erfolgt die Rücknahme der Abschreibung stillschweigend zur Eröffnungsbilanz. Es erhöht sich sowohl der Ansatz des Bürogebäudes als auch das Eigenkapital um 50.000 EUR.

Soll	Haben	GegenKto	Datum	Konto	Text
	50.000,00	090/240	01.01.	0880/2010	Anpassung Betriebsprüfung

3 Abstimmen der Buchhaltung

Ablaufplan Jahresabschluss
1. Vortragen der Eröffnungsbilanz
2. Abstimmen der Buchhaltung
3. Abstimmen: Aktiva
4. Abstimmen: Passiva
5. Abstimmen: Aufwendungen und Erträge
6. Inventur
7. Abschlussbuchungen – Aufstellen der Bilanz
8. Anlagevermögen, Abschreibungen, Anlagenspiegel
9. Umlaufvermögen
10. Passiva
11. Gewinn- und Verlustrechnung
12. Steuererklärungen
13. Die fertige Bilanz und GuV
14. Übertragen der E-Bilanz

Zum Abstimmen der Buchhaltung werden sämtliche Konten der Reihe nach – also von 0001 bis 9999 – auf die Richtigkeit geprüft. Gleiches gilt für die Debitoren- und Kreditorenkonten. Verwenden Sie dazu die abgedruckte Checkliste am Ende des Kapitels. Beim Abstimmen sollen lediglich Falschbuchungen und Lücken erkannt werden. Bereiten Sie jedoch schon die Abschlussbuchungen vor. Beachten Sie grundsätzliche Prüfungskriterien:

- Ungewöhnliche Buchungen (Habenbuchungen auf Aufwandskonten, Anlagekonten; Sollbuchungen auf Ertragskonten, hohe Beträge im Verhältnis zu Vorjahreswerten), Belegprüfung in Hinblick auf Umsatzsteuervorschriften und bei kritischen Betriebsausgaben.
- Prüfung auf Vollständigkeit und Einheitlichkeit (z. B. Telefonkosten aller 12 Monate auf demselben Konto).
- Prüfung des richtigen Vorsteuerabzugs.

Allgemeine Prüfungspunkte

Bevor auf die einzelnen Konten mit ihren Eigenheiten eingegangen wird, hier ein Überblick über grundsätzliche Prüfungskriterien:

1. Prüfen Sie ungewöhnliche Buchungen ab:
   - Habenbuchungen auf Aufwandskonten, Anlagekonten etc.,
   - Sollbuchungen auf Ertragskonten,

- hohe Beträge im Verhältnis zu Vorjahreswerten und übrigen Buchungen
- Verwendung unüblicher Konten oder Ertragskonten mit falschem Steuerausweis.

Damit lassen sich Fehlbuchungen durch falsche Beträge, Kontonummern oder Kontenseiten aufspüren.

2. Wenn möglich, prüfen Sie bei ungewöhnlichen Buchungen auch den zugehörigen Beleg. Folgende Anforderungen werden an die Ordnungsmäßigkeit der Belege gestellt:
   - Belegdatum: Ausstellungs- oder Eingangsdatum,
   - Belegtext: Der Geschäftsvorfall wird hinreichend beschrieben, z. B. »Kauf von Schreibpapier«, anstatt lediglich allgemeine Bezeichnungen wie »Bürobedarf«.
   - Belegbeträge: Zahlungsbetrag, MwSt.-Satz.
     Bei Beträgen über 250 EUR (bis 2016: 150 EUR) zusätzlich:
     - Nettoerlös,
     - Ausweis des MwSt.-Betrags und
     - Name des Leistungsempfängers.
   - Rechnungsangaben
     - Name des Leistungsempfängers,
     - Steuernummer oder USt-IdNr. des Ausstellers,
     - Rechnungsnummer,
     - Zeitpunkt der Lieferung/Leistung,
     - ggf. Hinweise auf eine Steuerbefreiung oder Skontovereinbarung.
   - Belegzeichnung: Der Aussteller hat den Beleg abzuzeichnen.
   - Belegverweis: Kontierungsvermerk, der vom Beleg zum Konto verweist. Werden Belege im Rahmen der rein digitalen Buchhaltung bereits mit dem Buchungssatz verknüpft, kann aufgrund der bereits erfolgten Belegzuordnung von einem gesonderten Kontierungsvermerk abgesehen werden.
     Bei kritischen Betriebsausgaben sind an die Belege zusätzliche Anforderungen gestellt. Lesen Sie dies nach unter: Kapitel 9.3.2 »Sachanlagen«, Abschnitt »Geringwertige Wirtschaftsgüter« sowie Kapitel 6.3.1 »Personalkosten«, Kapitel 6.3.10 »Bewirtungen und Geschenke« und Kapitel 6.3.11 »Reisekosten«.
3. Prüfen Sie auf Konten mit regelmäßigen Zahlungen ab, ob diese vollständig verbucht sind und durchweg dasselbe Konto verwendet wurde. Suchen Sie nach fehlenden Zahlungen und buchen Sie ggf. um.

Beispiel

Auf dem Konto »Strom, Gas, Wasser« sind lediglich 10 Zahlungen verbucht. Zwei Zahlungen zu insgesamt 300 EUR finden sich unter »sonstige Raumkosten«.

Soll	Haben	GegenKto	Datum	Konto	Text
300,00	~~~~	4280/6345		4240/6325	Gas, Strom, Wasser an
~~	~~~~	~~~~	~~~~		Sonstige Raumkosten

4. Prüfen Sie, ob Vorsteuerbeträge berechtigt, vollständig und zu den richtigen Steuersätzen abgezogen wurden. In den meisten Buchhaltungssystemen ist ein Vorsteuerabzug bei jeder einzelnen Buchung oder generell als Kontenfunktion gekennzeichnet.
   - Aus Privatentnahmen, Versicherungsbeiträgen, Beiträgen zur IHK, HWK und Berufsgenossenschaft u. a. gibt es keinen Vorsteuerabzug.
   - Der Verkauf von Büchern, Zeitschriften, Wasser, Blumen und vielen Lebensmitteln unterliegt dem ermäßigten Steuersatz von 7 %.
   - Bei Abschlagszahlungen wie z. B. für Strom, bei Lastschriften wie Telefonrechnungen und ggf. bei laufenden Mietzahlungen wird häufig der Vorsteuerabzug von 19 % vergessen. Auch Miete und Bankgebühren können im Einzelfall Vorsteuer enthalten.
5. Wenn in der Auswertung Dezember die Eröffnungswerte nicht bereits vollständig erfasst waren, fehlen zum Abstimmen etliche Konten insbesondere im Anlagenbereich und bei den Verbindlichkeiten. Damit kein Konto übersehen wird, legen Sie deshalb die Buchungsliste der Eröffnungsbilanz neben die Summen- und Saldenliste.
6. Halten Sie Ergebnisse der Abstimmung schriftlich fest. Die aufgelisteten Umbuchungen sind durch Buchungstexte, Nebenrechnungen und sonstige Belege nachvollziehbar zu dokumentieren.

Buchhaltern mit wenig Abstimmroutine sei empfohlen, die Konten lieber einmal mehr als zu wenig zu prüfen, idealerweise jeweils einmal nach jedem Kriterium. Stoßen Sie z. B. bei der Überprüfung der Vollständigkeit auf einen unrichtigen Vorsteuerabzug, so schreiben Sie sich diesen Fehler auf ein separates Blatt bzw. korrigieren diese Buchung direkt in einem gesonderten Vorlauf.

4 Abstimmen der Aktiva

Ablaufplan Jahresabschluss
1. Vortragen der Eröffnungsbilanz
2. Abstimmen der Buchhaltung
3. Abstimmen: Aktiva
4. Abstimmen: Passiva
5. Abstimmen: Aufwendungen und Erträge
6. Inventur
7. Abschlussbuchungen – Aufstellen der Bilanz
8. Anlagevermögen, Abschreibungen, Anlagenspiegel
9. Umlaufvermögen
10. Passiva
11. Gewinn- und Verlustrechnung
12. Steuererklärungen
13. Die fertige Bilanz und GuV
14. Übertragen der E-Bilanz

Hier wird auf die einzelnen Konten der Aktivseite mit ihren Eigenheiten eingegangen, so wie Sie später in der Bilanz erscheinen.

- Zugang von Anlagegütern,
- Anlagenabgänge: Verkäufe,
- Verschrotten und Entnahme von Anlagegegenständen,
- Inzahlungnahme,
- Besonderheiten bei den Geringwertigen Wirtschaftsgütern,
- Abstimmen im Umlaufvermögen wie Vorräte, unfertige Arbeiten und Erzeugnisse, erhaltene Anzahlungen,
- Forderungen gegenüber Kunden,
- Sonstige Vermögensgegenstände,
- Vorsteuerbeträge und Umsatzsteuerforderungen,
- Kasse, Bankguthaben und weitere liquide Mittel,
- Aktive Rechnungsabgrenzungsposten und Disagios.

4.1 Abstimmen des Anlagevermögens

Die Konten des Anlagevermögens werden im Laufe des Jahres zumeist weniger häufig als andere angesprochen.

Beim Abstimmen der Buchführung sollen Falschbuchungen und unterlassene Neuzugänge erkannt werden. Bereiten Sie jedoch schon die Abschlussbuchungen im Anlagevermögen – insbesondere der Abschreibungen – vor:

Arbeitsschritt

Kopieren Sie (papierhaft oder digital) die Anschaffungsrechnung eines Neuzugangs und ggf. die Rechnung von Anschaffungsnebenkosten und nehmen Sie diese zu den Abschlussunterlagen. Auf andere Konten gebuchte Anschaffungsnebenkosten, nachträgliche Anschaffungskosten oder Preisnachlässe sind umzubuchen. Sofern kein Buchungstext auf das Anlagevermögen hinweist, ergänzen Sie dies auf dem Kontenblatt.

4.1.1 Zugang von Anlagegütern

Achten Sie bei der Überprüfung der Konten besonders auf die Eröffnungsbilanz. Zusätzlich zu den Konten in der Summen- und Saldenliste sind auch die nachträglichen Vortragsbuchungen abzustimmen.

Arbeitsschritt

Verwenden Sie für die Anschaffung neuer Wirtschaftsgüter nach Möglichkeit Anlagekonten, die bereits in die Vorjahresbilanz eingeflossen sind. Buchen Sie im gegebenen Fall um.

Beispiel

Bei den im laufenden Jahr unter »Maschinen« erfassten 60.000 EUR für eine Verpackungsanlage handelt es sich tatsächlich um eine zusätzliche »Betriebsvorrichtung«. Buchen Sie um:

Soll	Haben	GegenKto	Datum	Konto	Text
60.000,00	~~~~	0210/0440		0280/0470	Betriebsvorrichtungen an
~~	~~~~	~~~~	~~~~		Maschinen

Wenn Ihr Buchhaltungsprogramm jede Habenbuchung auf einem Anlagenkonto als Anlagenabgang deutet, so ist zunächst der Zugang zu stornieren. Für den integrierten Anlagenspiegel der DATEV z. B. schalten Sie folgende Buchung (Generalumkehr) vor:

Soll	Haben	GegenKto	Datum	Konto	Text
60.000,00		2000210/ 2000440		1799/1499	Storno Zugang Maschinen
60.000,00		1799/1499		0280/0470	Zugang Betriebsvorrichtung

4.1.2 Anlagenabgänge

Arbeitsschritt

Noch nicht erfasste Anlagenabgänge sind ebenfalls Geschäftsvorfälle der laufenden, abzustimmenden Buchhaltung. Ergänzen Sie die Abschluss-Arbeitspapiere um eine Kopie der Verkaufsrechnung, des Entnahmebelegs, eines Hinweises auf Inzahlungnahme o. Ä. und buchen Sie ggf. nach.

Verkäufe und Entnahmen von Anlagegegenständen sind in zwei Buchungen zu berücksichtigen:

1. Der Verkaufserlös bzw. Entnahmewert wird auf einem Ertragskonto wie »Erlöse aus Anlagenverkäufen«, »Entnahme von Gegenständen«, »Erträge aus dem Abgang von Anlagegegenständen« gebucht.
2. Ist der Verkauf bereits auf einem anderen Erlöskonto erfasst, so buchen Sie um.

Der Wert des Gegenstandes auf dem Anlagekonto (Buchwert) ist als Aufwand auszubuchen.

Der Buchungssatz lautet hier: »Buchwertabgang« an »Anlagenkonto«.

BGA	IKR	SKR03	SKR04	Kontenbezeichnung (SKR)
271	5141	8820	4845	Erlöse Anlagenverkäufe 19 % USt., Buchgewinn
271	5141	8801	6885	Erlöse Anlagenverkäufe 19 % USt., Buchverlust
204	6962	2315	4855	Anlagenabgang Restbuchwert, Buchgewinn
204	6962	2310	6895	Anlagenabgang Restbuchwert, Buchverlust

Der Buchwert ist der Restwert in der Buchhaltung, den das Anlagegut nach Abschreibungen für die vergangene Nutzung und eventuell nach einem außerordentlichen Wertverlust noch hat. Der »Wert in den Büchern« muss nicht dem erzielbaren Verkaufswert entsprechen. Bei einem Buchgewinn liegt der Verkaufserlös höher als der Restwert des Anlagegutes, bei einem Buchverlust erzielt der Verkauf weniger als dessen Restwert.

Woher nimmt man den Buchwert des Anlagegutes im Zeitpunkt des Verkaufs?

Ausgehend vom Wertansatz im letzten Jahresabschluss ist die zeitanteiligen monatlichen Abschreibungen bis zum Verkauf zu berücksichtigen. Sie erhalten den Restbuchwert durch Fortführung von monatlich 1/12 der Jahresabschreibungen. Aber auch ohne Ansatz der anteiligen Abschreibungen geht keine Betriebsausgabe verloren. Sowohl der Buchwertabgang als auch die Abschreibungen stellen Aufwand dar. Da die Buchung der Abschreibungen den Restbuchwert um den gleichen Betrag vermindert, ändert sich somit nichts am Betriebsergebnis.

4.1.3 Entnahme eines Anlagegutes

Die Entnahme eines Anlagegutes durch den Unternehmer wird als sogenannte Unentgeltliche Wertabgabe (Eigenverbrauch) verbucht:

- eine unentgeltliche Entnahme in voller Höhe,
- bei einer »verbilligten« Entnahme die Differenz zum Marktwert.

Beispiel

Verkauf des abgeschriebenen Firmenwagens an die Tochter des Unternehmers. Sie hat bereits 500 EUR in bar gezahlt. Diese Zahlung wurde jedoch nicht als umsatzsteuerpflichtiger Erlös, sondern als Privateinlage erfasst. Der Marktwert laut Gebrauchtwagenliste beträgt noch 2.900 EUR inkl. USt.

Soll	Haben	GegenKto	Datum	Konto	Text
500,00		8820/4845		1890/2180	Umbuchung Verkauf Pkw
2.400,00		8910/4645		1880/2130	Unentgeltliche Wertabgabe Pkw
	1,00	2315/4855		0320/0520	Buchwertabgang Pkw

BGA	IKR	SKR03	SKR04	Kontenbezeichnung (SKR)
8711	5421	8915	4610	Entnahme durch den Unternehmer für Zwecke außerhalb des Unternehmens 7 % USt.
8712	5422	8910	4620	Entnahme durch den Unternehmer für Zwecke außerhalb des Unternehmens 19 % USt.

4.1.4 Inzahlungnahme eines Anlageguts

Bei der Inzahlungnahme handelt es sich üblicherweise um einen Tausch mit Wertausgleich in bar. Beim Betriebsvermögen von Kaufleuten unter sich sind beide Teile dieses Geschäfts umsatzsteuerpflichtig (Ausnahme: Differenzbesteuerung. Die Abstimmung von diesen Geschäften wird später bei den Umsatzerlösen behandelt).

Achten Sie insbesondere bei Inzahlungnahme eines Fahrzeuges durch einen Autohändler auf den Beleg: Der richtige Rechnungsausweis durch den Autohändler entscheidet darüber, ob beide Seiten Vorsteuer geltend machen können. Bei falscher Darstellung oder stillschweigender Verrechnung der Inzahlungnahme und Rechnung nur über den Restbetrag kann es passieren, dass

- sowohl der Händler die Differenz nachversteuern muss, da der Verkaufspreis tatsächlich höher lag,
- als auch der Käufer USt. auf die Inzahlungnahme seines Altfahrzeugs nachzahlen muss,

ohne dass zunächst eine Seite einen Vorsteuerabzug in gleicher Höhe geltend machen kann (keine Rechnung mit Umsatzsteuerausweis vorhanden).

Am sichersten fahren beide Unternehmer bei zwei getrennten Rechnungen über den Verkauf des Neuwagens und den Verkauf des Altfahrzeugs.

Beispiel

Inzahlungnahme eines Pkw mit Buchgewinn. Der Zugang des Neuwagens wurde lediglich zum Barpreis eingebucht.

Kaufpreis Neuwagen netto	48.000 EUR
Inzahlungnahme Altfahrzeug	25.000 EUR
Restkaufpreis Neuwagen netto	23.000 EUR

Hier sind noch in Höhe von jeweils 25.000 EUR sowohl ein umsatzsteuerpflichtiger Erlös für den Altwagen als auch die Anschaffungskosten des Neuwagens zu buchen.

Erlös Altfahrzeug netto	25.000 EUR
Buchwert Altfahrzeug	20.000 EUR
Buchgewinn	5.000 EUR

Zusätzlich ist der Buchwertabgang zu erfassen.

Soll	Haben	GegenKto	Datum	Konto	Text
	29.750,00	900320/ 900520		8820/4845	Inzahlungnahme Alt-Kfz
	20.000,00	2315/ 4855		0320/0520	Buchwertabgang Alt-Kfz

Für Kfz-Händler ist auch der Sonderfall »Verdeckter Preisnachlass« relevant.

Beispiel

Bei der Überprüfung sämtlicher im Laufe des Jahres 2022 in Zahlung genommener Pkw wurde festgestellt, dass in 2023 drei Wagen nur mit Verlust weiterverkauft werden konnten. In Höhe des Verlustes von insgesamt 3.000 EUR liegen verdeckte Preisnachlässe vor. Wenn der Händler die entsprechenden Verkaufsrechnungen im Nachhinein um diese Nachlässe nachbessert, kann er die Umsatzsteuer um 478,99 EUR (19 %) korrigieren.

4.1.5 Geringwertige Wirtschaftsgüter (GWG)

Anlagegüter sind Wirtschaftsgüter, die dem Betrieb auf Dauer dienen sollen und deren eventueller Wertverlust über die voraussichtliche Nutzungsdauer abgesetzt werden soll. Aus steuerlichen Gründen werden je nach Anschaffungskosten und Nutzungsdauer vier verschiedene Gruppen von Anlagegütern unterschieden:

1. Anlagegüter bis zu einem Wert von netto 250 EUR oder einer Nutzungsdauer von unter einem Jahr,
2. Anlagegüter mit einem Wert von netto 250 EUR bis 800 EUR,
3. Anlagegüter mit einem Wert von netto 250 EUR bis 1.000 EUR,
4. Anlagegüter mit einem Wert von netto über 1.000 EUR.

Die ersten beiden Gruppen zählen zu den geringwertigen Wirtschaftsgütern.

Anlagegüter bis zu einem Wert von netto 250 EUR oder einer Nutzungsdauer von unter einem Jahr

Anlagegüter bis zu einem Wert von netto 250 EUR oder einer Nutzungsdauer von unter einem Jahr sind als sofort abziehbare Betriebsausgaben auf den Konten »Werkzeuge und Kleingeräte«, »sonstiger Betriebsbedarf« u. Ä. zu erfassen – also nicht bei den Anlagegütern, sondern im Aufwandsbereich.

Tipp

Wenn Sie solche Kleinbeträge bei den Anlagegütern entdecken, klären Sie ab: Handelt es sich um nachträgliche Anschaffungskosten von Anlagegütern bzw. Nebenkosten oder ist der Betrag in den Aufwandsbereich umzubuchen?

BGA	IKR	SKR03	SKR04	Kontenbezeichnung (SKR)
4119	6716	4985	6845	Werkzeuge und Kleingeräte

Anlagegüter mit einem Wert von netto 250 EUR bis 1.000 EUR

Bewegliche abnutzbare Vermögensgegenstände des Anlagevermögens bis zu Nettoanschaffungskosten von 800 EUR (GWG) dürfen sofort im Jahr der Anschaffung unabhängig von ihrer tatsächlichen Nutzungsdauer abgeschrieben werden.

Wahlweise können GWG mit Anschaffungskosten zwischen 250 und 1.000 EUR in einen Sammelposten eingestellt werden, der über fünf Jahre mit jeweils einem Fünftel gewinnmindernd aufzulösen ist.

Das Wahlrecht ist jährlich einheitlich auszuüben und hat auch Auswirkungen auf die Höhe des Betriebsausgabenabzugs im Wirtschaftsjahr und damit auch auf die Gewinnentwicklung und Steuerlast. Wählen Sie demnach die Methode, wie Sie sämtliche GWG innerhalb eines Kalenderjahrs einheitlich behandeln wollen:

1. Entweder bis 800 EUR sofort und darüber hinaus über die Nutzungsdauer abschreiben oder
2. zwischen 250 und 1.000 EUR Anschaffungskosten in einem Sammelpool auf fünf Jahre verteilen.

Arbeitsschritt

Suchen Sie beim Abstimmen der Anlagekonten nach Kleingeräten/Betriebsbedarf bis 250 EUR und nach geringwertigen Wirtschaftsgütern im Wert bis zu 800 EUR bzw. 1.000 EUR und buchen Sie sie um.

BGA	IKR	SKR03	SKR04	Kontenbezeichnung (SKR)
89	37	0480	0670	Geringwertige Wirtschaftsgüter
89	37	0485	0675	Sammelkonto geringwertige Wirtschaftsgüter (GWG)
4918	671	4855	6260	Sofortabschreibung GWGs
4912	6549	4862	6264	Abschreibungen auf den Sammelposten GWG

Werkzeuge und Kleingeräte werden bis zu einem Wert von 250 EUR als Sofortaufwand gebucht. Sind diese Gegenstände auf dem Konto »GWG« erfasst, müssen sie umgebucht werden, etwa auf das Konto »Betriebs- und Geschäftsausstattung«.

BGA	IKR	SKR03	SKR04	Kontenbezeichnung (SKR)
033	08	0300	0500	Betriebs- und Geschäftsausstattung
032	080	0310	0510	Andere Anlagen
0332	082	0440	0620	Werkzeuge
0331	081	0430	0640	Ladeneinrichtung
0332	087	0420	0650	Büroeinrichtung
0326	085	0460	0660	Gerüst- und Schalungsmaterial
033	087	0490	0690	Sonstige Betriebs- und Geschäftsausstattung

In manchen Anschaffungsrechnungen über Geräte und Einrichtungen lassen sich geringwertige Wirtschaftsgüter ausmachen und auf das Konto »GWG« umbuchen.

Beispiel

In der Rechnung über die neue Büroausstattung zu 7.500 EUR sind Sitzgruppen mit sechs Stühlen/Sesseln zu je 300 EUR, ein Tisch zu 400 EUR und ein weiterer Tisch mit 600 EUR ausgewiesen. Sie sind deshalb auf das Konto »GWG« umzubuchen.

Soll	Haben	GegenKto	Datum	Konto	Text
2.200,00		2000420/ 2000650		1799/1499	Storno Zugang Büroeinrichtung
2.200,00		1799/1499		0485/0675	Zugang GWG

4.2 Abstimmen im Umlaufvermögen

Zum Umlaufvermögen gehören die Roh-, Hilfs- und Betriebsstoffe, Warenvorräte und Erzeugnisse, Forderungen, sonstige Vermögensgegenstände und liquide Mittel. Sofern vorhanden, sollen auch aktive Rechnungsabgrenzungen (ARAP) und Disagios aufgelöst werden.

4.2.1 Vorräte, unfertige Arbeiten und Erzeugnisse, erhaltene Anzahlungen

Der tatsächliche Bestand an Vorräten ergibt sich aus der Inventur zum Ende des Geschäftsjahrs. Da die Bestandsveränderungen zur Vorjahresbilanz erst dann zu bestimmen sind, soll bei der Abstimmung der Buchhaltung nur auf Fehlbuchungen geachtet werden. So finden sich gelegentlich »Wareneinkauf« oder »Wareneinsatz« irrtümlicherweise auf den Warenbestandskonten. Sie sind entsprechend umzubuchen.

Arbeitsschritt

Ist die Inventur der Vorräte richtig durchgeführt worden? Klären Sie für den Jahresabschluss eventuelle Differenzen.

Bereiten Sie Unterlagen vor für eventuelle Bewertungsabschläge bei den Vorräten. Sind die Wertminderungen ausreichend dokumentiert, so können beim Abschluss Teilwertabschreibungen vorgenommen werden.

Wertminderungen bei Vorräten kommen in Betracht, wenn

- die Wiederbeschaffungskosten unter die Anschaffungskosten der Vorräte gesunken sind. Gesunkene Wiederbeschaffungspreise sind durch Preislisten der Lieferanten leicht darzustellen.
- der voraussichtliche Veräußerungspreis nicht mehr die Selbstkosten deckt (Anschaffungspreis + anteiliger betrieblicher Aufwand + anteiliger Unternehmergewinn, aus dem Vorjahr abzulesen). Gute Gründe dafür liegen z. B. beim Wandel der Mode bei Boutiquen oder bei Ersatzteilen von Auslaufmodellen im Kfz-Handel, Ausbleichen von Ware, Sortimentsumstellung etc. Tatsächlich erzielte niedrigere Verkaufspreise für eine ausreichende Menge an herabgesetzter Ware hingegen können Sie durch Preisherabsetzungslisten, durchgestrichene Preisschilder, Werbebroschüren oder -annoncen nachweisen. Zeigen Sie anhand der Verkaufspreise vor und nach der Preissenkung, um wie viel im Einzelfall die Selbstkosten unterschritten wurden und wie sich daraus die gebuchte Teilwertabschreibung zusammensetzt. Die Möglichkeit der Teilwertabschreibung ist weit eingeschränkt: Wenn Sie niedrigere Teilwertansätze des Umlaufvermögens aus der Vorjahresbilanz beibehalten wollen, müssen Sie die Voraussetzungen dafür alljährlich erneut nachweisen.

Die Preisrückgänge müssen zum Bilanzstichtag nicht bereits eingetreten sein, sondern können sich auch einige Zeit später ereignen.

Auch Eröffnungsbilanzbestände an unfertigen Erzeugnissen und Leistungen, noch nicht abgerechnete Bauaufträge und andere in Arbeit befindliche Aufträge sind in der laufenden Buchhaltung unbeachtlich. Bereinigen Sie lediglich Fehlbuchungen auf diese Konten. Bestandsveränderungen werden erst nach Inventur in den Abschlussbuchungen festgestellt.

Arbeitsschritt

Bereiten Sie Unterlagen vor zu den angefangenen Arbeiten und zur Bewertung der unfertigen Erzeugnisse zu (bis dahin angefallenen) Herstellungskosten. Aus den ersten Monatsbuchhaltungen des neuen Jahres können Sie die meisten angefangenen Arbeiten und deren Bearbeitungsstand zum Jahresende nachvollziehen. Allerdings können sich z. B. manche Bauarbeiten auch über Jahre hinziehen.

Geleistete Anzahlungen und erhaltene Anzahlungen auf Bestellungen aus dem vorangegangenen und laufenden Jahr sind abzuprüfen: Wenn die Endabrechnung zwischenzeitlich gestellt wurde, so buchen Sie die Anzahlung um. Achten Sie bei geleisteten Anzahlungen zum Jahresabschluss auf einen korrekten Vorsteuerausweis und notwendige Rechnungsangaben auf dem Beleg und lassen Sie sich nicht auf die spätere Rechnung vertrösten.

Im Streitfall mit dem Lieferanten sind Sie nämlich nicht nur die Anzahlung los, sondern müssen zudem auch den Vorsteuerabzug rückgängig machen.

Beispiel

Die vom Kunden im Januar 2022 geleistete Anzahlung von brutto 5.950 EUR (inkl. 19 % USt.) wurde in der Endabrechnung im Mai 2022 über 23.800 EUR (inkl. 19 % USt.) gutgeschrieben. Als Forderungsausgleich wurden seinerzeit aber lediglich 17.400 EUR gebucht – die Anzahlung wurde schlichtweg vergessen. Umgekehrt wurde im April für die Renovierung der Geschäftsräume eine Anzahlung an den Handwerker über brutto 11.900 EUR (inkl. 19 % USt.) geleistet. Nach Endabrechnung von 46.000 EUR wurde in der Buchhaltung auch hier nur der Überweisungsbetrag berücksichtigt.

Bei der Abstimmung der Konten »erhaltene Anzahlungen auf Bestellungen« und »geleistete Anzahlungen« ist umzubuchen.

Soll	Haben	GegenKto	Datum	Konto	Text
	5.950,00	301710/ 301190		1410/1210	Januar-Umbuchung, Anzahlung zu 19 % USt. auf Forderungen aus Lieferungen und Leistungen
	11.900,00	1610/3310		1517/1184	Umbuchung, Brutto-Anzahlung auf Renovierung

BGA	IKR	SKR03	SKR04	Kontenbezeichnung (SKR)
114	23	1510	1180	Geleistete Anzahlungen auf Vorräte
1141	230	1511	1181	Geleistete Anzahlungen 7 % VSt.
1143	232	1517	1184	Geleistete Anzahlungen 19 % VSt.
175	232	1710	1190	Erhaltene Anzahlungen auf Bestellungen

4.2.2 Forderungen gegenüber Kunden

Forderungen aus Lieferungen und Leistungen des Unternehmens werden in der Buchführung unterschiedlich erfasst:

1. In einer separaten Debitorenbuchhaltung werden Kundenkonten geführt, deren Gesamtsaldo auf dem Konto »Forderungen aus Lieferungen und Leistungen« erscheint. Die Abstimmung dieser Konten soll am Schluss des zweiten Teils zusammen mit den Lieferantenkonten behandelt werden.
2. Bei einer überschaubaren Anzahl von Kunden reichen einige wenige Sachkonten innerhalb der eigentlichen Finanzbuchhaltung für die Darstellung der Forderungen aus.

Hier unterscheidet man bei der Umsatzbesteuerung zwischen vereinnahmten (Rechnung ist beglichen) und vereinbarten Entgelten (Rechnung ist lediglich gestellt).

1. Für die sogenannten Ist-Versteuerer (§ 20 UStG) nach **vereinnahmten** Entgelten ohne Offene-Posten-Buchhaltung und Mahnwesen ist es sinnvoll, während des laufenden Jahres auf die Verwendung der Forderungskonten zu verzichten. Stornieren Sie etwaige Buchungen. Sind Forderungsbestände in der Eröffnungsbilanz ausgewiesen, so war die zugehörige Umsatzsteuer noch nicht fällig. Sofern noch nicht geschehen, buchen Sie die dazu gehörenden Zahlungen der Kunden im laufenden Jahr um. Im Idealfall ist das Forderungskonto zum Jahresende aufgelöst, d. h. sämtliche Forderungen aus dem Vorjahr wurden beglichen.
2. Prüfen Sie als Soll-Versteuerer (§ 6 UStG) nach **vereinbarten** Entgelten, ob alle noch nicht bezahlten Ausgangsrechnungen als Forderungen eingebucht sind. Holen Sie dies ggf. nach. Als Vorbereitung für den Jahresabschluss stellen Sie eine Liste dieser Rechnungen zusammen oder heften Sie auf sämtliche Rechnungskopien einen Additionsstreifen.

Wenn Sie auch während des laufenden Jahres Forderungskonten verwenden – wozu Sie steuerlich für die Umsatzsteuervoranmeldungen verpflichtet sind –, dann stimmen Sie zum Jahresende die ausstehenden Posten auf den Konten ab: Sind die offenen Rechnungen tatsächlich noch nicht ausgeglichen? Buchen Sie sämtliche als Forderung und bei Zahlung doppelt erfassten Umsatzerlöse um.

Beispiel

Die nachfolgenden Geschäftsvorfälle sind gar nicht oder unrichtig erfasst:

Sämtliche aus dem Vorjahr stammenden Forderungen von 100.000 EUR (inklusive 19 % UST) wurden im Laufe des Jahres ausgeglichen bis auf eine in Höhe von 4.800 EUR. Die Zahlungen waren als Erlöse gebucht.

Umsatzerlöse	80.000 EUR
Umsatzsteuerkorrektur	15.200 EUR
an Forderungen aus Lieferungen u. Leistungen	95.200 EUR

Zwei Ausgangsrechnungen aus September und Ende Dezember von jeweils netto 15.000 EUR sind noch nicht erfasst. Der Ausgleich der Septemberrechnung führte auf dem Forderungskonto zu einer Überzahlung.

Forderungen aus Lieferungen u. Leistungen	35.700 EUR
an Umsatzerlöse	30.000 EUR
Umsatzsteuer	5.700 EUR

Eine Rechnung aus März über netto 40.000 EUR ist seit Langem ausgeglichen. Die laut Kontoblatt vermeintlich offene Rechnung wurde bei Zahlung nochmals als Erlös erfasst.

Umsatzerlöse	40.000 EUR
Umsatzsteuerkorrektur	7.600 EUR
an Forderungen aus Lieferungen u. Leistungen	47.600 EUR

Soll	Haben	GegenKto	Datum	Konto	Text
	95.200,00	4400		1210	Doppelt erfasste Erlöse aus dem Vorjahr
35.700,00		4400		1210	Noch nicht erfasste Ausgangsrechnungen
	47.600,00	4400		1210	Noch nicht erfasster Rechnungsausgleich

Arbeitsschritt

Die Neubewertung und ggf. Abschreibung von alten und zweifelhaften Forderungen sowie die pauschale Wertberichtigung auf den gesamten Forderungsbestand werden zum Jahresabschluss vorgenommen. Bereiten Sie Schriftstücke vor, aus denen sich einzelne Risiken wie erreichte Mahnstufen und entsprechender Schriftwechsel, fruchtlose Pfändungen, Eidesstattliche Versicherungen, Konkursverfahren u. a. erkennen lassen, sowie das pauschale Ausfallrisiko im Verhältnis zu den Gesamtforderungen oder Umsätzen.

Kennzeichnen Sie auch diejenigen Forderungen, bei denen später etwa durch Warenrücksendungen und Preisnachlässe Abzüge gemacht werden.

4.2.3 Sonstige Vermögensgegenstände

Unter diese Rubrik fallen sämtliche andere Forderungen, Besitzwechsel, Kautionen, Arbeitnehmervorschüsse und -darlehen, Vorsteuer- und andere Steuerguthaben. Daneben soll hier das Abstimmen der Durchlaufenden Posten, des Geldtransits und der Unklaren Posten behandelt werden.

Arbeitsschritt

Für sämtliche Vermögensgegenstände ist zu prüfen, inwieweit die vorgetragenen Eröffnungsbilanzwerte am Jahresende noch vorhanden sind. Buchen Sie ggf. auf anderen Konten erfasste Abgänge um.

Beispiel

Nachfolgende Eröffnungsbilanzwerte sind in der laufenden Buchhaltung unbeachtet geblieben:

Ein Arbeitnehmervorschuss über 1.000 EUR ist längst in den Lohnabrechnungen des ersten Quartals verrechnet worden.

Die drei Jahre alte Umsatzsteuerforderung über 500 EUR wurde von der Finanzkasse laut Mitteilungsschreiben mit einer Einkommensteuervorauszahlung verrechnet.

Zu Jahresbeginn bestand in einem Haftpflichtfall eine Schadensersatzforderung über 7.500 EUR. Gebucht wurde der Geldeingang unter Kfz-Versicherungen im Haben.

Soll	Haben	GegenKto		Konto	Text
	1.000,00	4110/6010		1530/1340	Verrechnung des Lohnvorschusses mit Lohn
	500,00	1810/2150		1545/1425	Verrechnung des USt.-Guthabens mit ESt
	7.500,00	4520/6520		1502/1305	Kfz-Haftpflichtfall Umbuchung

Arbeitsschritt

Erstellen Sie eine Liste der vorhandenen Besitzwechsel und gleichen Sie den Bestand auf dem Konto ab.

Erstellen Sie eine Liste über die ausstehenden sonstigen Forderungen.

Stimmen Sie Durchlaufende Posten und das Geldtransit ab.

Mit dem Konto Geldtransit gehen Sie sicher, dass das Geld im »Übergang« von einem Konto auch beim anderen Konto ankommt. Gerade bei mehreren gleich hohen Einzahlungen hintereinander ist eine Kontrolle hilfreich. Wenn die Verrechnungsstelle »Geldtransit« nicht wie oben nachvollziehbar ausgeglichen wird, ist etwas schiefgelaufen. Möglicherweise wurde eine Eintragung vergessen, es liegen Additionsfehler oder Buchungsfehler vor oder es ist tatsächlich Geld abhandengekommen. Sollte das Konto zum Jahresende nicht ausgeglichen sein und kein tatsächlicher Überhang zwischen den Jahren bestehen, verfolgen Sie rückwärts nach und nach sämtliche Geldbewegungen:

Bei Einzahlungen auf das Bankkonto:	Bei Barabhebung vom Bankkonto:
Ausgang Kasse = Eingang Geldtransit	Ausgang Bank = Eingang Geldtransit
Eingang Bank = Ausgang Geldtransit	Eingang Kasse = Ausgang Geldtransit

Beispiel

Bäckerei Schröder schreibt aus Zeitmangel die täglichen Ein- und Ausgaben jeweils einige Tage später nach (das kann zu einer nicht ordnungsmäßigen Buchhaltung führen). Dabei übersieht Schröder eine Einzahlung in der Bank in Höhe von 1.000 EUR. Durch die vergessene Einzahlung steht am Jahresende auf dem Konto Geldtransit ein Habensaldo. In der Buchhaltung muss dieser Vorgang rekonstruiert werden: Die eingezahlten 1.000 EUR stammen aus Umsatzerlösen. Es sind daher nachträglich unter dem damaligen Datum sowohl Kasseneinnahmen als auch die Entnahme zur Einzahlung auf das Bankkonto zu buchen.

Soll	Haben	GegenKto	Datum	Konto	Text
1.000,00		8300/4300		1000/1600	»Vergessener« Umsatz
	1.000,00	1550/1360		1000/1600	Einzahlung Bank/ Ausgleich Geldtransit

Das Konto »Unklare Posten« finden Sie in keinem offiziellen Kontenrahmen wieder und in kaum einem Lehrbuch behandelt, da in der Buchhaltung Geschäftsvorfälle klar und eindeutig zu sein haben. In der Praxis aber steht dem Anspruch auf Perfektion der Grundsatz der Wirtschaftlichkeit und zeitnahen Erfassung entgegen – unter dem Termindruck der Abgabe von Umsatzsteuervoranmeldungen. Vorfälle, die wegen fehlender Belege und Angaben nicht einzuordnen sind, dürfen nicht die Eingabe von weiteren Buchungssätzen blockieren. Sie sind vorübergehend als Unklare Posten zu erfassen, aber möglichst schnell zu klären und auszubuchen. Spätestens zum Jahresabschluss gibt es keine Unklaren Posten mehr. Je mehr Zeit ins Land geht, desto schwieriger wird es im Nachhinein mit der Aufklärung. Lassen Sie deshalb nicht bis zum Jahresende seitenweise ungeklärte Posten auflaufen.

Beispiel

Das dritte Blatt des Bankauszugs mit der Nr. 113/3 vom 14.12. ist spurlos verschwunden. Um die schon späte Erfassung der Dezemberbuchhaltung nicht weiter zu verzögern, wird der gesamte Umsatz dieses Blattes mit einer Gutschrift von 523 EUR als Unklarer Posten eingebucht. Die Bank verspricht, eine Auszugskopie zu liefern.

Soll	Haben	GegenKto	Datum	Konto	Text
523,00		1399/1499		1200/1800	fehlender Ausz. 113/3 vom 14.12.

Bei Abschlusserstellung im Mai des Folgejahres wird nochmals um eine Kopie gebeten. Dadurch lässt sich nun ein Zahlungseingang über 1.000 EUR einer ausstehenden Rechnung des Kunden 12300 zuordnen. Für eine Barauszahlung von 200 EUR und einen Scheck über 277 EUR fehlt jedoch nach wie vor jeglicher Bezug. Wie sind solche Ausgaben zu behandeln? Für den Abzug als Betriebsausgabe ist der Unternehmer nach § 160 AO auf Verlangen des Finanzamtes verpflichtet, den Empfänger zu benennen. Da er dies beim besten Willen nicht kann, kommt hier nur der Ansatz als Privatentnahme infrage.

Soll	Haben	GegenKto	Datum	Konto	Text
1.000,00		12300/12300		1799/1499	Rechnungsausgleich durch Kunden
	477,00	1800/2100		1799/1499	nicht zuzuordnende Ausgaben

BGA	IKR	SKR03	SKR04	Kontenbezeichnung (SKR)
1595	2666	1590	1370	Durchlaufende Posten
159	2667	1360	1460	Geldtransit
1599	2669	1399	1499	Unklare Posten

4.2.4 Vorsteuerbeträge und Umsatzsteuerforderungen

Als Eröffnungsbilanzwert sollte auf dem Vorsteuerkonto lediglich die im Vorjahr noch nicht abziehbare Vorsteuer stehen. Umsatzsteuerforderungen aus Vorjahr(en) finden Sie auch als Sollsaldo von Verbindlichkeitskonten auf der Passivseite, wenn sich insgesamt bei der Umsatzsteuer eine Schuld ergibt.

Arbeitsschritt

Überprüfen Sie die Eröffnungswerte zur Vorsteuer und den Umsatzsteuerforderungen mit den Konten.

Überprüfen Sie ungewöhnlich hohe Vorsteuerbeträge und Habenbuchungen.

Hohe Vorsteuerbeträge können aus verwechselten Kontonummern herrühren oder der Erfassung von Umsatzsteuervorauszahlungen. Auch die Stornierung von Umsatzerlösen mit der Verwechslung von Umsatzsteuer und Vorsteuer führt zu Fehlbuchungen auf der Sollseite. Diese Fehler sind leichter beim Abstimmen der Umsatzkonten zu entdecken.

BGA	IKR	SKR03	SKR04	Kontenbezeichnung (SKR)
141	260	1570	1400	Abziehbare Vorsteuer
142	2601	1571	1401	Abziehbare Vorsteuer 7 %
143	2604	1575	1405	Abziehbare Vorsteuer 19 %

Bei den Habenbuchungen soll es sich ausschließlich um Vorsteuerkorrekturen handeln, d. h. aus Preisnachlässen, Rücksendungen an Lieferanten, Vorsteuererstattungen. Dank EDV-Auswertung ist die früher übliche Buchführungspraxis nicht mehr gebräuchlich, die Vorsteuerkonten monatlich über das Umsatzsteuerkonto abzuschließen. Die verbleibende Zahllast für die Umsatzsteuervorauszahlung wird auch ohne Saldierung fertig in das Voranmeldungsformular gedruckt. Deshalb ist man in der Lage, zum Jahresende leicht eine Verprobung der Vorsteuer vorzunehmen.

Arbeitsschritt

Verproben Sie die Vorsteuer des laufenden Jahres und halten Sie das Ergebnis für den Jahresabschluss fest.

Bei der Verprobung überschlagen Sie anhand der Jahressalden der Aufwandskonten, geleisteten Anzahlungen und Zugänge im Anlagevermögen die Vorsteuerabzugsbeträge des laufenden Jahres.

Konto	Bezeichnung	Soll	Haben	Vorsteuer	Bemerkungen
0210/0440	Maschinen	60.000		11.400	
0320/0520	Kfz	45.000		8.550	Anschaffung Februar
0420/0650	Büroeinrichtung	15.000		2.850	
0480/0670	Geringw. Wirtschaftsgüter	20.000		3.800	
1400/1200	Forderungen aus LuL	220.000		---------	
1570/1400	Abziehbare Vorsteuer	166.190			
1000/1600	Kasse	1.100		---------	
1200/1800	Bank		50.000	---------	
1800/2100	Privatentnahmen	130.000		---------	
1890/2180	Privateinlagen		25.000	---------	
1600/3300	Verbindlichkeiten aus LuL		330.000	---------	
0630/3560	Darlehen	60.000		---------	
1770/3800	Umsatzsteuer		216.000	---------	
1780/3820	Umsatzsteuer-zahlungen	90.080		---------	
8000/4000	Umsatzerlöse		1.440.000	---------	
3200/5200	Wareneingang	673.000		115.000	ggf. unterschiedliche Steuersätze beachten
4100/6000	Löhne und Gehälter	400.000		---------	
4220/6315	Pacht	48.000		9.120	Ist Vorsteuerabzug gegeben?
4500/6500	Kfz-Kosten	30.000		3.800	Kfz- Versicherung und Steuern (hier 10.000 EUR) sind umsatzsteuerfrei
4650/6640	Bewirtungskosten	5.000		950	
4670/6670	Reisekosten	10.000		800	mit Vorsteuerabzug
4930/6815	Bürobedarf	5.000		890	inkl. Fachliteratur 500 EUR zu 7 %
2110/7310	Zinsen kurzfristige Verbindlichkeiten	2.000			
2120/7320	Zinsen langfristige Verbindlichkeiten	50.500			

Konto	Bezeichnung	Soll	Haben	Vorsteuer	Bemerkungen
4320/7610	Gewerbesteuer	5.000			
9000/9000	Saldenvorträge Sachkonten		3.000		
9008/9008	Saldenvorträge Debitoren		120.000		
9009/9009	Saldenvorträge Kreditoren	130.000			
10100/10100	Kunde	0			
~~	~~~~	~~~~	~~~~		
60100/60100	Lieferant		5.000		
				166.280	maximal möglicher Vorsteuerabzug
				166.190	Salden der Vorsteuerkonten
				90	Differenz Vorsteuerverprobung

Die »über den Daumen« ermittelten Vorsteuerbeträge müssen in der Summe den Salden auf den Vorsteuerkonten entsprechen. Da hier der maximale mit dem tatsächlichen Vorsteuerabzug verglichen wird, ist eine positive Differenz die Regel. Eine zu hohe Differenz deutet auf Buchungsfehler zu Ihren Lasten hin, eine Unterdeckung des Vorsteuerausweises durch die verprobten Beträge hingegen provoziert die Rückfrage des Finanzamts.

Meist sind es ungewöhnliche Geschäftsvorfälle oder Korrekturen, die Verwechslung von Vorsteuer mit Umsatzsteuer, die als einzelne Ausreißer für die Differenz verantwortlich sind. Achten Sie in diesem Fall bei den folgenden Aufwandskonten besonders auf den Vorsteuerabzug (siehe Allgemeine Prüfungspunkte Nr. 4) und auf Sollbuchungen bei den Erlösen.

Tipp

Die Vorsteuer ist nicht abziehbar, soweit der Unternehmer Umsätze tätigt, die den Vorsteuerabzug ausschließen, z. B. steuerfreie nach § 4 Nr. 8-28 UStG:

Honorare der Ärzte (Ausnahme z. B. zahntechnisches Labor), Umsätze von Krankenhäusern, Altenheimen, die Provisionen der Versicherungsvertreter und Versicherungsentschädigungen, aus Vermietungen und Handel von Grundstücken, Umsätze aus Lehrtätigkeit, Jugendhilfe und ehrenamtliche Aufwandsentschädigung.

Vorsteuerbeträge sind auf diesem Konto zu erfassen, wenn die Aufwendungen nicht einzeln zuzuordnen sind. Bei der späteren Aufteilung nach ihrer wirtschaftlichen Zuordnung sind sie aufzuteilen in abziehbare und nicht abziehbare.

Beispiel

DATEV-System:

Soll	Haben	GegenKto	Datum	Konto	Text
357,00		904240/ 906325		1200/1800	

Einzelbuchung:

Soll	Haben	GegenKto	Datum	Konto	Text
300,00		4240/6325		1200/1800	
57,00		1560/1410		1200/1800	

BGA	IKR	SKR03	SKR04	Kontenbezeichnung (SKR)
147	261	1560	1410	Aufzuteilende Vorsteuer
1471	2611	1561	1411	Aufzuteilende Vorsteuer 7 %
1472	2615	1565	1415	Aufzuteilende Vorsteuer 19 %

Die Aufteilung der Vorsteuer in abziehbare und nicht abziehbare soll bei den Abschlussarbeiten vorgenommen werden, da erst nach Abstimmen der Umsatzerlöse ggf. das richtige Verhältnis zu ermitteln ist.

4.2.5 Kasse, Bank und weitere liquide Mittel

Arbeitsschritt

Stimmen Sie die letzten Kontenblätter von Kasse, Girokonto, Sparguthaben, Festgeld, Wertpapiere usw. mit dem Kassenbuch Dezember bzw. dem Konto- oder Depotauszug ab. Zum Nachweis nehmen Sie Saldenbestätigungen und/oder Kontoauszugskopien zu Ihren Jahresabschlusspapieren. Im Rahmen der digitalen Belegverknüpfung empfiehlt es sich auch, eine Kopie der Saldenbestätigung/des Kontoauszugs mit dem letzten Bank- bzw. Kassenbuchbuchungssatz zu verknüpfen.

Auch hier sind in der Praxis auftretende Differenzen zwischen der Buchhaltung und dem tatsächlichen Kassenbestand, und dem tatsächlichen Kontostand des Bankkontos nicht vorgesehen. Es bleibt Ihrer Ausdauer vorbehalten, wie Sie mit den tatsächlich doch vorkommenden Differenzen umgehen: Bagatellbeträge von einigen Euro sind eher über Privatentnahmen auszubuchen als stundenlang nachzuforschen. Im Zusammenhang mit erheblichen Beträgen stellt jedoch eine solche formell nicht ordnungsmäßige Kontenführung einen gravierenden Mangel dar. Gehen Sie die Monate anhand der Saldenlisten bis zum Fehlermonat zurück und gleichen dann die Primanota (Protokoll der eingegebenen Buchungssätze) mit den Bankkontoauszügen, Kassenbuch etc. ab.

Ist die Differenz durch 9 teilbar?

Dann liegt höchstwahrscheinlich ein Zahlendreher vor.

Beispiel

Differenz	Zahlendreher
63	81 anstatt 18
	92 anstatt 29
495	803 anstatt 308
7200	19XX anstatt 91XX

Ein Fehler kommt selten allein. Den zweiten Platz in einer noch aufzustellenden Fehlerstatistik nehmen daher »Kombinationsfehler« ein. Sie sind erkennbar bei geringen Abweichungen von glatten Beträgen.

Beispiel

Differenz	kombinierte Fehler z. B.
19,98	a) 20,00 nicht erfasst
	b) 248,07 anstatt 248,05
1.003,00	a) 5.678,12 anstatt 6.678,12
	b) 24,00 anstatt 27,00

Soll mit Haben zu verwechseln führt zu Fehlern mit doppelten Beträgen. Dies geschieht häufig bei einzelnen Korrekturbuchungen, wenn die Kontrolle und Abstimmung mit Bank oder Kasse nicht möglich ist. Eine vierfache »Blüte« dieses Fehlers entsteht, wenn eine solche Verwechslung nochmals falsch korrigiert wird.

Versuchen Sie, Ihr persönliches Fehlermuster zu identifizieren, dann tun Sie sich leichter bei der Suche und der Vermeidung von Buchungsfehlern.

4.2.6 Aktive Rechnungsabgrenzungsposten und Disagio

Vorauszahlungen größerer Betriebsausgaben aus dem Vorjahr für das laufende Jahr sind in der Eröffnungsbilanz als Aktive Rechnungsabgrenzung vorgetragen. Vorwegzinsen und Abschlussgebühren eines Darlehens werden als Disagio eingestellt. Sie sind über die Laufzeit des Darlehens zu verteilen.

Arbeitsschritt

Sofern noch nicht geschehen, lösen Sie sämtliche Aktive Rechnungsabgrenzungen aus dem Vorjahr auf.

Lösen Sie die Disagios zeitanteilig für das laufende Jahr auf.

Anhand einer Liste der einzelnen Posten aus dem Vorjahr buchen Sie die unterschiedlichen Aufwandsarten ein. Ebenfalls aus den Unterlagen des Vorjahres können Sie die eingestellten Disagios entnehmen und zeitanteilig als monatlichen Zinsaufwand berücksichtigen. Für eine aussagekräftige Betriebswirtschaftliche Auswertung und korrekte Gewinnschätzung empfiehlt es sich, die Rechnungsabgrenzungen bereits im Rahmen der laufenden Buchführung zu berücksichtigen. Ist dies nicht geschehen, sind die Rechnungsabgrenzungen im neuen Jahresabschluss – bestenfalls nach dem Abstimmen sämtlicher Aufwandskonten - zu ermitteln und in einer Liste vorzubereiten. Beim Abstimmen der Darlehen soll nochmals auf Disagios eingegangen werden.

Beispiel

Im Vorjahr wurden die nachfolgenden Rechnungsabgrenzungen gebildet und Disagios ausgewiesen.

Kfz-Versicherungen	3.000 EUR
Kfz-Steuer	1.000 EUR
Summe ARAP	4.000 EUR

Disagio Darlehen	Stand 01.01.		Aufwand lfd. Jahr	Stand 31.12.	
Hypo-Darlehen A	102/240 Mon.	6.120 EUR	(720 EUR)	90/240 Mon.	5.400 EUR
Hypo-Darlehen B	60/240 Mon.	5.000 EUR	(5.000 EUR)	aufgelöst	
Invest-Darlehen	54/60 Mon.	1.620 EUR	(360 EUR)	42/60 Mon.	1.260 EUR
		12.740 EUR	(6.080 EUR)		6.660 EUR

Soll	Haben	GegenKto	Datum	Konto	Buchungstext
	3.000,00	4520/6520		0980/1900	im Vorjahr vorausgezahlte Kfz-Versicherung
	1.000,00	4510/7685		0980/1900	im Vorjahr vorausgezahlte Kfz-Steuer
	6.080,00	2120/7320		0986/1940	anteiliges Disagio laufendes Jahr

BGA	IKR	SKR03	SKR04	Kontenbezeichnung (SKR)
091	29	0980	1900	Aktive Rechnungsabgrenzung
092	290	0986	1940	Damnum/Disagio

5 Abstimmen der Passivkonten

Ablaufplan Jahresabschluss

1. Vortragen der Eröffnungsbilanz
2. Abstimmen der Buchhaltung
3. Abstimmen: Aktiva
4. Abstimmen: Passiva
5. Abstimmen: Aufwendungen und Erträge
6. Inventur
7. Abschlussbuchungen – Aufstellen der Bilanz
8. Anlagevermögen, Abschreibungen, Anlagenspiegel
9. Umlaufvermögen
10. Passiva
11. Gewinn- und Verlustrechnung
12. Steuererklärungen
13. Die fertige Bilanz und GuV
14. Übertragen der E-Bilanz

Dieses Kapitel behandelt die Konten der Passivseite:

- Eigenkapitalkonten,
- Auflösung von Rückstellungen,
- Abstimmungen der Darlehen und erhaltenen Anzahlungen,
- Verbindlichkeiten gegenüber Lieferanten,
- sonstige Verbindlichkeiten wie
  - Schuldwechsel,
  - erhaltene Kautionen,
  - Verbindlichkeiten zu den Lohnkosten und Steuern, insbesondere der Umsatzsteuer.

5.1 Eigenkapitalkonten

Während des Jahres wird im Einzelunternehmen das variable Eigenkapital als solches nicht verändert. Stattdessen bebucht man Privatkonten.

Tipp

Privatentnahmen und -einlagen (Geld wird entnommen oder in Kasse, Bank usw. eingelegt) erhöhen weder den Gewinn noch führen sie zu Verlusten. Sie können also beliebig oft und beliebig hohe Beträge aus der Kasse entnehmen oder einlegen, ohne dass darauf Steuer anfällt. Dass zu hohe Privatentnahmen ein Unternehmen in den Ruin treiben, steht auf einem anderen Blatt. Wenn Sie neben den betrieblichen Einkünften keine weiteren Einnahmen vorweisen können, müssen Sie sich auch bei zu niedrigen Privatentnahmen unangenehme Fragen vom Finanzamt gefallen lassen.

Neben den zweckgebundenen Privatentnahmen wie Miete, Versicherungen, Darlehensraten usw. sollten die »ungebundenen« Privatentnahmen für den täglichen Bedarf ausreichen. Zu den gebundenen Privatentnahmen sind in manchen Kontenrahmen Konten zu Sonderausgaben, außergewöhnlichen Belastungen, Privatspenden und Privatsteuern vorgesehen. Die Verwendung von mehreren Privatkonten ist sinnvoll, wenn Sie Ihre Einkommensteuererklärung selbst ausfüllen oder vorbereiten.

BGA	IKR	SKR03	SKR04	Kontenbezeichnung (SKR)
871	3021	1880	2130	Unentgeltliche Wertabgaben
163	3022	1810	2150	Privatsteuern
162	3023	1890	2180	Privateinlagen
164	3024	1820	2200	Sonderausgaben beschränkt abzugsfähig
165	3025	1830	2230	Sonderausgaben unbeschränkt abzugsfähig
165	3026	1840	2250	Zuwendungen, Privatspenden
164	3027	1850	2280	Außergewöhnliche Belastungen
161	3028	1860	2300	Grundstücksaufwand
162	3029	1870	2350	Grundstücksertrag

Um nicht den Kontenplan unnötig aufzublähen und ggf. das Finanzamt nicht bereits bei Abgabe der Bilanz auf niedrige ungebundene Privatentnahmen aufmerksam zu machen, genügen jedoch meistens die Konten »Privatentnahmen allgemein« und »Privateinlage«.

Arbeitsschritt

Beim Abstimmen der Privateinlagen sind kurzfristig entnommenes Geld und der Ersatz von Kleinbeträgen bei den Privatentnahmen ins Haben umzubuchen, um das Einlagekonto nicht mit unechten Privateinlagen zu befrachten.

Bei den Privateinlagen sollen Sie in der Lage sein, auf Nachfrage des Finanzamtes die Herkunft des Geldes – mitunter bereits ab 5.000 EUR – lückenlos aufzuklären. Dokumentieren Sie die Herkunft der Gelder.

Wenn der Vorsteuerabzug vom Buchhaltungsprogramm nicht ohnehin gesperrt ist, so achten Sie beim Abstimmen der Konten auf solche Buchungsfehler.

Beispiel

Von der Einkaufsrechnung des Großmarkts wurden für Privatbedarf gekaufte Lebensmittel lediglich Nettobeträge von insgesamt 300 EUR abgezogen, die anteilige Vorsteuer von 21 EUR jedoch in voller Höhe betrieblich geltend gemacht. Es ist umzubuchen:

Soll	Haben	GegenKto		Konto	Text
	21,00	1800/2100		1571/1401	korrigierter Vorsteuerabzug

Im Gegensatz zu den Barentnahmen ist die Entnahme von Gegenständen und Leistungen aus dem Unternehmen ein steuerpflichtiger Vorgang und stellt für das Unternehmen einen zusätzlichen Ertrag dar. In der Regel wird diese »Unentgeltliche Wertabgabe« (früher: Eigenverbrauch) an den Selbstkosten für das Unternehmen festgemacht. Sie sollen zusammen mit den Erlösen abgestimmt werden. Die Wertermittlung soll deshalb sinnvollerweise erst nach Abstimmung der Aufwandskonten behandelt werden.

Wichtig für die Jahresabschlüsse ab 2020

Eine wesentliche Neuerung für alle Jahresabschlüsse ab dem Wirtschaftsjahr 2020 besteht in der Funktionsänderung bei den Privatkonten mit den jeweiligen Nummernbereichen der Endziffern 0 bis 9. Hier ist eine Trennung zwischen Vollhafter einer Gesellschaft und Einzelunternehmer erfolgt, um in der E-Bilanz automatisch „unlimitedPartner“ oder „privateAccountSP“ anzusteuern.

Nachdem bereits 2016 für Vollhafter die „Endziffernlogik“ aufgegeben wurde – d. h. Endziffer 0 für Vollhafter 1 oder den Einzelunternehmer, Endziffer 1 für Vollhafter 2 usw. bis Endziffer 9 für den zehnten Gesellschafter, mussten sämtliche Gesellschafter in der Finanzbuchhaltung auf Konten der Endziffer 0 abgebildet werden. Die DATEV fragt seitdem bei jeder Buchung auf Privatkonten ab, welcher Gesellschafter betroffen ist, um zum Jahresabschluss Kapitalkontenentwicklungen für jeden einzelnen Gesellschafter zu generieren.

Ab 2020 sind von Einzelunternehmern durchweg Privatkonten mit Endziffer 1 zu verwenden, wobei im SKR04 ein größerer Nummernraum zur Verfügung steht und es neben den hier aufgelisteten Konten noch zusätzliche Konten gibt.

Konten ab 2020 für Einzelunternehmer	SKR03	SKR04
Kapital (fester Anteil, nur Einzelunternehmen)	871	2001
Kapital (variabler Anteil, nur Einzelunternehmen)	881	2011
Privatentnahmen allgemein (nur Einzelunternehmen)	1801	2101
Unentgeltliche Wertabgaben (nur Einzelunternehmen)	1881	2131
Privatsteuern (nur Einzelunternehmen)	1811	2151
Privateinlagen (nur Einzelunternehmen)	1891	2181
Sonderausgaben beschränkt abzugsf. (nur Einzelunternehmen)	1821	2201
Sonderausgaben unbeschränkt abzugsf. (nur Einzelunternehmen)	1831	2231
Zuwendungen, Spenden (nur Einzelunternehmen)	1841	2251
Außergewöhnliche Belastungen (nur Einzelunternehmen)	1851	2281
Grundstücksaufwand (nur Einzelunternehmen)	1861	2301
Grundstücksaufwand (USt-Schlüssel möglich, nur Einzelunternehmen)	1869	2309
Grundstücksertrag (nur Einzelunternehmen)	1871	2351
Grundstücksertrag (Ust-Schlüssel möglich, nur Einzelunternehmer)	1879	2359

5.2 Steuerliche Rücklagen

Die Bildung, Übertragung und Auflösung von Rücklagen ist ein Aufgabengebiet der Jahresabschlussarbeiten und betrifft die Abstimmung der laufenden Buchhaltung nicht. Bereiten Sie jedoch entsprechende Planungsunterlagen vor zur Bildung von Rücklagen:

Arbeitsschritt

Sind Reinvestitionen geplant von Erträgen aus Anlageverkäufen? Sollen die Gelder in Grund und Boden, Gebäude, GmbH-Anteile oder Aktien, Schiffe oder sonstige abnutzbare Anlagegüter reinvestiert werden?

5.3 Rückstellungen

Nicht mit Rücklagen zu verwechseln, dienen die Rückstellungen dazu, noch nicht exakt (dem Grunde und/oder der Höhe nach) bestimmte Verbindlichkeiten zu erfassen. Wirtschaftlich gesehen ist der zugrunde liegende Aufwand dem alten Jahr zuzurechnen. Ob der Unternehmer zur Zahlung der Verbindlichkeit jedoch tatsächlich in Anspruch genommen wird oder wie hoch der Aufwand endgültig zu beziffern ist, bleibt zum Zeitpunkt der Bildung der Rückstellung, also zum Bilanzstichtag ungewiss.

Arbeitsschritt

Überprüfen Sie die Rückstellungen aus der Eröffnungsbilanz und lösen Sie sie ggf. auf.

Soweit keine aktuellen Unterlagen vorhanden sind, fordern Sie von der Versicherung ein Gutachten zur Pensionsrückstellung und ggf. des Aktivwertes der Rückdeckungsversicherung an.

Dies gilt ebenfalls bei bereits laufenden Klagen beispielsweise wegen Patentverletzungen oder Ähnlichem, über die im laufenden Wirtschaftsjahr noch nicht abschließend entschieden wurde. Lassen Sie sich von dem betreuenden Anwalt die voraussichtlich noch anfallenden Rechtsanwaltskosten nennen.

Was soll mit den Rückstellungen aus der Eröffnungsbilanz geschehen?

1. Üblicherweise tritt die konkrete Inanspruchnahme, für die Rückstellungen gebildet wurden, im Folgejahr ein. Je nachdem, ob die Rückstellung zu niedrig oder zu hoch ausgewiesen war, kommt es zu periodenfremden Aufwendungen oder Erträgen. Bleibt die Inanspruchnahme definitiv aus, dann ist sogar die gesamte Rückstellung ertragswirksam aufzulösen.
2. Dagegen bleiben Pensionsrückstellungen, Urlaubsrückstellungen u. Ä. am Jahresende bestehen und werden üblicherweise bis zur Zahlung der Altersrente sogar aufgestockt bzw. bis zur Inanspruchnahme des Urlaubs aufgelöst.
3. Hiervon zu unterscheiden sind Rückstellungen wie z. B. für Jahresabschlusskosten, die jährlich neu zu bilden sind. Sie stehen zu lassen und lediglich die Differenz zur neuen Rückstellung aufstocken bzw. kürzen zu wollen, ist in der Praxis zwar üblich, aber trotzdem falsch.
4. Bei einigen wenigen Rückstellungen konkretisiert sich lediglich zum Jahresende die Verbindlichkeit. Sie sind dementsprechend »umzuwidmen«.

5. Beachten Sie die Besonderheit bei der Gewerbesteuer: Die Auflösung der Rückstellung, Nachzahlungen oder Erstattungen sind nach § 4 Abs. 5b EStG steuerlich nicht ergebniswirksam.

Vorsteuer kann schon deshalb nicht zurückgestellt werden, da zum Zeitpunkt der Rückstellung keine ordnungsgemäße Rechnung vorliegt.

Beispiel

In der Eröffnungsbilanz sind folgende Rückstellungen eingestellt:

Rückstellung Eröffnungsbilanz	Was tat sich im Laufe des Jahres?
Jahresabschlusskosten 2021 10.000 EUR	Gezahlt und als Abschlusskosten eingebucht wurde im laufenden Jahr 2022: 10.500 EUR
Gewerbesteuerrückstellung 2020/2021 20.000 EUR bzw. 15.000 EUR	Die Steuernachzahlung für 2020 von 18.000 EUR wurde auf dem Konto Gewerbesteuer gebucht. Es liegt zum Jahresende ein Steuerbescheid 2021 vor, wonach 16.000 EUR nachzuzahlen sind. Aus einer ungewissen Verbindlichkeit wird dadurch eine gewisse. Diese Nachzahlung für 2021 ist nach § 4 Abs. 5b EStG nicht ergebniswirksam.

Soll	Haben	GegenKto	Datum	Konto	Text
10.000,00		4957/6827		0977/3095	Auflösung Rückstellung Abschlusskosten
500,00		4957/6827		2020/6960	2021 mit periodenfremdem Aufwand
18.000,00		4320/7610		0957/3035	Auflösung Gewerbesteuer 2020
2.000,00		2735/7644		0957/3030	mit Ertrag aus Auflösung Steuerrückstellung
15.000,00		1736/3700		0957/3035	Umwidmen Rückstellung § 4 Abs. 5b EStG/Verbindl.
	1.000,00	2289/7641		1736/3700	Gewerbesteuer 2021, Nachzahlung Vorjahr § 4 Abs. 5b EStG

BGA	IKR	SKR03	SKR04	Kontenbezeichnung (SKR)
276	5481	2735	4930	Erträge Auflösung von Rückstellungen
226	5484	2735	7644	Erträge Auflösung Rückstellung f. Steuern Einkommen/Ertrag
0722	380	956	3035	Gewerbesteuerrückstellung, § 4 Abs. 5b EStG
2435	5485	2289	7694	Erträge Auflösung Rückstellung sonstige Steuern
2251	7709	2281	7641	Gewerbesteuernachzahlungen und -erstattungen für Vorjahre, § 4 Abs. 5b EStG
2251	7705	2283	7643	Erträge aus der Auflösung von Gewerbesteuerrückstellungen, § 4 Abs. 5b EStG

Arbeitsschritt

Für die Bildung von aktuellen Rückstellungen erstellen Sie eine dokumentierte Liste zum Jahresabschluss. Erstellen Sie einen Rückstellungsspiegel.

Nachweise und Unterlagen mit den entsprechenden Zahlen können Sie u. a. für nachfolgende Ereignisse/Situationen vorbereiten:

- Ins neue Jahr übertragbare Urlaubsansprüche der Mitarbeiter, Anzahl der ausstehenden Urlaubstage zu anteiligen Lohnkosten.
- Unterlassene Instandhaltungsarbeiten, die in den ersten drei Monaten des neuen Jahres nachgeholt werden. In der Regel liegen Ihnen dann die Abrechnungen vor.
- Drohende Verluste aus schwebenden Geschäften, die durch aussagekräftige Nachkalkulationen belegt sind.
- Gewährleistungen aus Kulanz für Umsätze aus dem abgelaufenen Jahr, anhand von Vergangenheitswerten für entsprechenden Aufwand in Gewährleistungsfällen zu Selbstkosten im Verhältnis zum Umsatz.
- Nachträglich gewährte Rabatte und Jahresboni, aus den Vorjahreszahlen hochgerechnet.
- Aufwand für die Beseitigung von Umweltschäden laut Sachverständigengutachten, Kostenvoranschläge oder Behördenverfügungen.
- Schadensersatzleistungen und Patentverletzungen in Höhe der eingeforderten, realistischen Beträge.
- Prozess- und Rechtsanwaltskosten, die Ihr Anwalt überschlagen kann. Kosten für ein etwaiges Berufungs- oder Revisionsverfahren gehören nicht hierhin.

Klären Sie im Einzelfall ab, von wem welche Unterlagen für den Jahresabschluss beigebracht werden sollen.

5.4 Darlehen und erhaltene Anzahlungen

Arbeitsschritt

Stimmen Sie die Darlehenskonten einzeln mit den Jahresauszügen der Bank ab und buchen Sie ggf. falsch zugeordnete Tilgungen oder nicht getrennte Zinsanteile um. Erstellen Sie einen Darlehensspiegel und Kopien der Jahres(end-)auszüge.

Bei mehreren Darlehenskonten kommt es gelegentlich vor, dass Ratenzahlungen dem falschen Konto zugeordnet sind oder während des Jahres überhaupt nicht erfasst wurden. Ziehen Sie dazu auch die Kontenblätter für den Zinsaufwand heran. Entsprechend sind Annuitätenraten in ihre Zins- und Tilgungsanteile zu trennen.

Wurden stattdessen die Raten in voller Höhe als Zins oder als Tilgung gebucht, so buchen Sie anhand des Darlehensauszugs den gesamten Zinsaufwand bzw. die Tilgungen in einer Summe um.

Beispiel

Anhand der Darlehensauszüge lässt sich nachfolgende Übersicht aufstellen:

Darlehen	Kontonr.	Stand 01.01.	Zinsaufwendungen	Tilgungen	Stand 31.12.
Hypothekendarlehen A-Bank	0651/3171	350.000	20.800	50.000	300.000
Hypothekendarlehen Sparka B	0652/3172	450.000	24.250	450.000	------
Hypothekendarlehen C-Bank	0653/3173	-----	-----	-----	450.000
Investitionsdarlehen	0630/3560	150.000	11.560	508.440	141.560

Bebucht wurde während des Jahres lediglich das Darlehenskonto 0630/3560 und das Zinskonto für langfristige Verbindlichkeiten:

Kontobezeichnung: Darlehen				Kontonr. 0630/3560	Blatt-Nr. 1
Datum	Gegenkonto	Buchungstext	Soll	Umsatz	Haben
31.03.	1200/1800	Rate I. Quartal	5.000,00		
30.06.	1200/1800	Rate II. Quartal	5.000,00		
01.07.	1200/1800	Tilgung Hypo-Darlehen B	25.000,00		
31.12.	1200/1800	Tilgung Hypo-Darlehen B	25.000,00		
gebucht bis 31.12.	EB-Wert	Saldo Neu 60.000,00	Soll 60.000,00	Jahresverkehrszahlen	Haben

Kontobezeichnung: Zinsaufwand langfristige Verbindlichkeiten				Kontonr. 2120/7320	Blatt-Nr. 1
Datum	Gegenkonto	Buchungstext	Soll	Umsatz	Haben
31.03.	1200/1800	Zins I. Hypo-Darlehen A	5.600,00		
30.06.	1200/1800	Zins II. Hypo-Darlehen A	5.600,00		
30.09.	1200/1800	Zins III Hypo-Darlehen A			
30.09.	1200/1800	Rate III. Quartal	5.000,00		
31.12.	1200/1800	Zins IV Hypo-Darlehen A	4.800,00		
31.12.	1200/1800	Zins Hypo-Darlehen B	24.250,00		
gebucht bis	EB-Wert	Saldo Neu	Soll	Jahresverkehrs-zahlen	Haben
31.12.		60.000,00	60.000,00		

Während des Jahres wurde auf keinem Darlehenskonto der Eröffnungsbilanzwert erfasst – das ist jedoch bereits zu Beginn dieser Abstimmarbeiten nachzuholen.

Darüber hinaus braucht es einige zusätzliche Umbuchungen:

Auf Konto 0630/3560 sind nur zwei Raten erfasst. Zins- und Tilgung für dieses Konto betrugen insgesamt 20.000 EUR. Da sich die dritte Rate auf dem Zinsaufwandskonto wiederfindet, müssen Zins- und Tilgung neu aufgeteilt werden. Die Zahlung der vierten Rate erscheint erst in der Januarbuchhaltung des neuen Jahres, da die Lastschrift auf dem Girokonto zum 02.01. erfolgte. Der genaue Zins- und Tilgungsanteil dieser Rate ist nicht bekannt, weshalb er in einer Summe als (äußerst) kurzfristige Verbindlichkeit oder Geldtransit zu erfassen ist. Die Tilgungsraten für das Hypodarlehen der A-Bank gehören auf das Konto 0651/3171. Dann stimmt das Konto 0630/3560 mit dem Auszug überein.

Soll	Haben	GegenKto	Datum	Konto	Text
	6.560,00	2120/7320		0630/3560	11.560 Darlehenszins 5.000 bereits gebucht
	5.000,00	1701/3501		0630/3560	Rate IV, Lastschrift Girokonto 02.01.
	50.000,00	0651/3171		0630/3560	Umbuchung Tilgungen Hypodarlehen

Nach der Eröffnungsbuchung von 350.000 EUR im Haben und der Umbuchung der Tilgung von 50.000 EUR im Soll weist das Konto 0651/3171 nunmehr den richtigen Saldo von 300.000 EUR im Haben aus.

Arbeitsschritt

Kopieren Sie bei neu aufgenommenen oder umgeschuldeten Darlehen die Verträge und buchen Sie das Disagio nach.

Beispiel

Zum Jahresende wird das Darlehen der Sparkasse B über 450.000 EUR zu einem niedrigen Zins von der C-Bank umgeschuldet. Das neue Darlehen lautet nominal ebenfalls über 450.000 EUR. Das Disagio über 1 % wird bei Auszahlung abgezogen. Es soll laut Vertrag noch im alten Jahr über das neue Darlehenskonto 0653/3173 erfasst werden.

Soll	Haben	GegenKto	Datum	Konto	Text
450.000,00		1550/1360		0652/3172	Tilgung Darlehen Sparkasse B
	445.500,00	1550/1360		0653/3173	Auszahlung Darlehen C-Bank
	4.500,00	0986/1940		0653/3173	Disagio Darlehen C-Bank

5.5 Verbindlichkeiten gegenüber Lieferanten

Verbindlichkeiten aus Lieferungen und Leistungen des Unternehmens werden wie die Forderungen in der Buchführung unterschiedlich erfasst:

1. In einer separaten Kreditorenbuchhaltung werden Lieferantenkonten geführt, deren Gesamtsaldo auf dem Konto »Verbindlichkeiten aus Lieferungen und Leistungen« erscheint. Die Abstimmung dieser Konten soll am Schluss zusammen mit den Kundenkonten behandelt werden.
1. Bei einer überschaubaren Anzahl von Lieferanten reichen einige wenige Sachkonten innerhalb der eigentlichen Finanzbuchhaltung für die Darstellung der Verbindlichkeiten aus.

Die Abstimmungstechnik wird Ihnen deshalb bereits von den Forderungen vertraut sein:

Arbeitsschritt

Sind Verbindlichkeiten aus Lieferungen und Leistungen in der Eröffnungsbilanz ausgewiesen, so überprüfen Sie die Buchungen zum Rechnungsausgleich im laufenden Jahr. Stornieren Sie ggf. doppelt erfasste Eingangsrechnungen.

Beispiel

Die in der Eröffnungsbilanz ausgewiesenen Verbindlichkeiten aus Lieferungen und Leistungen in Höhe von 50.000 EUR sind in der laufenden Buchhaltung unbeachtet geblieben. Der aus dem alten Jahr stammende Wareneinkauf von brutto 20.000 EUR zu 7 % USt. und brutto 30.000 EUR zu 19 % Umsatzsteuer sind im laufenden Jahr nochmals als Aufwand mit Vorsteuerabzug zu 7 %/19 % USt. erfasst worden. Die Verbindlichkeiten sind aufzulösen und der Wareneinkauf zu stornieren:

Soll	Haben	GegenKto	Datum	Konto	Text
20.000,00		3300/5300		1610/3310	Bereits im Vorjahr erfasster WE zu 7 %
30.000,00		3400/5400		1610/3310	Bereits im Vorjahr erfasster WE zu 19 %

Arbeitsschritt

Bereiten Sie für den Jahresabschluss Kopien von allen ausstehenden Eingangsrechnungen vor und addieren Sie gleichartige Verbindlichkeiten auf.

Wenn Sie dies auch während des Jahres so handhaben: Buchen Sie die Verbindlichkeiten direkt ein.

5.6 Sonstige Verbindlichkeiten

Unter diese Rubrik fallen sämtliche andere Verbindlichkeiten, Schuldwechsel, erhaltene Kautionen, Verbindlichkeiten zu den Lohnkosten und Steuern, insbesondere der Umsatzsteuer.

Arbeitsschritt

Für sämtliche sonstigen Verbindlichkeiten ist zu prüfen, inwieweit die vorgetragenen Eröffnungsbilanzwerte am Jahresende noch vorhanden sind. Mitunter ist eine im Vorjahr erfasste Verbindlichkeit im laufenden Jahr noch einmal als Aufwand gebucht. Buchen Sie den doppelt erfassten Aufwand um.

Beispiel

Nachfolgende Eröffnungsbilanzwerte der sonstigen Verbindlichkeiten sind in der laufenden Buchhaltung unrichtig verbucht:

Lohnsteuer/Kirchensteuer/Solidaritätsbeitrag von 10.000 EUR und Sozialbeiträge von 15.000 EUR aus dem Dezember sind bei Zahlung im Januar als Aufwand gebucht.

Die Nachzahlung der Stromabrechnung für das vergangene Jahr von 2.000 EUR wurde im Februar ein zweites Mal als Aufwand mit Vorsteuerabzug erfasst.

Eine Abfindung von 12.000 EUR für einen zum Jahresende ausgeschiedenen Mitarbeiter wurde Ende Januar gezahlt und als Gehalt gebucht.

Soll	Haben	GegenKto	Datum	Konto	Text
15.000,00		4130/6110		1740/3740	Verbindlichkeiten Sozialversicherung altes Jahr
10.000,00		4110/6010		1741/3730	Verbindlichkeiten Lohn/ Kirchensteuer altes Jahr
2.000,00		904240/ 906325		1701/3501	Verbindlichkeiten Nachzahlung Strom altes Jahr
12.000,00		4110/6010		1740/3720	Verbindlichkeiten Abfindung altes Jahr

Arbeitsschritt

Als Bruttolohnverbucher stimmen Sie das Lohnverrechnungskonto und die zugehörigen Lohnkostenverbindlichkeiten ab.

Erstellen Sie eine Liste über die sonstigen Verbindlichkeiten zum Jahresende und heften Sie Belegkopien bei.

Kopieren Sie die aktuellen Schuldwechsel aus dem Wechselbuch bzw. erstellen Sie eine Liste und gleichen Sie den Bestand auf dem Konto ab.

Bei der Bruttolohnverbuchung sind sämtliche Personalkosten als Gesamtverbindlichkeit auf dem Konto »Lohn- und Gehaltsverrechnungen« zu erfassen. Dieses Konto wird aufgelöst entweder

- nach und nach durch Buchungen im Zuge der Überweisungen und Auszahlungen oder
- durch einmaliges Umbuchen auf Verbindlichkeiten gegenüber Personal, Finanzamt, Krankenkasse, Bausparkasse u. a.

Tipp

Sollte das Verrechnungskonto am Ende des Jahres nicht ausgeglichen sein, so lassen sich im Nachhinein Buchungsfehler leichter aufspüren. Gehen Sie bis zum letzten stimmigen Monat zurück und vergleichen Sie anhand der Lohnabrechnungen und Bruttolohnlisten die ausgezahlten und verrechneten Beträge.

Wenn Sie zudem die diversen Konten »Verbindlichkeiten aus/gegenüber ...« verwenden, kontrollieren Sie die korrekten Zahlungsanweisungen an die richtigen Empfänger. Eventuelle Über- oder Unterzahlungen an Mitarbeiter, Krankenkassen oder Finanzamt können Sie als Differenzen aufspüren.

Beispiel

Auf dem Konto Verbindlichkeiten aus Lohn- und Kirchensteuer stehen 5.000 EUR im Soll. Die Verbindlichkeiten aus den Dezemberlöhnen sind daher um diesen Betrag zu niedrig ausgewiesen. Es handelt sich um die Fehlbuchung der Umsatzsteuervorauszahlung Februar vom 10.04.

Soll	Haben	GegenKto	Datum	Konto	Text
	5.000,00	1780/3820		1741/3730	USt.-Voranmeldung Febr. 10.04.

Prüfen Sie bei den alten Schuldwechseln nach, ob diese regelmäßig prolongiert wurden und noch bestehen oder ob sie ausgelöst oder verrechnet wurden. Schuldwechsel liegen anders als Besitzwechsel nicht mehr vor. So können diese in der Buchhaltung leicht »verloren« gehen. Als Folge rechnen Sie sich reich und versteuern Scheingewinne.

Beispiel

Als Ausgleich von Lieferantenverbindlichkeiten sind während des Jahres akzeptierte Schuldwechsel unbedingt einzubuchen. In diesem Beispiel könnte die Fa. Febit GmbH den Wechsel diskontieren oder weitergeben.

Soll	Haben	GegenKto		Konto	Text
	40.000,00	77500/ 77500		1660/3350	Wechsel Fa. Febit GmbH

Nach einmaliger Prolongation wird der Wechsel mit der Rücksendung unverkäuflicher Ware verrechnet. Entsprechende Korrespondenz blieb in der Buchhaltung unbeachtet, da keine Zahlung erfolgte. Die Verrechnung ist zu buchen:

Soll	Haben	GegenKto		Konto	Text
	40.000,00	1660/3350		3400/5400	Wechsel Fa. Febit GmbH/ Warenretoure

BGA	IKR	SKR03	SKR04	Kontenbezeichnung (SKR)
176	45	1660	3350	Wechselverbindlichkeiten
194	48	1700	3500	Sonstige Verbindlichkeiten
1941	4871	1701	3501	Sonstige Verbindlichkeiten (bis 1 J.)
1925	4851	1740	3720	Verbindlichkeiten aus Lohn und Gehalt
1926	4835	1741	3730	Verbindlichkeiten Lohn- und Kirchensteuer
191	483	1736	3700	Verbindlichkeiten Betriebssteuern und -abgaben
1929	4852	1755	3790	Lohn- und Gehaltsverrechnungen
192	484	1740	3740	Verbindlichkeiten soziale Sicherheit
1927	4846	1750	3770	Verbindlichkeiten aus Vermögensbildung

5.7 Umsatzsteuerverbindlichkeiten

Als Eröffnungsbilanzwerte wurden bereits die verschiedenen Umsatzsteuerforderungen und -verbindlichkeiten behandelt. Sie werden auf der Aktivseite oder der Passivseite zusammengefasst – je nachdem, ob ein Gesamtguthaben oder eine Umsatzsteuerschuld besteht.

Arbeitsschritt

Überprüfen Sie die Eröffnungswerte zu den Umsatzsteuerverbindlichkeiten Vorjahr mit den Konten.

Überprüfen Sie ungewöhnlich hohe Beträge und Sollbuchungen auf den Umsatzsteuerkonten.

Beispiel

Die Umsatzsteuervorauszahlung Dezember wurde im Februar als Vorauszahlung des laufenden Jahres gebucht.

Soll	Haben	GegenKto	Datum	Konto	Text
	15.000,00	1790/3841		1780/3820	Umbuchung USt. Vorjahr an USt.-Vorauszahlung

Ein Kunde gibt einen Firmenwagen in Zahlung und zieht von der Warenrechnung den Betrag von 23.800 EUR mit ausgewiesener USt. (19 %) ab. Gebucht wurde bereits der Anlagenzugang von 20.000 EUR. Anstatt eines Vorsteuerabzugs für die Anschaffung ist die Umsatzsteuer der Warenrechnung um 3.000 EUR gekürzt. Stornieren Sie in solchen Fällen die Buchungen oder buchen Sie um.

Soll	Haben	GegenKto	Datum	Konto	Text
	3.800,00	1565/1405		1775/3805	Umbuchung Vorsteuer Anlagenzugang Pkw

Arbeitsschritt

Stimmen Sie die umsatzsteuerpflichtigen Erlöse mit der Umsatzsteuer ab.

Spätestens in der Umsatzsteuererklärung müssen die ausgewiesenen Umsätze und Steuern bis auf Rundungsdifferenzen mit denen in der Bilanz übereinstimmen. Jedoch sollten Sie schon beim Abstimmen der Buchhaltung die Umsatzsteuer verproben, damit sich etwaige Abweichungen dann an den folgenden Umbuchungen und Abschlussbuchungen festmachen lassen. Fassen Sie bei der Verprobung sowohl gleiche Erlöskonten wie die entsprechenden Umsatzsteuerkonten zusammen.

Beispiel

Konto		USt.
8400/4400 Umsatzerlöse 19 % 1.000.000 EUR	entspricht	190.000
8508/4508 Provisionserlöse 19 % 50.000 EUR	entspricht	9.500
1775/3805 Umsatzsteuer 19 %		1.195.695
Differenz		3.805
Umsatzerlöse 7 % 20.000 EUR	entspricht	1.400
Umsatzsteuer 7 %		1.400
Differenz		0
8140/4140 Umsatzerlöse, steuerfrei 5.000 EUR	entspricht	0

Die Differenz bei der Umsatzsteuer zu 19 % in Höhe von 3.800 EUR erklärt sich leicht aus der Fehlbuchung beim Pkw-Kauf im vorherigen Beispiel. Weitere 5 EUR Rundungsdifferenzen verbleiben getrost ungeklärt.

Bei der Verwendung von Automatikkonten – alle auf diesen Konten gebuchten Beträge werden als Bruttoumsätze angesehen bei automatischer Abspaltung und Umbuchung der Umsatzsteuer – werden Sie kaum Abweichungen bei der Umsatzsteuer finden. Stornobuchungen und Aufhebung der Umsatzsteuerautomatik sind in der Regel gesondert ausgewiesen und können leicht identifiziert werden. Bei einer unüberschaubaren Anzahl von Fehlbuchungen oder systematischen Fehlern ist die Umsatzsteuer en bloc »stimmig« zu machen. Dieses Vorgehen heilt aber keineswegs einen etwaigen Systemfehler oder rettet im Zweifelsfall auch nicht die Ordnungsmäßigkeit der Buchhaltung!

Differenzen können auftreten, wenn aus steuerpflichtigen Erlösen keine Umsatzsteuer errechnet wurde (keine Automatikkonten verwendet oder Automatik ausgeschaltet).

Beispiel

Als Umsatzerlöse 19 % 1.000.000 EUR netto gebucht,		
entsprechen USt.		190.000 EUR
Auf Umsatzsteuerkonten gebucht	entspricht	180.718 EUR
Differenz		9.282 EUR

Nach Überprüfung der Erlöskonten zeigt sich, dass bei vielen Kleinumsätzen die Umsatzsteuer zu buchen vergessen wurde. Auf den Erlöskonten stehen also sowohl Brutto- wie auch Nettobeträge. Die Differenz von 9.282 EUR teilen Sie bei einem USt.-Satz von 19 % durch 1,19 und erhalten so die umzubuchende Umsatzsteuer.

Soll	Haben	GegenKto	Datum	Konto	Text
	7.800,00	8000/4000		1770/3800	Nachbuchung USt. aus Bruttoerlösen

Nach Umbuchung stimmen die Umsatzsteuerbeträge entsprechend den Erlösen mit denen auf den Umsatzsteuerkonten überein. Auf den Konten ergibt sich folgendes Bild:

Umsatzerlöse 19 % 992.500 EUR netto	entsprechen	188.518 EUR
Umsatzsteuerkonten		188.518 EUR
Differenz		0 EUR

Die recht aufwändige Fehlersuche bei der Aufteilung von steuerfreien und -pflichtigen Erlösen soll im Rahmen der Differenzbesteuerung behandelt werden.

Eine weitere »beliebte« Fehlerquelle liegt in der Verwechslung von Umsatzsteuer mit Vorsteuerbeträgen (oder ggf. der Korrektur).

Vorsteuer wird beifolgenden Ereignissen abgezogen oder korrigiert:

- Erstattung von Aufwand,
- Rücksendungen an Lieferanten,
- erhaltene Rabatte.

Umsatzsteuer wird fällig oder korrigiert bei:

- unentgeltlichen Wertabgaben,
- Rücksendungen durch Kunden,
- gewährten Rabatten,
- Verkauf von Vorführwagen und Differenzbesteuerung.

Beispiel

Bei der Verprobung der zu 19 % steuerpflichtigen Umsatzerlöse mit den Umsatzsteuerkonten ergibt sich eine Differenz von 450 EUR zu viel an Umsatzsteuer. Die Lösung hier: Ein Teil der Warenrücksendungen von Kunden wurde als Wareneingang angesehen. Die Erlösschmälerung ist fälschlich mit Vorsteuerabzug gebucht. Nachdem andere Fehler ausgeschlossen werden können, ist die Vorsteuer in einer Summe umzubuchen (im DATEV-System ist dieser Fehler kaum möglich)

Soll	Haben	GegenKto	Datum	Konto	Text
450,00		1570/1400		1770/3800	Nachbuchung USt.-Korrektur

Bei größeren Abweichungen in der Umsatzsteuer und Vorsteuer zu den Gesamtbeträgen aus den monatlichen Umsatzsteuervoranmeldungen – erfahrungsgemäß ab 500 EUR – wird Sie das Finanzamt um Aufklärung bitten.

Arbeitsschritt

Erstellen Sie eine Übersicht über die Beträge aus den Umsatzsteuervoranmeldungen und stimmen Sie daran die Konten zu den USt.-Vorauszahlungen ab.

Sind die Vorauszahlungen unpünktlich mit Verspätungszuschlägen und durch Verrechnungen geleistet worden, empfiehlt es sich, zusätzlich von der Finanzkasse einen Kontoauszug anzufordern.

Wenn Sie die Zusammenstellung nicht von der EDV bekommen, ist dies ein gutes Stück Arbeit. Doch wer außer dem Buchhalter kann Abweichungen zu den Voranmeldungen rasch aufklären?

Zum Abstimmen des Kontos »Umsatzsteuervorauszahlungen« gehen Sie folgendermaßen vor:

1. Buchen Sie alle Vorgänge um, die keine regulären USt.-Vorauszahlungen des laufenden Jahres sind, also die Sondervorauszahlung, Vorauszahlungen des Vorjahres, Umsatzsteuer aus früheren Jahren, sonstige Steuer, Zuschläge u. a.
2. Suchen Sie alle Vorauszahlungen des laufenden Jahres zusammen, ggf. falsch auf anderen Konten zugeordnete Zahlungen (insbesondere Erstattungen!). In der Regel sind dies zehn Vorauszahlungen, vom Januar bis Oktober. Die Zahlungen November und Dezember erfolgen üblicherweise erst im neuen Jahr.
3. Einkommensteuervorauszahlungen sind im März, Juni, September und Dezember jeweils zum 10. fällig. Das Finanzamt bucht diese nicht selten in einer Summe mit den Umsatzsteuervorauszahlungen ab.
4. Buchen Sie diese letzten, in der Buchhaltung noch nicht erfassten Voranmeldungen gegen das Konto »Umsatzsteuer laufendes Jahr« ein.

Beispiel

Das Konto »Umsatzsteuervorauszahlungen« weist folgende Buchungen auf:

Kontobezeichnung: Umsatzsteuervorauszahlungen				Kontonr. 3820	Blatt-Nr. 1
Datum	Gegenkonto	Buchungstext	Soll	Umsatz	Haben
10.01.	1800	USt. November	10.000,00 EUR		
10.02.	1800	USt.	25.000,00 EUR		
03.04.	1800	USt. Januar	8.080,00 EUR		
23.05.	1800	USt. März			15.000,00 EUR
…………	………	……………………	…………………		
15.12	1800	ESt IV	12.00,000 EUR		
16.12	1800	USt. Oktober	4.000,00 EUR		
gebucht bis	EB-Wert	Saldo Neu	Soll	Jahresverkehrszahlen	Haben
31.12.		90.080,00 EUR	105.080,00 EUR		15.000,00 EUR

Um das Konto abstimmen zu können, werden die Voranmeldungen des Jahres zusammengestellt:

Monat	Umsätze 19 %	USt.	VSt.	Zahllast/Soll	
Sondervorauszahlung				10.000 EUR	
Januar		12.000 EUR	4.000 EUR	8.000 EUR	
Februar	…………	…………	…………	5.000 EUR	
März	…………	…………	…………	– 15.000 EUR	
…………	…………	…………	…………	…………	
Oktober	…………	…………	…………	4.000 EUR	Summe: Jan bis Okt 48.000 EUR
November	…………	…………	…………	8 000 EUR	
Dezember	180.000 EUR	28.800 EUR	6.800 EUR	22.000 EUR	abzüglich Sondervorauszahlung 10.000 EUR
Summen	920.000 EUR	225.200 EUR	147.200 EUR	78.000 EUR	

Nach dem obigen Schema werden im ersten Schritt die Fehlbuchungen korrigiert.

Die Zahlungen am 10.01. und 10.02. finden sich nicht in der Aufstellung wieder. Tatsächlich gehören die Zahlungen laut Eröffnungsbilanz zu Voranmeldungen aus dem Vorjahr. Dabei zeigt es sich, dass zwar für Dezember 7.500 EUR angemeldet und geschuldet, tatsächlich aber 15.000 EUR gezahlt wurden.

In der Zahlung vom 10.02. verbirgt sich neben der USt.-Voranmeldung Dezember auch die Sondervorauszahlung für das neue Jahr.

Die Vorauszahlung Januar weicht um 80 EUR mit der Zahllast in der Aufstellung ab. Das späte Zahlungsdatum und der Betrag von 1 % der Vorauszahlung weist auf einen Verspätungszuschlag hin.

Die im Dezember geleistete ESt-Vorauszahlung schließlich hat gar nichts mit der Umsatzsteuer zu tun.

Umsatzsteuer Vorjahr (Dez)	7.500,00 EUR		
Umsatzsteuerüberzahlung	7.500,00 EUR		
Umsatzsteuer Vorjahr (Nov)	10.000,00 EUR		
USt. Sonder-VZ 1/11	10.000,00 EUR		
Verspätungszuschläge	80,00 EUR		
Private Steuern	12.000,00 EUR		
	an	Umsatzsteuervorauszahlung	47.080,00 EUR

Im zweiten Schritt ist die Vollständigkeit der Vorauszahlungen abzuprüfen.

Nach den obigen Umbuchungen weist das Konto »Umsatzsteuervorauszahlungen« einen Saldo von 43.000 EUR auf, während die Summe aller Vorauszahlungen bis Oktober laut Aufstellung 48.000 EUR beträgt. Tatsächlich fehlt auf dem Konto die Februarvoranmeldung.

War da nicht etwas? Richtig, beim Abstimmen des Kontos »Verbindlichkeiten aus Lohn- und Kirchensteuer« wurde die dort falsch erfasste Februarvorauszahlung bereits umgebucht.

Arbeitsschritt

Wenn Sie bei Umbuchungen bereits abgestimmte Konten ansprechen, ist erhöhte Vorsicht geboten.

Haben Sie dort bereits den Fehler korrigiert oder ihn etwa übersehen?

Neben den Kontenblättern sollten stets die Eröffnungsbuchungen und die Liste der Korrekturbuchungen bereitliegen.

Fortsetzung Beispiel

Im dritten Schritt sind die ausstehenden Vorauszahlungen einzubuchen. In der Jahreserklärung stellen sie ein Guthaben gegenüber dem Finanzamt dar. Da diese Vorauszahlungen tatsächlich noch nicht geleistet wurden, ist eine Verbindlichkeit in gleicher Höhe zu bilden. Der Sinn dieser Prozedur besteht darin, das Jahresvorauszahlungssoll der Umsatzsteuer klar auf einem Konto auszuweisen. Bei der Dezembervoranmeldung weicht das Vorauszahlungssoll von der Zahllast ab, wenn die Sondervorauszahlung abgezogen wird. Buchen Sie hier das Vorauszahlungssoll ein und nicht den Betrag, den Sie im kommenden Jahr tatsächlich zahlen.

Soll	Haben	GegenKto	Datum	Konto	Text
8.000,00		1789/3840		1780/3820	USt.-Voranmeldung Zahllast November
22.000,00		1789/3840		1780/3820	USt.-Voranmeldung Soll Dezember

BGA	IKR	SKR03	SKR04	Kontenbezeichnung (SKR)
18	480	1770	3800	Umsatzsteuer
1812	4801	1771	3801	Umsatzsteuer 7 %
1813	4804	1775	3805	Umsatzsteuer 19 %
182 1829	482 481	1780 1760	3820 3810	Umsatzsteuervorauszahlungen Umsatzsteuer nicht fällig
1829	4811	1761	3811	Umsatzsteuer nicht fällig 7 %
1829	4814	1765	3815	Umsatzsteuer nicht fällig 19 %
182	4821	1781	3830	Umsatzsteuervorauszahlungen 1/11
1821	4824	1789	3840	Umsatzsteuer laufendes Jahr
1822	4825	1790	3841	Umsatzsteuer Vorjahr
1822	4826	1791	3845	Umsatzsteuer frühere Jahre

Bei Abstimmungsarbeiten zur Umsatzsteuer bei Anwendung der DATEV-Programmverbindung zwischen Kanzlei-Rechnungswesen und dem Steuerprogramm Umsatzsteuer: Lassen sich Differenzen bei der Umsatzsteuer, mit Ausnahme von Rundungsdifferenzen, nicht klären, kann es ggf. daran liegen, dass die Konten 1771/3801 (Umsatzsteuer 7 %) und 1775/3805 (Umsatzsteuer 19 %) direkt bebucht wurden. Korrekturbuchungen, die direkt auf diese Konten gebucht werden, werden nicht mit in die Umsatzsteuerverprobung der DATEV übernommen.

6 Abstimmen der Aufwendungen und Erträge

Ablaufplan Jahresabschluss
1. Vortragen der Eröffnungsbilanz
2. Abstimmen der Buchhaltung
3. Abstimmen: Aktiva
4. Abstimmen: Passiva
5. Abstimmen: Aufwendungen und Erträge
6. Inventur
7. Abschlussbuchungen – Aufstellen der Bilanz
8. Anlagevermögen, Abschreibungen, Anlagenspiegel
9. Umlaufvermögen
10. Passiva
11. Gewinn- und Verlustrechnung
12. Steuererklärungen
13. Die fertige Bilanz und GuV
14. Übertragen der E-Bilanz

Aufwendungen und Erträge

1. Abstimmen der Umsatzerlöse und sonstigen betrieblichen Erträge mit den Besonderheiten der **innergemeinschaftlichen Lieferung**, der steuerfreien Umsätze und der Differenzbesteuerung sowie unentgeltlichen Wertabgaben.
2. Bei den betrieblichen Aufwendungen wird auf die kritischen Betriebsausgaben eingegangen wie
   - Geringwertige Wirtschaftsgüter,
   - Löhne und Gehälter,
   - Bewirtungskosten und Geschenke sowie
   - Reisekosten.

   Daneben noch Besonderheiten wie
   - Leistungen ausländischer Unternehmer und
   - Mietereinbauten.

Außerdem wird in diesem Kapitel auf das Abstimmen von Personenkonten eingegangen.

6.1 Abstimmen der Umsatzerlöse und sonstigen betrieblichen Erträge

Etliche der nachfolgenden Konten haben Sie bereits beim Abstimmen der Bestandskonten angeschaut und dabei etwaige Fehler korrigiert. Deshalb fällt die kommende Arbeit leichter und beschränkt sich im Wesentlichen auf Umbuchungen zwischen den verschiedenen Ertrags- bzw. Aufwandsarten.

Die Umsatzerlöse – insofern umsatzpflichtig – sind bereits in den Summen mit den jeweiligen Umsatzsteuerkonten abgeglichen.

Arbeitsschritt

Achten Sie darauf, dass die Erlöse nach steuerlichen Gesichtspunkten auf getrennten Konten richtig erfasst sind. Darüber hinaus sollte man die unterjährige Aufgliederung nach verschiedenen Warengruppen oder Dienstleistungen zum Jahresende wieder zusammenfassen, damit Außenstehenden (Finanzamt, Banken, Wettbewerbern, Lieferanten, existenzgründungsbereiten Mitarbeitern usw.) die Nachkalkulation nicht allzu leicht gemacht wird.

Klären Sie ungewöhnlich hohe Sollbuchungen und auffällige Bank- und Forderungsumsätze in gleicher Höhe ab, ob tatsächlich Umsatz storniert bzw. doppelt erzielt wurde.

Buchen Sie auch Bagatellerlöse wie etwa »Erlöse Leergut«, »Erlöse Abfallverwertung« und »Provisionserlöse« auf »Umsatzerlöse« um, wenn es nicht Ihr wesentliches Geschäft ist. Zu den Umsatzerlösen zählen seit 2016 auch für gewöhnliche Geschäftstätigkeit untypische Erlöse aus dem Verkauf und der Vermietung oder Verpachtung von Produkten (Waren und Erzeugnissen) sowie aus der Erbringung von Dienstleistungen. Erträge aus dem Abgang von Anlagevermögen sind jedoch weiterhin unter den sonstigen betrieblichen Erträgen auszuweisen.

Bereiten Sie für den Abschluss zu den Auslandsumsätzen die Ausfuhrbescheinigungen und zu den EU-Umsätzen ordnungsmäßige Rechnungen und Versendernachweise vor. Die entsprechenden Erlöskonten sind ebenso auf »Ausreißer« hin zu prüfen.

Eine **innergemeinschaftliche Lieferung** an einen Unternehmer bleibt nur dann umsatzsteuerfrei, wenn etliche Formalitäten (Buch- und Belegnachweis) erfüllt sind.

So müssen die Lieferungen an einen Unternehmer oder eine juristische Person erfolgen:

1. mit dem Nachweis durch die Verwendung der (gültigen) USt-IdNr. des Empfängers (bei neuen aber z. B. auch bei fusionierten Geschäftspartnern Bestätigung vom Bundeszentralamt für Steuern einholen: http://evatr.bff-online.de/eVatR/),
2. mit der Angabe Ihrer eigenen USt-IdNr. sowie dem Hinweis »VAT free delivery within the EC, CE-livraison exonéré, Entrega exenta intercomunitaria« und
3. mit der Angabe des Gewerbezweigs oder Berufs für die unternehmerische Verwendung.

Kann der Abnehmer seine Unternehmereigenschaft nicht anhand einer gültigen USt-ID nachweisen, muss er einen alternativen Nachweis erbringen. Hierbei reicht die Vorlage eines Handelsregisterauszugs o. Ä. nicht aus.

Außerdem sind die Lieferungen selbst nachzuweisen durch

- das Doppel der Rechnung,
- den Lieferschein sowie
- beim Transport
  - durch den Lieferer oder den Empfänger mit der sogenannten Gelangensbestätigung oder alternativ
  - durch das Transportunternehmen mit einer Spediteursbescheinigung über den erfolgten Transport oder
  - durch Frachtbriefe mit der Unterschrift des Empfängers.

Beispiel

Auf der Rechnung an einen italienischen Selbstabholer und Einmalkunden fehlt sowohl die Umsatzsteuer-Identifikationsnummer Ihres Kunden als auch seine Gelangensbestätigung. Die an sich steuerfreie EU-Lieferung über 2.000 EUR ist deshalb auf das Konto »Erlöse aus im Inland steuerpflichtigen EU-Lieferungen« umzubuchen.

Soll	Haben	GegenKto	Datum	Konto	Text
2.000,00		8315/4315		8125/4125	Im Inland zu 19 % steuerpflichtige EU-Lieferungen

Zusätzlich zu den formellen Anforderungen sind diese Geschäfte gleich dreifach anzugeben, nämlich in der Umsatzsteuer-Voranmeldung, der »Zusammenfassenden Meldung« und schließlich in der Jahreserklärung.

BGA	IKR	SKR03	SKR04	Kontenbezeichnung (SKR)
8012	510	8400	4400	Erlöse 19 % USt.
80	50	8000	4000	Umsatzerlöse
80	510	8200	4200	Erlöse
8011	508	8300	4300	Erlöse 7 % USt.
8014	5405	8520	4510	Erlöse Abfallverwertung
8015	5402	8540	4520	Erlöse Leergut
8010	5095	8196	4186	Erlöse Geldspielautomaten 19 % USt.
872	5411	8510	4560	Provisionsumsätze
8729	5411	8515	4565	Provisionsumsätze steuerfrei
8721	5412	8516	4566	Provisionsumsätze 7 % USt.
8722	5413	8519	4569	Provisionsumsätze 19 % USt.

Mit den steuerfreien Umsätzen nach § 4 Nr. 8 bis 28 UStG sind z. B. die Honorare der Ärzte (Ausnahme z. B. zahntechnisches Labor) gemeint, Umsätze von Krankenhäusern, Altenheimen, die Provisionen der Versicherungsvertreter und Versicherungsentschädigungen, aus langfristigen Vermietungen und Handel von Grundstücken, Umsätze aus Lehrtätigkeit, Jugendhilfe und ehrenamtliche Aufwandsentschädigung.

Diese Umsätze schließen einen Vorsteuerabzug aus:

BGA	IKR	SKR03	SKR04	Kontenbezeichnung (SKR)
8111	506	8100	4100	Steuerfreie Umsätze § 4 Nr. 8 ff. UStG

Steuerfreie Umsätze nach § 4 Nr. 1a, 2 bis 7 und 1c UStG bezeichnen z. B. Exporte, d. h. Lieferungen in ein Land außerhalb der EU (1a) oder eine Beförderungsleistung dorthin (3), Seeschifffahrt und Luftfahrt (2) und diesbezügliche Reisebüroumsätze (5), Offshore-Geschäfte (7). Diese Umsätze schließen einen Vorsteuerabzug nicht aus.

BGA	IKR	SKR03	SKR04	Kontenbezeichnung (SKR)
8113	5051	8120	4120	Steuerfreie Umsätze § 4 Nr.1a, 2-7 u. 1c UStG

Die Aufteilung der Vorsteuer in abziehbare und nicht abziehbare soll bei den Abschlussarbeiten vorgenommen werden.

6.2 Steuerschuldnerschaft nach § 13b UStG

Zu einer steuerpflichtigen Leistung stellt ein Unternehmer in der Regel auch die Umsatzsteuer in Rechnung und kassiert sie ein, weil er sie dem Finanzamt schuldet. Gemäß der Ausnahmebestimmung des § 13b Abs. 1 UStG schuldet indes der Leistungsempfänger für folgende steuerpflichtige Umsätze dem Finanzamt die Steuer:

1. im Inland steuerpflichtige sonstige Leistungen i. S. d. §3a Abs. 2 UstG, die von einem im übrigen Gemeinschaftsgebiet ansässigen Unternehmer ausgeführt werden,
2. Werklieferungen und sonstige Leistungen eines im Ausland ansässigen Unternehmers,
3. sonstige Leistungen, die von einem im Drittland ansässigen Unternehmer ausgeführt werden,
4. Lieferungen sicherungsübereigneter Gegenstände durch den Sicherungsgeber an den Sicherungsnehmer außerhalb des Insolvenzverfahrens,
5. Umsätze, die unter das Grunderwerbsteuergesetz fallen,
6. Werklieferungen und sonstige Leistungen, die der Herstellung, Instandsetzung, Instandhaltung, Änderung oder Beseitigung von Bauwerken dienen, mit Ausnahme von Planungs- und Überwachungsleistungen. Das betrifft nur Leistungsempfänger, die selbst nachhaltig Bauleistungen erbringen.
7. Die Steuerschuldnerschaft des Leistungsempfängers ist seit 2011 auch bei der Gebäude- und Fensterreinigung als Subunternehmer, bei der Lieferung von Schrott und weiteren Altmetallen und auch die Lieferungen von Edelmetallen, unedlen Metallen gegeben (Liste laut Anlage 3 und Anlage 4 (über 5.000 EUR)) UStG.

8. Großhandel mit Mobilfunkgeräten und Speicherchips sowie von Tablet-PCs und Spielekonsolen, soweit der Wert von zusammengehörigen Verkäufen 5.000 EUR übersteigt,
9. Lieferung von Gas, Elektrizität, Wärme oder Kälte an sog. Wiederverkäufer, die von einem im Ausland ansässigen Unternehmen ausgeführt werden,
10. bestimmte im Inland steuerpflichtige Lieferungen von Gas und Elektrizität,
11. bestimmte Lieferungen von Gold oder Goldplattierungen mit einem Feingoldgehalt von mind. 325 Tausendstel und
12. bestimmte sonstige Leistungen auf dem Gebiet der Telekommunikation an Wiederverkäufer.

BGA	IKR	SKR03	SKR04	Kontenbezeichnung (SKR)
8115	5134	8337	4337	Erlöse aus Leistungen, für die der Leistungs-empfänger die Steuer nach § 13b UStG schuldet
8115	5134	8335	4335	Erlöse nach § 13b USt., Mobilfunkgeräte, Tablets, Konsolen, Speicherchips

Bei Bauleistungen an einen anderen Bauunternehmer (im weiteren Sinne) ist der leistende Unternehmer zur Ausstellung von Rechnungen ohne gesonderten Steuerausweis verpflichtet. In diesen Rechnungen ist auf die Steuerschuldnerschaft des Leistungsempfängers hinzuweisen, der die Umsatzsteuer direkt an das Finanzamt abführen muss.

Zu den Bauleistungen im weiteren Sinne zählen: Einbau von Fenstern und Türen sowie Bodenbelägen, Aufzügen, Rolltreppen und Heizungsanlagen, aber auch von Einrichtungsgegenständen, wenn sie mit einem Gebäude fest verbunden sind, wie z. B. Ladeneinbauten, Schaufensteranlagen, Gaststätteneinrichtungen, Installation einer Lichtwerbeanlage, die Dachbegrünung eines Bauwerks. Bei Reparatur- und Wartungsarbeiten an Bauwerken oder Teilen von Bauwerken wird der Leistungsempfänger aus Vereinfachungsgründen nur dann Steuerschuldner, wenn das (Netto-) Entgelt für den einzelnen Umsatz mehr als 500 EUR beträgt. Für die Buchung von Anzahlungen, die unter § 13b UStG fallen, stellt die DATEV keine Automatikkonten zur Verfügung. Den Ausweis in der Umsatzsteuervoranmeldung erreichen Sie in diesen Fällen durch einen Umsatzsteuerschlüssel an der 1. und 2. Stelle.

Ist der Leistungsempfänger vorsteuerabzugsberechtigt, kann er aus diesen Rechnungen auch ohne gesonderten Steuerausweis die Vorsteuer abziehen.

Ein Leistungsempfänger von Bauleistungen ist nur von dieser Regelung betroffen, wenn er selbst Bauleistungen erbringt – mittlerweile unabhängig davon, ob er sie für eine von ihm erbrachte Bauleistung verwendet.

Der Leistungsempfänger muss derartige Bauleistungen nachhaltig erbringen oder erbracht haben. Das Finanzamt stellt dem Leistungsempfänger (auch den Gebäudereinigern) eine diesbezügliche Bescheinigung nach dem Vordruckmuster »USt 1 TG« aus, die bis zu drei Jahre gültig ist. Damit ist ein wenig Rechtssicherheit eingekehrt. Apropos Bescheinigung: Überprüfen Sie in diesem Zusammenhang auch den korrekten Einbehalt von Bauabzugsteuer bzw. die lückenlose Vorlage von amtlichen Freistellungsbescheinigungen.

Beispiel

Ladenbau Tertz renoviert sein Materiallager und lässt Elektro Zapp die Elektroinstallation erneuern. Tertz weist durch die Bescheinigung »USt 1 TG« nach, dass er nachhaltige Bauleistungen erbringt. Durch die Rechnung von 20.000 EUR, in der auf die Steuerschuldnerschaft des Leistungsempfängers hingewiesen ist, schuldet der Leistungsempfänger Tertz die Umsatzsteuer.

Umsatz	GegenKto	Beleg	Datum	Konto	Text
20.000,00	1200/1800		05.08.	3120/5920	Elektro Zapp, Bauleistung § 13b

Das Automatikkonto 3120/5920 ergänzt 3.200 EUR Umsatzsteuer und Vorsteuer auf den entsprechenden Konten.

In der Buchhaltung von Elektro Zapp stellt sich der Erlös folgendermaßen dar:

Umsatz	GegenKto	Beleg	Datum	Konto	Text
20.000,00	8337/4337		05.08.	1200/1800	Auftrag Ladenbau Tertz, § 13b

Die Steuerschuldnerschaft des Leistungsempfängers nach § 13b UStG ergibt sich nicht nur in der Baubranche und den anderen oben bezeichneten Geschäftszweigen, sondern allgemein bei Leistungen ausländischer Unternehmer. Auch hier will das Finanzamt verhindern, dass der Unternehmer zwar die Umsatzsteuer einstreicht, sie aber dann doch nicht abführt.

6.2.1 Abstimmen bei Differenzbesteuerung

Im Regelfall sind Umsätze entweder als ganzes umsatzsteuerpflichtig oder nicht. Die Differenzbesteuerung nach § 25a UStG bildet eine Ausnahme. Mehrwertsteuerpflichtig ist nur die Differenz zwischen Ankauf- und Verkaufspreis eines (Gebraucht-)Gegenstandes beim Ankauf von

- einer Privatperson,
- einem Kleinunternehmer unter 22.000 EUR Jahresumsatz oder
- einem Kollegen mit seinerseits angewandter Differenzbesteuerung oder
- einem anderen Unternehmer mit überwiegend umsatzsteuerfreien Erlösen (Arzt, Versicherungsvertreter usw.),

also der Rohaufschlag auf den Einkauf, mit dem Regelsteuersatz von 19 %.

Die Differenzbesteuerung ist nur anwendbar auf bewegliche körperliche Gegenstände, also nicht auf Gebäude o. Ä. Ebenso findet die Differenzbesteuerung Anwendung auf Neuwaren, wenn bei Bezug der Waren kein Recht auf Vorsteuerabzug bestand/besteht.

Keine Anwendung findet die Differenzbesteuerung

- bei der Lieferung von Gegenständen, die in einem Betrieb der Land- und Forstwirtschafts erworben wurden,
- beim Handel mit Kursmünzen und
- bei der Lieferung von Edelmetallen oder Edelsteinen.

Bis zur Höhe der Anschaffungskosten bleibt der Verkaufserlös umsatzsteuerfrei, wenn

1. beim Ankauf des Gegenstandes kein Vorsteuerabzug gegeben war,
2. der Wiederverkäufer Unternehmer ist und
3. es sich beim Gegenstand weder um Edelmetall (weit genutzte Ausnahme sind u. a. Silbermünzen) noch um einen Edelstein handelt.

Der Wiederverkäufer, der Umsätze von Gebrauchtgegenständen nach § 25a UStG versteuert, hat für jeden Gegenstand getrennt den Verkaufspreis, den Einkaufspreis und die jeweilige Differenz aufzuzeichnen. Bei Gegenständen unter dem Wert von insgesamt 500 EUR kann er auch den Gesamteinkaufspreis aufzeichnen.

Die Aufzeichnungen für die Differenzbesteuerung sind getrennt von den übrigen Aufzeichnungen zu führen.

BGA	IKR	SKR03	SKR04	Kontenbezeichnung (SKR)
8016	5101	8191	4136	Differenzbesteuerung, Erlöse m. USt. § 25a
8017	5102	8193	4138	Differenzbesteuerung, Erlöse o. USt. § 25a
3013	6083	3210	5210	Neu anlegen: Gebrauchtwareneingang

Arbeitsschritt

Stimmen Sie bei der Differenzbesteuerung die gesonderten Konten Gebrauchtwareneinkauf, steuerfreie und steuerpflichtige Erlöse aus Differenzbesteuerung miteinander ab.

Sortieren Sie sämtliche Einkaufsbelege und Verkaufsrechnungen der Gebrauchtgegenstände heraus. Nur solche Belegpaare kommen für die Differenzbesteuerung infrage. Holen Sie nun ggf. die Einzelaufzeichnungen sämtlicher Gegenstände mit einem Einkaufspreis über 500 EUR nach und bilden Sie ansonsten monatliche Gesamtsummen.

Beginnen Sie mit einer formellen Prüfung:

- Die Differenzbesteuerung bei Antiquitäten, Kunstgegenständen oder Sammlungsstücken ist von einer formlosen Erklärung abhängig, die spätestens bei Abgabe der ersten Voranmeldung des Kalenderjahres beim Finanzamt einzureichen ist. Darin müssen die Gegenstände bezeichnet werden, auf die sich die Differenzbesteuerung erstreckt. Also: keine rechtzeitige Erklärung, keine Differenzbesteuerung.

- Insofern die Aufzeichnungen zur Differenzbesteuerung sehr lückenhaft sind, ist es fraglich, ob die Abstimmarbeiten lohnen. Bedenken Sie, dass Aufzeichnungen zeitnah erfolgen müssen und eine Verspätung von einem Jahr zur nachträglichen Vermeidung von Umsatzsteuer möglicherweise nicht akzeptiert wird.

Ist auf einer Verkaufsrechnung unzulässigerweise die Umsatzsteuer gesondert ausgewiesen, so schuldet der Wiederverkäufer die ausgewiesene Steuer zusätzlich zur Differenzsteuer. Dabei gilt der bloße Hinweis auf den Umsatzsteuersatz (»Der Rechnungsbetrag enthält 19 % USt.«) genau genommen nicht als »Ausweis«. Zwar können Sie für jeden einzelnen Gebrauchtgegenstand über 500 EUR entscheiden, ob Sie die Differenzbesteuerung anwenden oder nicht. Die Entscheidung ist aber u. U. bereits mit der Erfassung in der Buchhaltung dokumentiert.

Beispiel

Anhand von Einkaufsbelegen und Wareneinkaufsbuchungen ohne Vorsteuerabzug lassen sich bislang noch nicht zur Differenzbesteuerung erfasste Gebrauchsgegenstände herausfinden: Die dazu passenden Verkaufsrechnungen lassen sich ebenfalls finden.

Einkauf	Verkauf	Korrektur
1. Wert 12.000 EUR, über das reguläre Einkaufskonto erfasst mit unzulässigem Vorsteuerabzug	Verkaufspreis brutto 20.000 EUR (19 %), als umsatzsteuerpflichtiger Erlös erfasst. In der Rechnung aber kein USt.-Ausweis	Umbuchung Wareneinkauf mit Vorsteuerkorrektur, Umbuchung Verkauf mit USt.-Korrektur. Buchung der steuerpflichtigen Differenz. Damit lässt sich möglicherweise nachträglich die Differenzbesteuerung retten.
2. Wert 14.000 EUR, auf dem regulären Einkaufskonto ohne Vorsteuerabzug erfasst	Verkaufspreis brutto 25.500 EUR, als umsatzsteuerpflichtiger Erlös erfasst. In der Rechnung USt.-Ausweis	Die nachträgliche Anwendung der Differenzbesteuerung könnte hier zu einer zusätzlichen USt.-Schuld von 1.836 EUR (19 % aus 11.500 EUR Differenz) führen. An diesen zwei Fehlbuchungen sollte besser nicht gerührt und deshalb auf eine Differenzbesteuerung verzichtet werden.
3. Wert 14.000 EUR, auf dem Einkaufskonto für Gebrauchtwaren erfasst	Verkaufspreis brutto 25.500 EUR, als umsatzsteuerpflichtiger Erlös erfasst. In der Rechnung USt.-Ausweis (19 %) von 4.071 EUR	Hier führt die Anwendung der Differenzbesteuerung zu einer zusätzlichen USt.-Schuld von 1.836 EUR (19 % aus 11.500 EUR Differenz). Anders als im vorherigen Fall ist die Wahl durch die Erfassung auf dem Gebrauchtwaren-Einkaufskonto bereits getroffen. Die Umbuchung auf regulären Wareneinkauf könnte in einer Überprüfung keinen Bestand haben.

	Soll	Haben	GegenKto	Datum	Konto	Text
zu 1.		12.000,00	3210/5210		3400/5400	Umbuchung Gebrauchtwareneinkauf
		20.000,00	8400/4400		8193/4138	Umbuchung steuerfreie Gebrauchtwarenverkauf
	8.000,00		8225/4225		8191/4136	Umbuchung steuerpflichtige Differenz
zu 2.	Es erfolgt keine Buchung.					
zu 3.		14.000,00	3200/5200		3210/5210	Umbuchung regulärer Wareneinkauf

6.2.2 Unentgeltliche Wertabgaben (früher: Eigenverbrauch)

Unentgeltliche Wertabgaben umfassen jegliche unentgeltliche Zuwendung eines Gegenstandes oder einer Leistung durch einen Unternehmer, auch an Dritte. Dabei ist es unerheblich, ob die zugewendeten Gegenstände oder erbrachten Leistungen unternehmerischen oder nicht unternehmerischen Zwecken dienen.

Als Lieferung gelten:

1. die Entnahme eines Gegenstandes durch einen Unternehmer aus seinem Unternehmen für Zwecke, die außerhalb des Unternehmens liegen; (ein Lebensmittelhändler entnimmt von einem Großhändler bezogene Nahrungsmittel zur Versorgung seiner Familie)

   und zusätzlich
2. die unentgeltliche Zuwendung eines Gegenstandes durch einen Unternehmer an sein Personal für dessen privaten Bedarf, sofern keine Aufmerksamkeiten vorliegen. (Ein Rohbauunternehmer errichtet für private Wohnzwecke ein schlüsselfertiges Haus mit Mitteln des Unternehmens. Gegenstand der Entnahme ist hier das schlüsselfertige Haus – nicht lediglich der Rohbau.)
3. Jede andere unentgeltliche Zuwendung eines Gegenstandes, ausgenommen Geschenke von geringem Wert und Warenmuster für Zwecke des Unternehmens. (Ein Schuhhersteller spendet Computer an örtliche Schulen, an den Sportverein einen gebrauchten Transporter sowie einige Schuhe für dessen Weihnachtstombola.)

Als sonstige Leistungen gelten:

Die **Verwendung** eines dem Unternehmen zugeordneten Gegenstandes, der zum vollen oder teilweisen Vorsteuerabzug berechtigt hat und die unentgeltliche **Erbringung** einer anderen sonstigen Leistung

- durch einen Unternehmer für Zwecke, die außerhalb des Unternehmens liegen, oder
- für den privaten Bedarf seines Personals, sofern keine Aufmerksamkeiten vorliegen.

Arbeitsschritt

Die laufende Warenentnahme ist als monatlicher Pauschbetrag nach den amtlichen Richtsätzen zu erfassen. Stimmen Sie die Höhe der fiktiven Entnahme mit der Größe des Haushalts ab.

Der private Kostenanteil für Pkw-Nutzung wird ebenfalls wie ein Umsatzerlös erfasst.

Berücksichtigen Sie private Telefonanteile und Anteile für Strom, Gas, Wasser und Heizöl auf den Aufwandskonten im Haben mit Vorsteuerkorrektur oder den entsprechenden Erlöskonten.

Die Pauschbeträge aus dem Auszug der amtlichen Richtsatzsammlung (für 2022) entsprechen Netto-Jahreswerten pro Person (für Nahrungsmittel und Getränke). Für Kinder bis zwei Jahre entfällt der Ansatz eines Pauschbetrags. Für Kinder von zwei bis zwölf Jahren ist die Hälfte des jeweiligen Wertes anzusetzen. Bei gemischten Betrieben, wie z. B. einer Bäckerei mit Lebensmittelangebot, ist nur der jeweils höhere Pauschbetrag anzusetzen.

Gewerbezweig	Jahreswert für eine Person ohne Umsatzsteuer		
	ermäßigter Steuersatz	voller Steuersatz	insgesamt
Bäckerei	1.394	268	1.662
Fleischerei/Metzgerei	1.240	537	1.177
Gaststätten aller Art			
a) mit Abgabe von kalten Speisen	1.521	588	2.109
b) mit Abgabe von kalten und warmen Speisen	2.646	755	3.401
Getränkeeinzelhandel	103	294	397
Café und Konditorei	1.342	550	1.892
Milch, Milcherzeugnisse, Fettwaren und Eier (Eh.)	601	90	691
Nahrungs- und Genussmittel (Eh.)	1.163	588	1.751
Obst, Gemüse, Südfrüchte und Kartoffeln (Eh.)	320	218	538

Nach dem BMF-Schreiben (vom 20.01.2022, IV A 8 - S 1547/19/10001: 003) rechtfertigen individuelle Essgewohnheiten, Krankheit oder Urlaub keine Abschläge. Tabakwaren sind in den Pauschbeträgen nicht enthalten. Sollten Tabakwaren entnommen werden, sind diese anhand von Schätzungen neben den o. g. Pauschbeträgen zusätzlich anzusetzen und zu versteuern. Die monatliche Erfassung eines den tatsächlichen Verhältnissen entsprechenden Eigenverbrauchs hilft Ihnen jedoch, eine unrealistische, höher ausfallende Pauschalierung zum Jahresabschluss zu vermeiden.

Beispiel

Der Lebensmittelhändler entnimmt seinem Geschäft Waren zum Einstandspreis von netto 200 EUR (19 %) und 300 EUR (7 %).

Verbuchung auf den automatischen Mehrwertsteuerkonten über das Privatkonto 2100 (1800):

Soll	Haben	GegenKto	Datum	Konto	Text
238		4620/8910		2100/1800	Entnahme 19 %
321		4610/8915		2100/1800	Entnahme 7 %

So schlüsselt die EDV den Umsatz auf:

2100 (1800) Privatentnahme	559 EUR	
an 4620 (8910) Entnahme 19 %		200 EUR
an 4610 (8915) Entnahme 7 %		300 EUR
an 3806 (1776) Umsatzsteuer 19 %		38 EUR
an 3801 (1771) Umsatzsteuer 7 %		21 EUR

BGA	IKR	SKR03	SKR04	Kontenbezeichnung (SKR04)
8711	5421	8915	4610	Entnahme von Gegenständen 7 % USt (Waren)
8712	5422	8910	4620	Entnahme von Gegenständen 19 % USt (Waren)

Dienstleistungen können teils dem nichtunternehmerischen, teils dem unternehmerischen Bereich zugeordnet werden. Private Telefongespräche sind daher nicht dem Unternehmen zuzuordnen. Insoweit fehlt es an einer Wertabgabe aus dem Unternehmen in dem nichtunternehmerischen Bereich als Voraussetzung für eine Besteuerung.

Private Nutzung von Kfz

Grundsätzlich werden bei jedem Personenkraftwagen zunächst auch Privatfahrten unterstellt. Die bloße Behauptung, man verwende für solche Privatfahrten einen privaten Zweitwagen, reicht nicht immer aus, das Finanzamt vom Gegenteil zu überzeugen. Eine Unentgeltliche Wertabgabe muss nur dann nicht angesetzt werden für volle Monate, in denen der Wagen zur privaten Nutzung nicht zur Verfügung stand oder nachweislich nicht genutzt wurde.

Bei der Verwendung durch den Unternehmer oder der privaten unentgeltlichen Nutzung durch einen Arbeitnehmer gelten ähnliche Bestimmungen. Sie betreffen nur Pkw im Betriebsvermögen oder geleaste und gemietete Fahrzeuge, nicht aber Lkw oder Zugmaschinen.

Einsatz des Privatwagens

Eine Alternative zum Firmenwagen besteht darin, den Privatwagen für betriebliche Zwecke einzusetzen. Damit wird die leidige Privatnutzung am Geschäftswagen vermieden, jedoch auch nur, wenn die betriebliche Nutzung unter 50 % der Gesamtnutzung des PKW liegt, da andernfalls die Zwangseinlage durch die überwiegend betriebliche Nutzung droht. Unternehmer wie Arbeitgeber können für geschäftlich bzw. dienstlich veranlasste Fahrten eine Pauschale von 0,30 EUR pro gefahrenen Kilometer ansetzen oder auch die tatsächlichen Gesamtkosten für das Auto (inkl. der Abschreibungen) ins Verhältnis zu den privat gefahrenen Kilometern setzen.

Beispiel

Unternehmer Schmitt zeichnet bei Geschäftsreisen die mit seinem Privatwagen gefahrenen Kilometer auf. Im Monat Mai fuhr Herr Schmitt 2.000 km. Er rechnet dies ab und zahlt sich das Kilometergeld in Höhe von 2.000 × 0,30 EUR bar aus.

Soll	Haben	GegenKto	Datum	Konto	Text
	600,00	4678/6688		1000/1600	Kilometergeld Mai

Firmenwagen: private Nutzung nach der 1%-Methode

Die einfachste und oft teuerste Methode den Eigenverbrauch zu ermitteln, besteht in der 1%-Methode. Das Finanzamt greift gerne darauf zurück, wenn Sie kein ordnungsmäßiges Fahrtenbuch führen. Der Unternehmer bzw. Arbeitnehmer versteuert hierbei monatlich 1 % des Pkw-Listenneupreises plus Sonderausstattung – auch für ein Gebrauchtfahrzeug – plus die Fahrten Wohnung-Arbeitsstätte mit weiteren 0,03 % des Listenpreises pro Entfernungskilometer. Bei Nachweis von weniger als 15 Tagen/Monat innerhalb eines Jahres können Sie auch pro Tag 0,002 % pro Tag und Kilometer ansetzen. Vorteil dieser Methode besteht darin, dass die Firma sämtliche Leasing-, Betriebs- und Reparaturkosten als Betriebsausgabe geltend macht – also auch, wenn Sie mit dem Wagen in Urlaub fahren. Ein gutes Geschäft, wenn Sie den Wagen oft privat nutzen. Sie müssen dem Finanzamt allerdings nachweisen, dass der Firmenwagen auch zumindest 10 % betrieblich genutzt wird.

Zur Förderung der Elektromobilität sind bei Elektrofahrzeugen und bestimmten Hybridmodellen, die 2019, 2020 und 2021 angeschafft wurden, nur noch 50 % des Listenpreises anzusetzen. Bei Fahrzeugen, die 2019 bis 2031 angeschafft wurden/werden, die keine CO_2-Emission haben und deren Bruttolistenpreis nicht mehr als 60.000 EUR beträgt, sind nur 25 % des Bruttolistenpreises anzusetzen. Zusätzlich gibt es weitere Sonderregelungen für Fahrzeuge, die zwar nicht CO_2-neutral sind, jedoch wenig CO_2-Ausstoß haben. Dadurch vermindert sich entsprechend der Sachbezug auf die Hälfte bzw. ein Viertel des konventionellen Nutzungsentgelts.

Beispiel

Ein Unternehmer nutzt einen zum Preis von 15.000 EUR angeschafften gebrauchten Pkw auch zu privaten Zwecken. Der historische Bruttolistenpreis für einen Neuwagen betrug 30.000 EUR.

30.000 EUR × 1 %	=	300 EUR
davon 20 % umsatzsteuerfrei	=	60 EUR
davon 80 % umsatzsteuerpflichtig	=	240 EUR

Soll	Haben	GegenKto	Datum	Konto	Text
285,60		8920/4640		1880/2130	Kfz-Verwendung 19 % USt.
60,00		8924/4639		1880/2130	Kfz-Verwendung ohne USt.

Sollte die Anwendung der 1%-Regelung zu unzutreffenden Ergebnissen führen, steht es dem Unternehmer frei, die Bemessungsgrundlage für die Umsatzsteuer durch eine sachgerechte Schätzung zu ermitteln. Hier genügt es z. B., betriebliche und private Kilometer aufzuzeichnen und sämtliche Kosten in das gleiche Verhältnis zu setzen.

Beispiel

Wie zuvor, jedoch ermittelt der Unternehmer hier die Bemessungsgrundlage für die Umsatzsteuer durch eigene Schätzung:

Schätzung der privaten Nutzung:	30 % Privatanteil
Gesamtkosten inklusive USt. (Benzin, Öl, Reparaturen, AfA)	6.000 EUR
Gesamtkosten ohne USt. (Versicherung, Kfz-Steuer)	1.500 EUR

Umsatzsteuerpflichtige Kosten

6.000 EUR × 30 % = 1.800 EUR/Jahr = 150 EUR brutto/Monat

Dies entspricht 24 EUR Umsatzsteuer.

Soll	Haben	GegenKto	Datum	Konto	Text
300,00		8924/4639		1880/2130	Kfz-Verwendung
24,00		1570/1400		1880/2130	USt.-pflichtiger Teil (150 EUR)

Beispiel

Der Firmenwagen hat einen Listenpreis von 50.000 EUR inkl. Sonderausstattung und MwSt. Für die private Nutzung durch den Angestellten sind monatlich Sachbezüge von 1 % des Listenpreises anzusetzen, somit 500 EUR. Die Entfernung von seiner Wohnung zum Arbeitsplatz beträgt 12 km und muss zusätzlich angesetzt werden. Damit sind weitere 0,03 % des Listenpreises pro Entfernungskilometer fällig, demnach 12 km × 0,03 % × 50.000 EUR = 180 EUR. Ohne Führung eines Fahrtenbuches sind demnach pro Monat 680 EUR Sachbezug anzusetzen.

Soll	Haben	GegenKto	Datum	Konto	Text
680,00		8611/4947		4120/6020	Sachbezug Kfz

Unternehmer wie auch Arbeitnehmer können für die Fahrten mit einem Privatwagen von der Wohnung zur Arbeitsstätte 0,30 EUR für jeden Entfernungskilometer und ohne Nachweis mindestens 15 Fahrten pro Monat ansetzen. Bei Nachweis von weniger als 15 Tagen/Monat innerhalb eines Jahres können Sie auch pro Tag 0,002 % pro Tag und Kilometer ansetzen.

Die Unentgeltliche Wertabgabe bzw. der Sachbezug ist durch die tatsächlichen Kosten für den Pkw gedeckelt. Das bedeutet, dass die Kosten durch private Nutzung nicht höher als die tatsächlichen Kosten sein können.

Einzelnachweis durch Fahrtenbuch

Neben dieser pauschalen Methode gibt es zur Bestimmung des privaten Nutzungsanteils nur noch die Möglichkeit des Einzelnachweises. Dazu müssen

1. für den einzelnen Pkw sämtliche Aufwendungen nachgewiesen werden und
2. sich aus einem ordnungsgemäß geführten Fahrtenbuch sämtliche Fahrten lückenlos nachvollziehen lassen:
   a) Datum und Kilometerstand zu Beginn und am Ende jeder einzelnen Auswärtstätigkeit,
   b) Reiseziel und Reiseroute. Anfangs- und Endpunkte der Fahrten sind hinreichend konkret zu benennen,
   c) Reisezweck und aufgesuchte Geschäftspartner,
   d) jeweilige Abfahrts- und Ankunftszeit, soweit Verpflegungsmehraufwendungen geltend gemacht werden.

Bei Kundendienstmonteuren und Handelsvertretern mit täglich wechselnden Auswärtstätigkeiten reicht es z. B. aus, wenn sie angeben, welche Kunden sie an welchem Ort aufsuchen. Werden regelmäßig dieselben Kunden aufgesucht, so reicht der Hinweis auf den Kunden aus, dessen Anschrift sich aus einer beigefügten Kundenliste ergeben kann. Angaben über die Reiseroute und zu den Entfernungen zwischen den Stationen einer Auswärtstätigkeit sind nur bei größerer Differenz zwischen direkter Entfernung und tatsächlicher Fahrtstrecke erforderlich.

Taxifahrer und Fahrlehrer brauchen lediglich zu Beginn und Ende den Kilometerstand festhalten und als Zweck »Taxifahrten im Pflichtfahrgebiet« bzw. »Fahrschulfahrten« anzugeben. Sonderfahrten sind gesondert aufzuzeichnen.

Für Privatfahrten genügen Kilometerangaben, ohne dass im Einzelnen der Reiseweg und der Reisezweck angegeben sind, für Fahrten zwischen Wohnung und Betrieb sowie für Heimfahrten genügt jeweils ein entsprechender kurzer Vermerk im Fahrtenbuch.

Bei den Ausdrucken von elektronischen Fahrtenbüchern müssen nachträgliche Änderungen technisch unmöglich sein oder zumindest dokumentiert sein.

An die Methodenwahl – 1%-Regelung oder Fahrtenbuch – ist die Eigenverbrauchsermittlung für jedes Fahrzeug ein Jahr lang festgelegt.

Die Entscheidung für die günstigste Methode kann ein Unternehmer auch am Ende des Jahres treffen, wenn alle Zahlen zum Vergleich vorliegen. Dagegen muss für den Arbeitnehmer die Höhe des Sachbezugs bereits bei der Lohnversteuerung festgestellt werden.

Als Unentgeltliche Wertabgabe gilt auch die Erbringung einer sonstigen Leistung

Beispiel

1. Ein Bauunternehmer setzt einen Bauhilfsarbeiter zur Gartenpflege seines selbstbewohnten Einfamilienhauses ein.
2. Ein Unternehmer setzt die im Unternehmen angestellte Putzfrau auch zum Putzen seines Privathaushaltes ein.
3. Der Zahnarzt repariert in seinem Labor eine Zahnbrücke für seine Frau.
4. Ein Architekt lässt unentgeltlich für einen Freund durch einen bei ihm angestellten Bauzeichner den Entwurf eines Bauplans fertigen.

Solche Leistungsentnahmen sind nur dann nicht zu erfassen und zu besteuern, wenn im Zusammenhang mit der Ausführung der Dienstleistungen keine Kosten entstehen. In diesem Fall liegt begrifflich keine Wertabgabe aus dem Unternehmen vor.

Beispiel

Ein Steuerberater berät einen Freund auf einem Segeltörn unentgeltlich über die Vorteile des Investitionsabzugsbetrags und wie er dabei am besten vorgeht. Da keine konkreten Kosten entstehen, liegt keine zu besteuernde Wertabgabe vor.

Nicht steuerbar sind auch die unentgeltlichen sonstigen Leistungen aus unternehmerischen Gründen.

Beispiel

Der Schuhfabrikant überlässt dem örtlichen Sportverein kostenlos einen gebrauchten Transporter mit Werbeaufdruck für jedes Wochenende. Der Wagen bleibt im Eigentum des Fabrikanten und wird jeden Sonntagabend an ihn zurückgegeben.

BGA	IKR	SKR03	SKR04	Kontenbezeichnung (SKR)
871	542	8910	4600	Unentgeltliche Wertabgaben
8719	5429	8905	4605	Entnahme von Gegenständen (ohne USt.)
8711	5421	8915	4610	Entnahme durch Unternehmer für Zwecke außerhalb des Unternehmens (7 % USt.)
8710	5420	8919	4619	Entnahme durch Unternehmer für Zwecke außerhalb des Unternehmens (ohne USt.)
8712	5422	8910	4620	Entnahme durch Unternehmer für Zwecke außerhalb des Unternehmens (19 % USt.)
8719	5429	8905	4630	Verwendung von Gegenständen für Zwecke außerhalb des Unternehmens (7 % USt.)
2789	5429	8924	4639	Verwendung von Gegenständen für Zwecke außerhalb des Unternehmens (ohne USt.)
2782	5424	8920	4640	Verwendung von Gegenständen für Zwecke außerhalb des Unternehmens (19 % USt.)

BGA	IKR	SKR03	SKR04	Kontenbezeichnung (SKR)
8711	5425	8932	4650	Unentgeltliche Erbringung einer sonst. Leistung (7 % USt.)
8719	5429	8929	4659	Unentgeltliche Erbringung einer sonst. Leistung (ohne USt.)
8712	5426	8925	4660	Unentgeltliche Erbringung einer sonst. Leistung (19 % USt.)
2781	5427	8945	4670	Unentgeltliche Zuwendung von Waren (7 % USt.)
2789	5429	8939	4679	Unentgeltliche Zuwendung von Waren (ohne USt.)
2782	5428	8935	4680	Unentgeltliche Zuwendung von Waren (19 % USt.)
2790	5422	8940	4686	Unentgeltliche Zuwendung von Gegenständen (19 % USt.)
2791	5429	8949	4689	Unentgeltliche Zuwendung von Gegenständen (ohne USt.)

Die Erlösschmälerungen durch gewährte Skonti, Rabatte und Rücksendungen sind bei den Personenkonten behandelt.

6.3 Betriebsausgaben

Die betrieblichen Aufwendungen sind in den Kontenplänen der Unternehmen meist tief gegliedert. Bis auf einige kritische Betriebsausgaben können viele Konten jedoch schnell abgehakt werden. Es genügt hier eine allgemeine Prüfung auf Vollständigkeit und zulässigen Vorsteuerabzug.

6.3.1 Personalkosten

Im Zusammenhang mit den Verbindlichkeiten und dem Lohnverrechnungskonto ist bereits ein Großteil der Lohnkosten abgestimmt worden. Bleiben nur noch Sachbezüge/Lohnersatz und Aushilfslöhne abzuprüfen.

Arbeitsschritt

Stimmen Sie die Sachbezüge mit den Lohnabrechnungen ab.

Überprüfen Sie stichprobenweise die Belege für die Aushilfslöhne.

Gleichen Sie die an die Krankenkassen gemeldeten Jahresbeiträge mit dem Konto zur Sozialversicherung ab und buchen Sie ggf. den Arbeitnehmeranteil vom Konto Lohn/Gehalt um.

Buchen Sie auf diesem Konto ggf. im Haben erfasste Krankengeldzuschüsse um.

Bei der Buchung von Löhnen und Gehältern fehlen auf den Gehaltskonten die Arbeitnehmerbeiträge. Diese wurden aus dem Konto Aufwendungen Sozialversicherung erfasst und sind zum Jahresabschluss umzubuchen. Stimmen Sie hier mit den Jahresbeiträgen aus der Lohnbuchhaltung ab.

Auf dem Konto »Gesetzlich soziale Aufwendungen« sollte sich ungefähr das Doppelte der Beiträge angesammelt haben. Buchen Sie bei unüberschaubaren Zahlen aus der Lohnbuchhaltung einen Arbeitnehmeranteil in gleicher Höhe auf die Konten Lohn/ Gehalt um.

Beispiel

Auf dem Konto »gesetzlich soziale Aufwendungen« stehen Arbeitnehmerbeiträge in Höhe von 90.000 EUR, wovon 30.000 EUR auf Gehälter entfallen.

Soll	Haben	GegenKto	Datum	Konto	Text
	60.000,00	4110/6010		4130/6110	Sozialversicherung AN-Lohnanteil
	30.000,00	4120/6020		4130/6110	Sozialversicherung AN-Gehaltsanteil

Die E-Bilanz-Taxonomie erfordert für die Gruppe der Minijobber, der Gesellschafter-Geschäftsführer sowie der Mitunternehmer nach § 15 EStG eine jeweils gesonderte Erfassung. Zur Vergleichbarkeit der Werte in den Jahresabschlüssen 2021 und 2022 ist im gegebenen Fall auf folgende Konten umzubuchen:

Zuordnung	SKR03	SKR04	Kontenbezeichnung
unspezifisch	4127	6027	Geschäftsführergehälter
E-Bilanz	4124	6024	Geschäftsführergehälter GmbH-Gesellschaft
unspezifisch	4190	6030	Aushilfslöhne
E-Bilanz	4195	6035	Löhne für Minijobs
E-Bilanz	4128	6028	Vergütung Mitunternehmer

6.3.2 Sachbezüge

Bei der Überprüfung der Lohnkonten können Sie auf bislang unversteuerte und noch nicht erfasste Sachbezüge und Lohnersatzleistungen stoßen. Buchen Sie in diesem Fall die fehlenden Beträge nach. Die Höhe der Sachbezüge bestimmt sich nach der amtlichen Sachbezugsverordnung und weiteren Erlassen des Bundesfinanzministers.

Als Sachbezugswert ist der Geldwert anzusetzen. Erhält der Arbeitnehmer die Sachbezüge nicht unentgeltlich, so ist der Unterschiedsbetrag zwischen dem Geldwert des Sachbezugs und dem tatsächlichen Entgelt zu versteuern.

Es gelten für die Höhe des Privatanteils beim Unternehmer und für die Höhe des Sachbezugs für den Firmenwagen beim Arbeitnehmer grundsätzlich die gleichen Regelungen. Die Ermittlung des Sachbezugs ist deshalb bei den Unentgeltlichen Wertabgaben behandelt.

Beispiel

Bei der Bewertung der Privatnutzung des Dienstwagens durch den Arbeitnehmer wurde die 1%-Methode angewendet (in voller Höhe umsatzsteuerfrei).

Soll	Haben	GegenKto	Datum	Konto	Text
6.885,00		8611/4947		4110/6010	Kfz-Gestellung

Zinsvorteilhafte Darlehen des Unternehmers an seine Arbeitnehmer sind nur dann Sachbezug,

- wenn das Darlehen 2.600 EUR übersteigt und
- insoweit der Effektivzins unter 5,5 % liegt.

Als Geldwert für Kost und Logis gelten die amtlichen Werte nach der Sozialversicherungsentgeltverordnung (Stand 2022):

- Freie Verpflegung der Arbeitnehmer oder von volljährigen Familienangehörigen monatlich 288 EUR bzw. für Frühstück 60 EUR sowie für Mittag- und Abendessen 114 EUR. Bei nicht volljährigen Familienangehörigen reduzieren sich die zusätzlichen Sachbezüge pro Person auf 80 % (ab dem 14. Lebensjahr) bzw. auf 40 % (ab dem 7. Lebensjahr). Für Kinder unter sieben Jahren liegt der Sachbezugswert bei 30 %.
- Der Wert einer freien Unterkunft beträgt monatlich 265 EUR. Bei einer Unterbringung im Haushalt des Arbeitgebers oder in einer Gemeinschaftsunterkunft reduzieren sich die Werte um 15 %. Das gilt auch für Jugendliche und Auszubildende.

Die Reduzierung beträgt bei einer Belegung mit

- zwei Beschäftigten 40 %,
- drei Beschäftigten 50 % und
- mehr als drei Beschäftigten 60 %.

Werden Verpflegung, Unterkunft oder Wohnung verbilligt als Sachbezug zur Verfügung gestellt, ist der Unterschiedsbetrag zwischen dem vereinbarten Preis und diesen Sachbezugswerten dem Arbeitsentgelt zuzurechnen.

6.3.3 Fremdarbeiten

Man unterscheidet zwischen Fremdleistungen als »Aufwand für bezogene Leistungen« für Erzeugnisse und andere Leistungserstellung (z. B. Subunternehmer) einerseits und Fremdarbeiten von freien Mitarbeitern andererseits, die für betriebsinterne Zwecke statt eigenem Personal herangezogen werden als »sonstige betriebliche Aufwendungen«. Im Zuge der E-Bilanz interessieren nun auch die Umsatzsteuersätze der bezogenen Fremdleistungen.

BGA	IKR	SKR03	SKR04	Kontenbezeichnung (SKR)
465	610	4909	6303	Fremdleistungen
465	610	4780	6780	Fremdarbeiten
37	610	3100	5900	Fremdleistungen
37	610	3106	5906	Fremdleistungen 19 % Vorsteuer
37	610	3108	5908	Fremdleistungen 7 % Vorsteuer
37	610	3109	5909	Fremdleistungen ohne Vorsteuer

Die Finanzämter gehen zunehmend dazu über, nicht erst im Rahmen von Betriebsprüfungen, sondern bereits im Vorfeld bei den Jahresabschlüssen Kontrollmitteilungen zu erstellen. So werden Sie ggf. aufgefordert, Ihre Subunternehmer und freien Mitarbeiter mit Adressen und Jahresentgelten lückenlos aufzulisten. Sind Sie dazu nicht in der Lage oder willens, dann gehen die Betriebsausgaben verloren. Auch kommt es vor, dass Sozialversicherungsträger oder langjährige freie Mitarbeiter die Scheinselbstständigkeit entdecken. Das kann den Unternehmer bis zu drei Jahre Renten- und Krankenversicherungsbeiträge (Arbeitnehmer und Arbeitgeberanteile!) bzw. Abfindungen, Lohnfortzahlungen usw. kosten.

6.3.4 eBay, Google, Amazon & Co: Leistungen ausländischer Unternehmer

Wenn ausländische Handelsplattformen oder Internetfirmen ins Spiel kommen, wird es umsatzsteuerlich kompliziert. Ist diese elektronische Leistung im Ausland oder in Deutschland steuerpflichtig? Im letzteren Fall schuldet der deutsche Händler als Empfänger solcher Dienstleistung die Umsatzsteuer.

Seit 1. Januar 2007 wird eBay von Personen, die ihren Sitz oder Wohnsitz in Deutschland haben, 17 % Mehrwertsteuer (Mehrwertsteuersatz in Luxemburg) einbehalten. Alle bei ebay.de angegebenen Gebühren sind Bruttobeträge, d. h. sie enthalten bereits 17 % Mehrwertsteuer.

Beispiel

Angebotsgebühr für einen deutschen Staatsbürger, der bei ebay.de anbietet:

Tatsächliche Angebotsgebühr
(Nettobetrag + 17 % Luxemburg MwSt.) = 1,50 EUR bei ebay.de

Daraus folgt:

Nettobetrag = 1,28 EUR (Nettobetrag gerundet)
plus 17 % (Luxemburg MwSt.)
= 1,50 EUR

Der Transparenz halber werden in der eBay-Rechnung sowohl die Bruttobeträge (mit MwSt.) als auch die Nettobeträge (ohne MwSt.) ausgewiesen.

Unternehmer mit gültiger Umsatzsteuer-Identifikationsnummer können sich von eBay unter bestimmten Voraussetzungen die Berechtigung für Nettorechnungen erteilen lassen. Dazu teilen Sie eBay Ihre USt-IdNr. mit.

Tipp

Eine USt-IdNr. kann beim Bundeszentralamt für Steuern https://www.formulare-bfinv.de/ffw/form/display.do?%24context=224B064B95CE42714241 beantragt werden.

Amazon verweist dagegen darauf, dass die Verkaufsgebühren nicht in Luxemburg, sondern beim Empfänger in Deutschland steuerpflichtig sind (»Bezugnahme auf: Artikel 21 (1) b, Sixth Council Directive 77/388/EEC vom 17. Mai 1977«).

Allerdings bereitet es dem deutschen Fiskus grundsätzliche Probleme, die Steuer von ausländischen Unternehmen auch einzuziehen. Deshalb hat er nach § 13b UStG den unternehmerischen Empfänger einer sonstigen Leistung eines ausländischen Anbieters verpflichtet, die fällige Umsatzsteuer direkt an das deutsche Finanzamt anzumelden. Im Regelfall kann er aus der Rechnung Vorsteuer in gleicher Höhe abziehen.

Beispiel

Die Verkaufsgebühren für die Agenturumsätze über einen Inter-Web-Shop in den USA kostet den deutschen Unternehmer 300 $ (ca. 400 EUR). Die Rechnung auf die deutsche Umsatzsteuer erfolgt per E-Mail sofort nach Kreditkartenbelastung. Der deutsche Unternehmer bucht, da die Leistung unter § 13b UStG fällt:

Verkaufsgebühren	400,00 EUR
Vorsteuer	76,00 EUR
an Kreditkartenabrechnung	400,00 EUR
an Umsatzsteuer 19 %	76,00 EUR

6.3.5 Sonstige betriebliche Aufwendungen

Diese Bezeichnung wird sowohl auf eine Position der Gewinn- und Verlustrechnung für Raum-, Kfz-, Verwaltungs- und Vertriebskosten als auch für ein spezielles Konto verwendet.

Das Konto »Sonstige betriebliche Aufwendungen« sollte nicht mehr als 5 % bis 10 % der gesamten Aufwendungen bzw. höhere Beträge aufnehmen, da Sie ansonsten Rückfragen des Finanzamts provozieren. Einerseits ist für jede Aufwendung ein eigenes Konto aufzumachen. Lösen Sie deshalb Konten mit Bagatellbeträgen auf. Andererseits sollen die Aufwendungen transparent aufgegliedert und relevante Kostenarten ausgewiesen sein.

Arbeitsschritt

Buchen Sie soweit möglich die »sonstigen betrieblichen Aufwendungen« auf aussagekräftige Konten um. Verwenden Sie ggf. die Konten »Sonstiger Betriebsbedarf« oder für z. B. Gründungskosten »Sonstige Aufwendungen, unregelmäßig«.

BGA	IKR	SKR03	SKR04	Kontenbezeichnung (SKR)
473	693	4900	6300	Sonstige betriebliche Aufwendungen
4725	6074	4980	6850	Sonstiger Betriebsbedarf
4739	6992	2309	6969	Sonstige Aufwendungen unregelmäßig

6.3.6 Miete, Raumkosten und Instandhaltungen

Arbeitsschritt

Achten Sie beim Abstimmen der Mietzahlungen auf die Vollständigkeit. Bei Vorsteuerabzug sollte die Umsatzsteuer im Betrag entweder auf dem Bankauszug, einer Jahresabrechnung oder im Mietvertrag ausgewiesen sein. Der Steuersatz oder der Hinweis auf die »gesetzliche USt.« reicht nicht aus.

Buchen Sie Mietereinbauten und Herstellungsaufwand aus Instandhaltungskosten und Grundstücksaufwendungen um.

Prüfen Sie auch bei anderen Instandhaltungskosten und Reparaturen, ob nicht auf das betreffende Anlagegut umgebucht werden muss.

Die Entscheidung, wann in Zusammenhang mit Gebäuden Erhaltungsaufwand und in welchen Fällen Herstellungsaufwand vorliegt, ist mitunter hart umstritten. Aufwendungen für eine Baumaßnahme an Gebäuden sind auf Antrag als Erhaltungsaufwand zu behandeln, wenn sie nicht den Standard des Gebäudes gehoben haben bzw. sich der Gebrauchswert (das Nutzungspotential) eines Wohngebäudes gegenüber dem Zustand im Zeitpunkt des Erwerbs nicht deutlich erhöht. Danach gehören Instandhaltungs- und Modernisierungskosten innerhalb von drei Jahren nach der Anschaffung zu Herstellungskosten, wenn sie 15 % des Anschaffungspreises übersteigen.

In die 15 %-Grenze werden in bestimmten Fällen auch Aufwendungen für Erweiterungen des Gebäudes und sogar jährlich üblicherweise anfallende Erhaltungsarbeiten einbezogen (BFH-Urteil vom 25.8.2009, IX R 20/08).

6.3.7 Mietereinbauten

Baumaßnahmen, die der Mieter auf seine Rechnung vornimmt, können Mietereinbauten oder -umbauten sein. Die dafür aufgebrachten Aufwendungen sind vom Mieter entweder zu aktivieren oder sofort als Betriebsausgabe abzuziehen.

Als zu aktivierende Mietereinbauten und Mieterumbauten kommen in Frage:

- Scheinbestandteile
- Betriebsvorrichtungen
- sonstige Mietereinbauten oder Mieterumbauten

Scheinbestandteile

Scheinbestandteile werden nur »zu einem vorübergehenden Zweck« (§ 95 BGB) in das Gebäude eingefügt und weisen auch nach ihrem Ausbau noch einen beachtlichen Wiederverwendungswert auf. Dieser Wert darf durch den Ausbau nicht bis an die Grenze des Schrottwerts zerstört werden.

Ein Scheinbestandteil liegt auch vor, wenn der Mieter verpflichtet ist, bei Auszug den eingebauten Gegenstand wieder zu entfernen. Als »vorübergehender« Zweck gilt nicht, wenn die Nutzungsdauer kürzer ist als die voraussichtliche Mietdauer.

Beispiel

Der Mieter baut fünf Jahre vor Ablauf des Mietvertrags die Mieträume nach seinen betrieblichen Zwecken um, indem er mobile Zwischenwände neu einzieht. An einen Aufwandsersatz auch nur eines Teils der Kosten von 21.000 EUR ist im Falle des Auszugs nicht gedacht, im Gegenteil: Der Mieter hat sämtliche baulichen Veränderungen zu entfernen und die Mieträume in den ursprünglichen Zustand zu versetzen. Die Kosten sind als Mietereinbauten (Einbauten in fremde Grundstücke) zu aktivieren und als bewegliches Wirtschaftsgut auf fünf Jahre abzuschreiben.

Soll	Haben	GegenKto	Datum	Konto	Text
21.000,00		4260/6335		0450/0680	Mietereinbauten

BGA	IKR	SKR03	SKR04	Kontenbezeichnung (SKR)
0249	080	0450	0680	Einbauten in fremde Grundstücke

Betriebsvorrichtungen

sind Maschinen und sonstige Vorrichtungen aller Art, die zu einer Betriebsanlage gehören, selbst wenn sie wesentliche Bestandteile eines Grundstücks sind. Sie dienen eben nicht der Gebäudenutzung im Allgemeinen, sondern den besonderen Zwecken des Betriebes. Hierzu zählen z. B.

- Arbeitsbühnen, Bedienungs- und Beschickungsbühnen, Krananlagen, Lastenaufzüge, Transportbänder,
- Kühltürme, Kläranlagen, Schornsteine,
- Vorrichtungen, Befestigungen oder Fundamente für technische Anlagen und Maschinen.

Handelt es sich um Beleuchtungsanlagen, Belüftungsanlagen, Klimageräte, Öfen, Heizungsanlage u. Ä. kommt es darauf an, ob sie überwiegend betrieblichen Zwecken dienen oder auch allgemein genutzt werden können.

Scheinbestandteile und **Betriebsvorrichtungen** gelten rechtlich als bewegliche Wirtschaftsgüter, selbst wenn sie fest vermauert sind. Die Abschreibungsdauer entspricht der voraussichtlichen Mietzeit – es sei denn, für diese Gegenstände gilt eine kürzere betriebsgewöhnliche Nutzungsdauer.

Beispiel

Eine gemeinnützige GmbH nimmt in einem angemieteten Wohnhaus für betreute Menschen umfangreiche Umbaumaßnahmen vor. So entstehen aus 3+4 Bett-Zimmern durch zusätzliche Zwischenwände 1+2 Bett-Zimmer mit neuen sanitären Installationen. Waschbecken und Duschkabinen werden behindertengerecht vergrößert und abgesenkt und einige Türen für Rollstühle verbreitert. Die Umbaukosten inklusive der Planungskosten des Innenarchitekten führen zu Herstellungskosten der Betriebsvorrichtung zur Behindertenbetreuung.

Nach Ablauf einer Festmietzeit von 10 Jahren soll sich der Mietvertrag – sofern er nicht fristgerecht gekündigt worden ist – jeweils um fünf Jahre verlängern. Zumindest eine einmalige Verlängerung ist vorgesehen, weshalb die voraussichtliche Mietdauer 15 Jahre beträgt. Bei Auszug müssen laut Mietvertrag sämtliche Umbauten entfernt werden. Die Umbaukosten sind deshalb linear innerhalb dieser 15 Jahre abzusetzen.

Die Tabelle zum »Grundvermögen« gibt bei den aufgelisteten Vermögensgegenständen an, ob sie einem Gebäude, Gebäudebestandteil oder einer Außenanlage zugeordnet werden oder ob sie Betriebsvorrichtungen darstellen. Wenn Vermögensgegenstände Betriebsvorrichtungen darstellen, sind sie einzeln zu erfassen und zu bewerten.

Sonstige Mietereinbauten und Mieterumbauten

können Gegenstände sein, die unmittelbar den **besonderen betrieblichen oder beruflichen Zwecken des Mieters** dienen und mit dem Gebäude nicht in einem einheitlichen Nutzungs- und Funktionszusammenhang stehen.

Beispiele

- Der Mieter schafft durch Entfernen von Zwischenwänden ein Großraumbüro.
- Der Mieter entfernt die vorhandenen Zwischenwände und teilt durch neue Zwischenwände den Raum anders ein.
- Der Mieter gestaltet das Gebäude so um, dass es für seine besonderen gewerblichen Zwecke nutzbar wird, z. B. Entfernung von Zwischendecken, Einbau eines Tors, das an die Stelle einer Tür tritt.
- Der Mieter ersetzt eine vorhandene Treppe durch eine Rolltreppe.

Um **sonstige Mietereinbauten und Mieterumbauten** handelt es sich auch, wenn die Bauten im **wirtschaftlichen Eigentum** des Mieters stehen. Danach sind die eingebauten Sachen

- entweder während der voraussichtlichen Mietdauer technisch oder wirtschaftlich verbraucht
- oder der Mieter kann bei Beendigung des Mietvertrages vom Eigentümer mindestens die Erstattung des Zeitwerts verlangen.

Solche Mietereinbauten gelten – im Gegensatz zu den Scheinbestandteilen und den Betriebsvorrichtungen – als unbewegliche Wirtschaftsgüter. Ohne gesonderte vertragliche Vereinbarung mit dem Gebäudeeigentümer unterliegen diese Bauten der regulären Gebäudeabschreibung von maximal 3 %.

Ansonsten

Mietereinbau-Kosten sind Renovierungskosten

Wenn weder der Mieter wirtschaftlicher Eigentümer der Einbauten ist noch diese in sachlicher Beziehung zu seinem Betrieb stehen, so dürfen die Aufwendungen nicht aktiviert werden.

Eine unmittelbare sachliche Beziehung zum Betrieb des Mieters liegt nicht vor, wenn diese Baumaßnahmen ohnehin hätten vorgenommen werden müssen, z. B. wenn anstelle des Eigentümers der Mieter eine ohnehin vorgesehene Zentralheizung einbaut.

Anstelle von Mietereinbauten ist von Gerichten Erhaltungs- und Instandhaltungsaufwand anerkannt worden, als ein Mieter u. a. die Fußböden in den gemieteten Räumen erneuern, den Heizkessel reparieren und einen Öltank sowie Ölbrenner installieren ließ. Auch der Einbau von Doppelglasfenstern durch den Mieter stellt eine sofort abzugsfähige Betriebsausgabe dar.

Beispiel

Nach fünf Jahren Mietzeit lässt der Mieter auf seine Kosten einen neuen Teppichboden verlegen, ohne finanzielle Beteiligung seines Vermieters.

Soll	Haben	GegenKto	Datum	Konto	Text
11.900,00		1200/1800		904260/ 906335	Renovierungskosten

BGA	IKR	SKR03	SKR04	Kontenbezeichnung (SKR)
0249	080	0450	0680	Einbauten in fremde Grundstücke
091	29	0980	1900	Aktive Rechnungsabgrenzungen
491	654	4830	6220	Abschreibungen auf Sachanlagen
4915	652	4831	6221	Abschreibungen auf Gebäude
4111	670	4210	6310	Miete
4711	6061	2350	6450	Reparaturen und Instandhaltung von Bauten
4711	6933	4260	6335	Instandhaltung betrieblicher Räume

Sofern Umbaukosten mit Mietzahlungen verrechnet werden können, sind für diesen Teil der Aufwendungen Rechnungsabgrenzungsposten zu bilden und über die Laufzeit aufzulösen.

6.3.8 Kfz-Kosten

Das Konto »Fahrzeugkosten« nimmt alle Kosten auf, die nicht weiter unterschieden werden sollen. Dagegen bezeichnet »Sonstige Kfz-Kosten« Aufwand, den Sie anderweitig nicht zuordnen können, z. B. Gebühren für Autoradio, Reinigung, Parkgebühren. Unter »Laufenden Betriebskosten« sind u. a. Benzin, Diesel, Öl zu erfassen. Für die Aufwendungen für KfZ-Steuer, KfZ-Versicherung, KfZ-Leasingraten und Reparaturen gibt es gesonderte Konten, die jeweils zu bebuchen sind.

Arbeitsschritt

Aus Kfz-Steuer und Kfz-Versicherung ist kein Vorsteuerabzug möglich. Erstattungsbeträge sind im Haben zu erfassen. Versicherungsentschädigungen für Unfallschäden sind auf einem gesonderten Konto zu erfassen.

Beispiel

Die Versicherungsentschädigung für den Totalschaden des Firmenwagens über 15.000 EUR wurde im Vorjahr als sonstige Forderung eingebucht.

Soll	Haben	GegenKto	Datum	Konto	Text
	15.000,00	1502/1305		2742/4970	Kfz-Haftpflichtfall

BGA	IKR	SKR03	SKR04	Kontenbezeichnung (SKR)
4714	6882	4540	6540	Kfz-Reparaturen
41	6710	4570	6560	Mietleasing KfZ
41	6710	4575	6565	Mietleasingaufwendungen für Elektrofahrzeuge und Fahrräder, die gewerbesteuerlich hinzugerechnet werden
4261	691	4520	6520	Kfz-Versicherungen
267	5431	2742	4970	Versicherungsentschädigungen
422	703	4510	7685	Kfz-Steuern

6.3.9 Spenden

Spenden sind nur bei den Kapitalgesellschaften als Betriebsausgabe abziehbar. Einzelunternehmer und (Personen-)Gesellschafter können sie gleichwohl wie Privatspenden in ihrer persönlichen Einkommensteuererklärung geltend machen. Betriebliche Spenden mindern aber zumindest den Gewerbeertrag und damit die zu zahlende Gewerbesteuer.

Arbeitsschritt

Sortieren Sie die Originale der Spendenbescheinigungen, um sie mit dem Jahresabschluss dem Finanzamt auf Verlangen einzureichen.

Der Spendenempfänger muss bestätigen, dass er eine steuerbegünstigte Körperschaft ist und den zugewendeten Betrag nur für deren satzungsmäßige Zwecke verwendet.

Als Nachweis gilt auch der Zahlungsbeleg der Post oder eines Kreditinstituts bei Einzahlung auf ein Sonderkonto für den Katastrophenfall oder eine Spende bis 300 EUR bei aufgedrucktem Empfängerkonto auf dem Einzahlungsbeleg. Spenden und Beiträge an politische Parteien werden zu 50 % direkt von der (Einkommen-)Steuerschuld abgezogen bis zum Höchstbetrag von 825 EUR (Splitting 1.650 EUR Abzug). Darüber hinaus können sie nochmals zu gleichen Höchstbeträgen als Sonderausgaben angesetzt werden.

6.3.10 Bewirtungen und Geschenke

Geschenke und Bewirtungen dürfen auf keinen anderen als den vorgesehenen Konten verbucht werden. Die Aufzeichnungen haben zeitnah zu erfolgen – in der Regel innerhalb eines Monats. Außerdem dürfen auf den Konten »Geschenke« oder »Bewirtungen« keine anderen Aufwendungen, insbesondere keine Werbekosten, Zugaben u. Ä. erfasst werden. Wegen der besonderen Aufzeichnungspflichten für Geschenke und Bewirtungen vermeiden Sie unbedingt Fehlbuchungen – eine Korrektur findet in einer Betriebsprüfung nicht immer Gnade. Geschenke sind unentgeltliche Zuwendungen an einen Dritten. Unentgeltlichkeit liegt nicht vor, wenn die Zuwendung als Entgelt für eine bestimmte Gegenleistung des Empfängers anzusehen ist. Schmiergeld ist nicht abzugsfähig.

Arbeitsschritt

Bereinigen Sie die Konten Geschenke und Bewirtungen von den jeweiligen fremden Kosten. Buchen Sie ggf. Streuartikel, Zugaben und Aufmerksamkeiten um.

Buchen Sie Geschenke über einen Wert von 35 EUR pro Empfänger und die Geld- und Sachgeschenke an Arbeitnehmer um.

Prüfen Sie die Bewirtungsbelege und Aufzeichnungen zu den Empfängern.

Grundsätzlich können Geschenke bis 35 EUR bei einem oder mehreren Geschenken je Empfänger und je Wirtschaftsjahr als Betriebsausgabe abgezogen werden. Wird diese Grenze überschritten, entfällt der Abzug in vollem Umfang. Als Ausnahmen gelten Geschenke, die beim Empfänger ausschließlich betrieblich genutzt werden können. Um die Einhaltung der Grenze nachzuvollziehen, verlangt das Finanzamt zu den Geschenken eine Liste der jeweiligen Empfänger.

Zumindest dem Gesetz nach muss der Empfänger das erhaltene Geschenk versteuern, was im konkreten Fall jedoch seine Freude trüben würde und vielleicht sogar zur Zurückweisung des Geschenks führen könnte.

Seit dem 1. Januar 2007 gibt es die Möglichkeit, einheitlich sämtliche Geschenke – auch die unter 35 EUR – mit einem Pauschalsteuersatz von 30 % (+ Solidaritätszuschlag + Kirchensteuer) bereits vom Schenkenden zu versteuern (§ 37b EStG). Die pauschale Versteuerung je Empfänger und Wirtschaftsjahr ist auf einen Betrag von 10.000 EUR begrenzt. Im Kalenderjahr kann es somit nur einheitlich abzugsfähige Geschenke mit oder ohne Pauschalsteuer geben. Die Übermittlung von Werten in der E-Bilanz auf beiden Konten führt dann unweigerlich zu Rückfragen durch das Finanzamt.

BGA	IKR	SKR03	SKR04	Kontenbezeichnung (SKR04)
442	6871	4630	6610	Geschenke, abzugsfähig ohne Pauschalsteuer
4422	6872	4631	6611	Geschenke abzugsfähig § 37b UStG
4422	6872	4632	6612	Pauschale Steuer für Geschenke § 37b UStG
442	6871	4635	6620	Geschenke, nicht abzugsfähig

Geld- und Sachgeschenke des Arbeitgebers an seine Arbeitnehmer sind in voller Höhe als Betriebsausgaben abziehbar. Sofern Sachzuwendungen für einen besonderen Anlass (z. B. Geburtstag, Hochzeit oder Geburt eines Kindes) üblich sind und den Wert von 60 EUR pro Arbeitnehmer nicht überschreiten, sind sie als steuerfreie freiwillige soziale Aufwendung zu erfassen. Ohnehin sind Sachbezüge bis 50 EUR/Monat lohnsteuerfrei. Ansonsten kommt die Buchung als steuerpflichtiger Arbeitslohn auf einem Konto für Löhne oder Gehälter infrage.

Die für die geschäftliche Bewirtung von Geschäftsfreunden entstehenden angemessenen Aufwendungen, insbesondere für Essen, Trinken, Rauchen einschließlich des üblichen Trinkgeldes sowie die Nebenkosten für Garderobe und Toilette, können in Höhe von 70 % als Betriebsausgaben abgezogen werden. 30 % der Aufwendungen sind beim Jahresabschluss als nicht abzugsfähiger Anteil für den Unternehmer und ggf. teilnehmenden Arbeitnehmer zu berücksichtigen. Die auf die nicht abzugsfähige Betriebsausgabe von 30 % der Bewirtungskosten entfallende Vorsteuer ist jedoch abziehbar.

Demgegenüber dürfen Aufwendungen für die ausschließliche Bewirtung von Arbeitnehmern, z. B. bei Betriebsfesten, in voller Höhe abgezogen werden, da eine solche Bewirtung nicht geschäftlich, sondern allgemein betrieblich veranlasst ist. Hier gilt allerdings ein Freibetrag von 110 EUR (inklusive Umsatzsteuer) pro teilnehmenden Arbeitnehmer. Anderenfalls entfällt auch der Vorsteuerabzug aus den gesamten Bewirtungskosten. Dieser Betrag erhöht sich auch dann nicht, wenn Ehegatte und Kinder des Arbeitnehmers am Fest teilnehmen.

Nicht nur zur richtigen Verbuchung, sondern auch zur Ordnungsmäßigkeit der Belege gibt es zusätzliche Vorschriften.

Zum Nachweis der Bewirtungskosten hat der Unternehmer schriftlich aufzuzeichnen:

- Ort,
- Tag,
- Anlass der Bewirtung,
- die Teilnehmer,
- die Höhe der Aufwendungen.

Die verzehrten Speisen und Getränke müssen aus der Rechnung einzeln aufgeschlüsselt hervorgehen. Die Finanzverwaltung erkennt nur noch solche Rechnungen an, die maschinell erstellt und registriert werden. Sie müssen ab einem Betrag von 250 EUR den Namen des bewirtenden Steuerpflichtigen enthalten. Die Namensangabe darf nachgeholt werden – allerdings nur vom Gastwirt selbst oder seines Angestellten.

BGA	IKR	SKR03	SKR04	Kontenbezeichnung (SKR)
444	6861	4650	6640	Bewirtungskosten
2082	6868	4654	6644	Nicht abzugsfähige Bewirtungskosten
405	6410	4145	6130	Freiwillige soziale Aufwendungen, LSt-frei

Der Rechtsprechung verdankt man folgende Unterscheidung:

- Streuartikel – Gegenstände von geringem Wert – werden zu Hunderten oder Tausenden verschenkt, ohne dass die Empfänger bekannt sind. Für diese Geschenke besteht kein unmittelbarer Zusammenhang mit dem Verkauf von Ware.
- Zugaben werden dagegen beim Verkauf kostenlos beigegeben. Sie sind deshalb als Kosten der Warenabgabe zu behandeln.
- Als Aufmerksamkeit gilt die Darreichung von Kaffee, Gebäck und Snacks bei einer Geschäftsbesprechung, Bonbons für Kinder u. Ä. Die abzugrenzende Bewirtung mit Speisen kann aber schon bei einer Bockwurst anfangen. Es handelt sich aufgrund des geringen Werts nicht um Geschenke (von daher keine Empfängerliste zu führen), aber auch nicht um Zugaben beim Warenverkauf, die getrennt zu erfassen sind.

BGA	IKR	SKR03	SKR04	Kontenbezeichnung (SKR)
4421	6872	4605	6605	Streuartikel, ohne Empfängerliste
469	6873	4632	6612	Pauschale Steuern für Geschenke und Zuwendungen abzugsfähig
4421	6872	4639	6629	Zugaben mit § 37b EStG
4441	6862	4653	6643	Aufmerksamkeiten
443	6863	4640	6630	Repräsentationskosten

6.3.11 Reisekosten

Reisekosten sind alle Aufwendungen, die durch die Reise unmittelbar veranlasst sind. Zu den Reisekosten gehören insbesondere die Fahrtkosten – auch für Zwischenheimfahrten –, die Mehraufwendungen für Verpflegung mit Pauschalbeträgen, die Übernachtungskosten am Reiseziel und während der Reise sowie die Reisenebenkosten.

Aufwendungen, die durch die Reise nur mittelbar veranlasst sind, z. B. Kosten für Reisekleidung, Wäsche, Koffer, sind keine Reisekosten.

Der Unternehmer kann die Umsatzsteuer auf die Reisekosten als Vorsteuern abziehen, die ihm für Leistungen aus Anlass einer inländischen Geschäftsreise erwachsen sind.

Abzugsfähig sind Fahrtkosten des Unternehmers und des Personals, soweit sie mit Fahrzeugen des Unternehmers oder mit Bus, Bahn, Taxi etc. erfolgt sind, sowie aus tatsächlichen Übernachtungen. Die Rechnung muss jeweils auf den Unternehmer lauten.

Tatsächliche Verpflegungsmehraufwendungen für Inlandreisen werden nicht anerkannt. Die steuerfreien Aufwendungen betragen pauschal (Stand 2022):

- bei mind. 24 Std. Abwesenheit 28 EUR (für die An- und Abreisetage jeweils 14 EUR)
- bei Abwesenheit über 8 Std.14 EUR

Arbeitsschritt

Überprüfen Sie die Reisekostenabrechnungen stichprobenweise auf Vollständigkeit der Angaben und Einhaltung der steuerlich zulässigen Pauschalen.

Wenn Sie entgegen geltendem Gesetz nach wie vor Vorsteuerabzug vornehmen wollen, so sind hierüber in der Umsatzsteuererklärung Angaben an das Finanzamt zu machen.

Überprüfen Sie die jeweiligen Konten bezüglich der Abzugsfähigkeit von Vorsteuern.

Überprüfen Sie das Fahrtenbuch auf vollständige und lückenlose Einträge.

Eine Reisekostenabrechnung muss enthalten:

- Name des Reisenden,
- Zeit, Dauer, Ziel und Zweck der Reise, ggf. gefahrene Kilometer,
- Bemessungsgrundlage für den Vorsteuerabzug.

Dazu kommen ggf.:

- Tankquittungen,
- Fahrscheine,
- Telefonkosten,
- Übernachtungs- und pauschale Verpflegungskosten,
- Bewirtungsbelege (separates Konto),
- Eigenbelege über Trinkgelder.

6.3.12 Zinsaufwand und Zinserträge

Arbeitsschritt

Trennen Sie die Zinsaufwendungen für kurzfristige und für langfristige Verbindlichkeiten sowie für Umlaufvermögen und Anlagevermögen. Buchen Sie Kontoführungsgebühren und ähnliche Kosten des Geldverkehrs um.

Sortieren Sie die Steuerbescheinigungen der Zinserträge mit einbehaltener Zinsabschlagsteuer und Kapitalertragsteuer heraus, damit diese zwecks Vergütung zum Finanzamt eingereicht werden können. Buchen Sie ggf. unterlassene Steuerabzüge nachträglich als Zinsertrag ein

Bereits im Zusammenhang mit den Darlehen sind die »Zinsaufwendungen für langfristige Verbindlichkeiten« abgestimmt worden.

Überziehungszinsen des Girokontos gehören auf das Konto »Zinsen auf Kontokorrentkonten«. Saldieren Sie nicht mit den Guthabenzinsen, sondern weisen Sie diese gesondert unter »sonstige Zinserträge« aus.

Die Quartalsabschlüsse des Bankkontos sind auseinanderzuziehen: Kontoführungsgebühren sind ebenso wie:

Abschlussprovision bei betrieblichen Darlehen, Akkreditivspesen, Auszahlungsgebühr, Provisionsaufwand, Umsatzprovision, Buchungsgebühren, Beitreibungskosten, Wechselspesen ohne Diskont, Darlehensvermittlungsprovision, Depotgebühren, Eintragungskosten, Emissionskosten, Finanzierungskosten und Geldverkehrskosten, Geldbeschaffungskosten, Geldeinzug, Nachnahmekosten, Hypothekenbeschaffung, Maklerprovisionen, Kartengebühren, Inkassokosten, Mahnkosten, Kreditvermittlungsprovision, Scheckgebühren, Schließfachgebühr und viele weitere Dienstleistungen der Banken auf das Konto »Nebenkosten des Geldverkehrs« umzubuchen.

Die Kreditinstitute gehen immer mehr dazu über, ihre Leistungen wie z. B. auch Darlehenszinsen der Umsatzsteuer zu unterwerfen. Achten Sie auf den richtigen Vorsteuerabzug.

Bei den Zinserträgen werden oftmals nur die ausgezahlten Beträge erfasst. Es gelten jedoch steuerlich die Bruttobeträge als zugeflossen, wobei die einbehaltene Steuer auf die Steuerschuld angerechnet wird. Sofern noch nicht geschehen, ist also die als Kapitalertragsteuer, Zinsabschlagsteuer und sonstige Quellensteuer einbehaltene Steuer auch als Zinserträge zu erfassen.

Beispiel

Einbehaltene Zinsabschlagsteuern und Solidaritätszuschläge in Höhe von 2.000 EUR bzw. 110 EUR von den betrieblichen Festgeldkonten sind noch nicht erfasst worden.

Soll	Haben	GegenKto	Datum	Konto	Text
	2.000,00	2215/7635		2650/7100	Abschlag Festgeldzinsen
	110,00	2218/7638		2650/7100	Abschlag Festgeldzinsen

Wenn die Privatentnahmen Gewinn und Einlagen übersteigen, können Kontokorrentzinsen nicht mehr ohne Einschränkung als Betriebsausgaben abgezogen werden. Pauschal 6 % dieser sogenannten »Überentnahmen« werden dem Gewinn wieder hinzugerechnet – höchstens jedoch der um 2.050 EUR gekürzte Betrag der tatsächlich angefallenen Schuldzinsen.

BGA	IKR	SKR03	SKR04	Kontenbezeichnung (SKR)
26	57	2650	7100	Sonstige Zinsen und ähnliche Erträge
266	579	8650	7110	Sonstiger Zinsertrag
264	579	2650	7120	Zinsähnliche Erträge
263	573	2670	7130	Diskonterträge
2647	572	2657	7105	Zinserträge § 233a AO betriebliche Steuern
2646	572	2658	7106	Zinserträge § 233a AO KSt
2145	7581	2107	7305	Zinsaufw. § 233a AO betriebliche Steuern
2146	7582	2108	7306	Zinsaufw. § 233a, 234, 237 AO a. Personenst.
486	675	4970	6855	Nebenkosten des Geldverkehrs
215	6954	2150	6880	Aufwendungen aus Kursdifferenzen
211	7512	2110	7310	Zinsaufwendungen für kurzfristige Verbindlichkeiten
211	7512	2118	7318	Zinsen auf Kontokorrentkonten
212	7511	2120	7320	Zinsaufwendungen für langfristige Verbindlichkeiten

6.3.13 Steuerzahlungen

Arbeitsschritt

Gleichen Sie die auf dem Konto ausgewiesenen Zinsabschlagsteuern mit den Belegen zu den Steuergutschriften und Dividendenbescheinigungen für das Finanzamt ab.

Stimmen Sie die Steuerzahlungen mit den Bescheiden und sonstigen Mitteilungen des Finanzamtes ab.

Wie bereits beim Konto Umsatzsteuervoranmeldungen gezeigt, kann sich auf Steuerkonten vieles ansammeln. Stellen Sie sicher, dass

- die Zahlungen dem richtigen Jahr zugeordnet sind und
- Verspätungszuschläge, Zwangsgelder, Zinsaufwand und -erträge zu Steuern auf anderen Konten zu erfassen sind.

6.4 Debitoren und Kreditoren

Das Abstimmen von Personenkonten zum Jahresende kann sehr viel Zeit in Anspruch nehmen. Im Gegensatz zu den Finanzkonten mit Fremdkontrolle – Ausdruck einzelner Buchungen und dem Saldo auf dem Kontoauszug oder beim Kassensturz u. a. – bleiben hier Fehlbuchungen ohne eine Kontenabstimmung völlig unbemerkt.

Wenn Sie bereits zu jedem Quartal oder besser einmal im Monat die ausstehenden Posten überprüft und ausgeglichene Posten um Preisnachlässe und Kleindifferenzen bereinigt haben, dann ist zum Jahresende nichts zu befürchten. An ausgeglichenen

Konten gibt es in der Regel nichts mehr abzustimmen. Für eine mittelgroße Personenbuchhaltung mit 500 Konten jedoch, die das ganze Jahr über vor sich hindümpelte, sollten Sie viel Zeit einplanen.

Arbeitsschritt

Stimmen Sie die Konten in erster Linie nach großen ausstehenden Posten ab, dann erst in der Nummernfolge. Halten Sie die Abstimmungsergebnisse fest und buchen Sie falsche Zuordnungen und Nachlässe um.

Für Rückfragen sollten sämtliche Personen greifbar sein, die mit Buchungen, Rechnungen und Einkauf bzw. Vertrieb zu tun hatten. Die Belegordner mit den ausstehenden Rechnungen sind die wichtigsten Papiere zum Abstimmen. In Zweifelsfällen brauchen Sie auch den Zugriff auf die gezahlten Rechnungen (Personen), die Rechnungseingänge und -ausgänge (Nummern) sowie Bankauszüge.

Tipp

Gehen Sie auf der Offene-Posten-Liste jedes Konto mit ausgewiesenem Saldo rückwärts durch und haken Sie ausgleichende Zahlungen und Erlösschmälerungen, Rücksendungen etc. mit den zugrunde liegenden Rechnungen ab. Sie brauchen dabei nur so weit zurückzugehen, bis die noch nicht ausgeglichenen Rechnungen den Saldo ergeben bzw. bis nur noch Differenzen aus Skonti und anderen auf dem Papier noch nicht erfassten Nachlässen offen sind. Die auf dem Kontenblatt offenen Posten stimmen Sie anschließend mit den Rechnungsbelegen ab. Idealerweise arbeiten Sie mit einem Assistenten, der Ihnen die offenen Rechnungen vom Beleg herunter ansagt.

Saldo auf der richtigen Seite

Im Regelfall und eben schließlich als Ergebnis der Abstimmarbeiten sollen die zum Jahresende ausstehenden Forderungen und Verbindlichkeiten auf den einzelnen Kundenkonten im Soll bzw. auf den Lieferantenkonten im Haben stehen.

Wurden lediglich Preisnachlässe, Rabatte, Skonti und Rücksendungen vergessen auszubuchen, dann muss das Konto durch Umbuchung dieser zusammenzufassenden Überreste von bereits ausgeglichenen Rechnungen bereinigt werden. Es existieren ja keine wirklich offenen Posten mehr. In diesen Fällen ist das Personenkonto leicht bis auf die tatsächlich ausstehenden Forderungen bzw. Verbindlichkeiten glattzustellen.

Beispiel

Auf dem Kundenkonto 15200 ist das Skonto beim Zahlungseingang zur Rechnung 815 am 20.09. nicht erfasst worden.

Datum	Buchungstext	BelegNr.	Sollumsatz	Haben
....	....	....	....	....
10.09.	Umsatzerlöse	0815	10.000,00	
20.09.	Bank	0815		9.800,00
22.09.	Umsatzerlöse	0900	8.080,00	
26.09.	Umsatzerlöse	0924	15.000,00	
....	....	....	....	....

Soll	Haben	GegenKto	Datum	Konto	Text
	200,00	8736/4736		15200/15200	2 % Skonto zu 19 % USt.

Durch falschen Übertrag von der Rechnung oder einen schlichten Tippfehler beim Einbuchen kann durch den Rechnungsausgleich ein vermeintliches Skonto oder gar eine Überzahlung entstehen. In Einzelfällen, bei hohen Beträgen und bei den Überzahlungen überprüfen Sie diese Differenzen und korrigieren Sie den fehlerhaften Rechnungsbetrag. Sind jedoch die Skonti in einer Vielzahl von Zahlungen nicht berücksichtigt, so brauchen Sie nicht sämtliche Nachlässe nachzurechnen, sondern lassen den Fehlbetrag in der Sammelbuchung untergehen.

Ein Saldo kann auch durch Verwechslung oder Verkürzung der Kontonummer oder mehrfache Umschreibung des Kunden bzw. Lieferanten entstehen. Möglicherweise führen Sie auch zwei Personenkonten bei Kunden, die Sie gleichzeitig beliefern.

- Anton Müller GmbH = Müller GmbH
  = Schuhhaus Anton Müller GmbH
- Hans Schäfer und Fritz Lang GbR = Schäfer und Lang GbR
  = Fritz Lang und Co
- Wenn Sie zusätzlich die Konten der Diversen in Betracht ziehen, gibt es unerschöpfliche Möglichkeiten, Rechnungen auf Nimmerwiedersehen ein- und woanders auszubuchen. Schaffen Sie daher ein durchgängiges System.

Ein solcher Fehler offenbart sich durch eine Lücke auf dem Kontenblatt. Es sind scheinbar Rechnungen übersehen worden, da doch nachfolgenden Rechnungen wieder ausgleichende Zahlungen gegenüberstehen.

- Forderungen bzw. Verbindlichkeiten bleiben offen, da der Rechnungsausgleich auf einem anderen Personenkonto erfasst ist oder
- Forderungen bzw. Verbindlichkeiten sind auf dem falschen Konto eingebucht.

In beiden Fällen existiert ein anderes Personenkonto mit Überzahlung oder ein Sachkonto mit verkürzter Personenkontonummer. Wenn Sie dieses Gegenstück nicht auf Anhieb z. B. anhand der Belegnummer finden, beginnen Sie keine nervenaufreibende Suche nach dem Zahlungseingang: Sie werden beim weiteren Abstimmen unweigerlich darauf stoßen.

Markieren Sie die Rechnung auf der Offenen-Posten-Liste und tragen Sie die Buchung in einer Abstimmliste vor, wobei das unbekannte Gegenkonto zunächst offenbleibt.

Beispiel

Wegen eines Zahlendrehers ist auf dem Kundenkonto 15200 zum 22.09. eine Rechnung an den Kunden 12500 eingebucht worden.

Soll	Haben	GegenKto	Datum	Konto	Text
	8.080,00	12500/12500		15200/15200	Falsches Kundenkonto

Ähnlich, aber noch etwas schwieriger liegt der Fall, wenn Zahlungen statt als Rechnungsausgleich auf dem Personenkonto ein zweites Mal auf dem Erlös- bzw. Wareneinkaufskonto oder dem Konto für bezogene Leistungen landen. Wenn Sie nicht über die Belegnummer, den Beleg und den Bankkontoauszug die Zahlung zurückverfolgen wollen, so markieren Sie auch hier zunächst die Buchung.

Beispiel

a) Eine Nachlieferung von Ersatzteilen zu 500 EUR brutto ist gleich bar bezahlt und mit der Barquittung als Materialeinkauf eingebucht worden. Die Kreditorenbuchhaltung erhielt zwei Tage später eine »offizielle Rechnung« des Lieferanten 75700. Jedoch wurde der Hinweis auf bereits erfolgte Barzahlung übersehen.

b) Der Kunde 14500 hat eine ausstehende Rechnung über 700 EUR unüblicherweise bar bezahlt. Die Kasse hat dies als Barumsatz vereinnahmt, ohne der Debitorenbuchhaltung Nachricht zu geben.

Soll	Haben	GegenKto	Datum	Konto	Text
500,00		903000/905100		75700/75700	a) Materialeinkauf
	700,00	8400/4400		14500/14500	b) Verkaufserlös

Bei Gutschriften, Retouren, Rabatten und sonstigen Erlösschmälerungen wird die falsche Kontenseite bebucht. Anstatt die Forderung bzw. Verbindlichkeit zu vermindern, wird sie erhöht:

- eine Kundengutschrift wird ein zweites Mal versteuert oder
- bei der Rücksendung an den Lieferanten sind nochmals Wareneingang und Vorsteuerabzug gebucht.

Hier handelt es sich oft um geringe Beträge. Dieselbe Rechnungsnummer entlarvt eine vermeintliche Nachlieferung. Ohne einen solchen Hinweis bleibt nur der Blick in die Belege, damit Sie sich Klarheit über einen solchen Posten verschaffen.

Saldo auf der falschen Seite

Dieser Sonderfall wird auf der Summen- und Saldenliste sofort ins Auge springen. Mehrere solcher Personenkonten provozieren geradezu eine Nachprüfung der Buchhaltung.

Ein Habensaldo auf dem Kundenkonto und ein Sollsaldo beim Kreditor kann eine tatsächliche Überzahlung bedeuten, aber in den meisten Fällen liegt eine Verwechslung der angesprochenen Konten vor.

- Die der Zahlung zu Grunde liegende Rechnung ist auf einem falschen Personenkonto oder Sachkonto mit verkürzter Nummer erfasst oder
- die Zahlung wurde auf dem falschen Konto eingebucht.

Beispiel

Anstatt auf dem Kreditorenkonto 71100 ist der Rechnungseingang auf dem Konto 7110 (sonstige Zinserträge) gelandet. Der Rechnungsausgleich führte auf dem Lieferantenkonto zu einem Sollsaldo. Der falsche Zinsertrag ist umzubuchen.

Kontobezeichnung: Lieferant XY				Kontonr. 71100/71100	Blatt-Nr. 15
Datum	Gegenkonto	Buchungstext	Soll	Umsatz	Haben
... 15.12. 16.12.	... Bank Wareneingang	...	... 12.00,000	...	... 6.000,00
gebucht bis	EB-Wert	Saldo Neu	Soll	Jahresver- kehrszahlen	Haben
31.12.	Haben 4.000,00	Soll 6.000,00	421.000,00		411.000,00

Soll	Haben	GegenKto	Datum	Konto	Text
	12.000,00	8650/7110		71100	Korrektur Kontonummern

Arbeitsschritt

Holen Sie nach dem Abstimmen bei Ihren Geschäftspartnern Saldenbestätigungen ein für hohe ausstehende Beträge und bei unklaren Verrechnungen.

Auch wenn es Ihnen weniger Arbeit macht, indem Sie den Geschäftspartner nach den leidigen Differenzen suchen lassen: Stimmen Sie zunächst selbst die Personenkonten ab.

Ein Bestätigungsschreiben könnte etwa so aussehen:

Bestätigungsschreiben

Saldenbestätigung zum 31.12.2022

Wir bitten Sie, im Rahmen unserer Jahresabschlusserstellung den Saldo von EUR ... zu unseren Gunsten/zu unseren Lasten zu bestätigen. Der Saldo setzt sich aus folgenden ausstehenden Rechnungen zusammen:

Rechnungs-Nr.	Rechnungsdatum	Betrag
....	....	....

Der Saldo ist richtig/Der Saldo ist nicht richtig

....
Datum, Unterschrift

Bitte antworten Sie auch, wenn der Saldo mit dem in Ihrer Buchführung übereinstimmt. Bei Abweichungen bitten wir um nähere Angaben, damit wir Fehler von unserer Seite abklären können.

Ein adressierter und frankierter Rückumschlag liegt bei.

Nach § 782 BGB und dem Handelsbrauch des kaufmännischen Bestätigungsschreibens gelten die Abrechnungen in Saldenbestätigungen als Schuldversprechen bzw. Schuldanerkenntnis. Sollten Sie also keine Antwort erhalten, so gilt der Saldo auch zivilrechtlich als genehmigt.

6.5 Verträge

Mit dem Abstimmen der Konten sind Sie nun durch. Fehlende Unterlagen wie Pensionsgutachten, Aktivwerte der Rückdeckungsversicherung, Darlehensauszüge, Dividenden- und Steuerbescheinigungen, Saldenbestätigungen sind angefordert.

Außerdem sind die im abgelaufenen Jahr neu geschlossenen Verträge zu kopieren und den Jahresabschlussunterlagen beizufügen:

- Verträge mit Angehörigen und nahestehenden Personen, und hierbei auch Anstellungsverträge,
- Pensionszusagen,

- Darlehensverträge,
- Änderungen im Gesellschaftsvertrag,
- Miet-, Pacht- und Leasingverträge,
- Kaufverträge Grundstücke und große Anlagen.

6.6 Checkliste zu den Abschlussvorarbeiten

Firma:			
	erledigt	nicht erledigt	nicht zutreffend
Buchen Sie die fehlenden Aktiva und Passiva der Eröffnungsbilanz ein.			
Soweit notwendig, gliedern Sie beim Vortrag auf andere Konten um.			
Sind sämtliche Eröffnungsbilanzwerte bereits vorgetragen, müssen die Vortragskonten zu 0 EUR saldieren. Überprüfen Sie, ob die Werte mit den Positionen der Vorjahresbilanz übereinstimmen.			
Verwenden Sie für die Anschaffung neuer Wirtschaftsgüter nach Möglichkeit nur Anlagekonten, die bereits in die Vorjahresbilanz eingeflossen sind. Buchen Sie ggf. um.			
Noch nicht erfasste Anlagenabgänge sind ebenfalls Geschäftsvorfälle der laufenden, abzustimmenden Buchhaltung. Kopieren Sie die Verkaufsrechnung, Entnahmebeleg, Hinweis auf Inzahlungnahme o. Ä. und buchen Sie ggf. nach.			
Suchen Sie beim Abstimmen der Anlagekonten nach Kleingeräten/Betriebsbedarf bis 250 EUR und nach geringwertigen Wirtschaftsgütern im Wert bis zu 800 EUR und buchen Sie diese um.			
Ist die Inventur der Vorräte richtig durchgeführt worden? Klären Sie für den Jahresabschluss eventuelle Differenzen.			
Bereiten Sie Unterlagen vor für eventuelle Bewertungsabschläge bei den Vorräten. Sind die Wertminderungen ausreichend dokumentiert, so können beim Abschluss Teilwertabschreibungen vorgenommen werden.			
Bereiten Sie Unterlagen vor zu den angefangenen Arbeiten und zur Bewertung der unfertigen Erzeugnisse zu Herstellungskosten. Aus den ersten Monatsbuchhaltungen des neuen Jahres können Sie angefangene Arbeiten und deren Bearbeitungsstand zum Jahresende nachvollziehen.			
Geleistete Anzahlungen und erhaltene auf Bestellungen aus dem vorangegangenen (Eröffnungsbilanz!) und laufenden Jahr sind abzuprüfen: Wenn die Endabrechnung zwischenzeitlich gestellt wurde, so buchen Sie die Anzahlung um. Achten Sie bei geleisteten Anzahlungen zum Jahresabschluss auf einen korrekten Vorsteuerausweis auf dem Beleg und den gültigen Mehrwertsteuersatz.			

Firma:			
	erledigt	nicht erledigt	nicht zutreffend
Für die sog. Ist-Versteuerer (§ 20 UStG) ohne Offene-Posten-Buchhaltung und Mahnwesen ist es sinnvoll, während des laufendes Jahres auf die Verwendung der Forderungskonten zu verzichten. Stornieren Sie etwaige Buchungen.			
Sind Forderungsbestände in der Eröffnungsbilanz ausgewiesen, so war die zugehörige Umsatzsteuer noch nicht fällig. Sofern noch nicht geschehen, buchen Sie die dazu gehörenden Zahlungen der Kunden im laufenden Jahr um. Im Idealfall ist das Forderungskonto zum Jahresende aufgelöst.			
Bereiten Sie für den Abschluss eine Liste mit allen ausstehenden Forderungen vor.			
Buchen Sie die Forderungen der Eröffnungsbilanz aus, sofern diese im laufenden Jahr beglichen wurden.			
Prüfen Sie als Soll-Versteuerer (§ 16 UStG) ab, ob alle noch nicht bezahlten Ausgangsrechnungen als Forderungen eingebucht sind. Holen Sie dies ggf. nach. Als Vorbereitung für den Jahresabschluss stellen Sie eine Liste dieser Rechnungen zusammen oder heften sie auf sämtliche Rechnungskopien einen Additionsstreifen.			
Wenn Sie auch während des laufendes Jahres Forderungskonten verwenden – wozu Sie als Soll-Versteuerer für die Umsatzsteuervoranmeldungen verpflichtet sind –, dann stimmen Sie zum Jahresende die ausstehenden Posten auf den Kontoblättern und den Vorträgen aus der Eröffnung ab: Sind die offenen Rechnungen tatsächlich noch nicht ausgeglichen? Buchen Sie sämtliche als Forderung und bei Zahlung doppelt erfassten Umsatzerlöse um.			
Die Neubewertung und ggf. Abschreibung von alten und zweifelhaften Forderungen sowie die pauschale Wertberichtigung auf den gesamten Forderungsbestand werden zum Jahresabschluss vorgenommen. Bereiten Sie Schriftstücke vor, aus denen sich einzelne Risiken wie erreichte Mahnstufen und entsprechender Schriftwechsel, fruchtlose Pfändungen, Eidesstattliche Versicherungen, Konkursverfahren u. a. erkennen lassen sowie das pauschale Ausfallrisiko im Verhältnis zu den Gesamtforderungen oder Umsätzen.			
Kennzeichnen Sie auch diejenigen Forderungen, bei denen später etwa durch Warenrücksendungen und Preisnachlässe Abzüge gemacht werden.			
Für sämtliche Vermögensgegenstände ist zu prüfen, inwieweit die vorgetragenen Eröffnungsbilanzwerte am Jahresende noch vorhanden sind. Buchen Sie ggf. auf anderen Konten erfasste Abgänge um.			
Erstellen Sie eine Liste der vorhandenen Besitzwechsel und gleichen Sie den Bestand auf dem Konto ab.			
Erstellen Sie eine Liste über die ausstehenden sonstigen Forderungen.			
Stimmen Sie Durchlaufende Posten und Geldtransit ab.			

Firma:			
	erledigt	nicht erledigt	nicht zutreffend
Überprüfen Sie die Eröffnungswerte zur Vorsteuer und den Umsatzsteuerforderungen mit den Konten.			
Überprüfen Sie ungewöhnlich hohe Vorsteuerbeträge und Habenbuchungen.			
Verproben Sie die Vorsteuer des laufenden Jahres und halten Sie das Ergebnis für den Jahresabschluss fest.			
Stimmen Sie die letzten Kontenblätter von Kasse, Girokonto, Sparguthaben, Festgeld, Wertpapiere usw. mit dem Kassenbuch Dezember bzw. letzten Konto- oder Depotauszug ab. Zum Nachweis machen Sie jeweils Kopien.			
Sofern noch nicht geschehen, lösen Sie sämtliche Aktive Rechnungsabgrenzungen aus dem Vorjahr auf.			
Lösen Sie die Disagios zeitanteilig für das laufende Jahr auf.			
Beim Abstimmen der Privateinlagen sind kurzfristig entnommenes Geld und der Ersatz von Kleinbeträgen bei den Privatentnahmen ins Haben umzubuchen, um das Einlagekonto nicht mit unechten Privateinlagen zu befrachten.			
Bei den Privateinlagen sollen Sie in der Lage sein, auf Nachfrage des Finanzamtes die Herkunft des Geldes – mitunter bereits ab 5.000 EUR – lückenlos aufzuklären. Dokumentieren Sie die Herkunft der Gelder.			
Bereiten Sie Unterlagen auf zu geplanten Reinvestitionen von Anlageverkäufen.			
Welche Anlagegüter sollen für Sie als Existenzgründer oder Mittelständler in den nächsten Jahren angeschafft werden?			
Überprüfen Sie die Rückstellungen aus der Eröffnungsbilanz und lösen Sie sie ggf. auf.			
Soweit keine aktuellen Unterlagen vorhanden sind, fordern Sie von der Versicherung ein Gutachten zur Pensionsrückstellung und Aktivwerte der Rückdeckungsversicherung an.			
Für die Bildung von aktuellen Rückstellungen erstellen Sie eine dokumentierte Liste für den Jahresabschluss.			
Stimmen Sie die Darlehenskonten einzeln mit den Jahresauszügen der Bank ab und buchen Sie ggf. falsch zugeordnete Tilgungen oder nicht getrennte Zinsanteile um. Erstellen Sie einen Darlehensspiegel und geben Sie Kopien der Jahres(end)auszüge zu den Abschlussunterlagen.			
Kopieren Sie bei neu aufgenommenen oder umgeschuldeten Darlehen die Verträge und buchen Sie das Disagio nach.			
Sind Verbindlichkeiten aus Lieferungen und Leistungen in der Eröffnungsbilanz ausgewiesen, so überprüfen Sie die Buchungen zum Rechnungsausgleich im laufenden Jahr. Stornieren Sie ggf. die doppelt erfassten Eingangsrechnungen.			
Bereiten Sie für den Jahresabschluss Kopien von allen ausstehenden Eingangsrechnungen vor und addieren Sie gleichartige Verbindlichkeiten auf.			

Firma:			
	erledigt	nicht erledigt	nicht zutreffend
Wenn Sie dies auch während des Jahres so handhaben: Buchen Sie die Verbindlichkeiten direkt ein.			
Für sämtliche sonstigen Verbindlichkeiten ist zu prüfen, inwieweit die vorgetragenen Eröffnungsbilanzwerte am Jahresende noch vorhanden sind. Buchen Sie ggf. auf anderen Konten ein zweites Mal erfassten Aufwand um.			
Als Bruttolohnverbucher stimmen Sie das Lohnverrechnungskonto und die zugehörigen Lohnkostenverbindlichkeiten ab.			
Erstellen Sie eine Liste über die sonstigen Verbindlichkeiten zum Jahresende und heften Sie Belegkopien bei.			
Kopieren Sie die aktuellen Schuldwechsel aus dem Wechselbuch bzw. erstellen Sie eine Liste und gleichen Sie den Bestand mit dem Konto ab.			
Überprüfen Sie die Eröffnungswerte zu den Umsatzsteuerverbindlichkeiten Vorjahr mit den Konten.			
Überprüfen Sie ungewöhnlich hohe Beträge und Sollbuchungen auf den Umsatzsteuerkonten.			
Stimmen Sie die umsatzsteuerpflichtigen Erlöse mit der Umsatzsteuer ab.			
Erstellen Sie eine Übersicht über die Zahlen (Umsätze, USt., Vorsteuer, Zahllast) aus den Umsatzsteuervoranmeldungen und stimmen Sie daran die Konten zu den USt.-Vorauszahlungen ab.			
Sind die Vorauszahlungen unpünktlich mit Verspätungszuschlägen und durch Verrechnungen geleistet worden, empfiehlt es sich, zusätzlich von der Finanzkasse einen Kontoauszug anzufordern.			
Achten Sie darauf, dass die Erlöse nach steuerlichen Gesichtspunkten auf getrennten Konten richtig erfasst sind. Darüber hinaus gemachte unterjährige Aufgliederungen nach verschiedenen Warengruppen oder Dienstleistungen sollte man zum Jahresende wieder zusammenfassen.			
Klären Sie bei den Erlösen ungewöhnlich hohe Sollbuchungen und auffällige Bank- und Forderungsumsätze in gleicher Höhe ab, ob tatsächlich Umsatz storniert bzw. doppelt erzielt wurde.			
Buchen Sie auch Bagatellerlöse wie etwa »Erlöse Leergut«, »Erlöse Abfallverwertung« und »Provisionserlöse« auf »Umsatzerlöse« um, wenn es nicht Ihr wesentliches Geschäft darstellt.			
Bereiten Sie für den Abschluss zu den Auslandsumsätzen die Ausfuhrbescheinigungen und zu den EU-Umsätzen ordnungsmäßige Rechnungen und Versandnachweise vor. Die entsprechenden Erlöskonten sind ebenso auf »Ausreißer« hin zu prüfen.			
Sortieren Sie sämtliche Einkaufsbelege und Verkaufsrechnungen der Gebrauchtgegenstände heraus. Holen Sie nun ggf. die Einzelaufzeichnungen sämtlicher Gegenstände mit einem Einkaufspreis über 500 EUR nach und bilden Sie ansonsten monatliche Gesamtsummen.			

Firma:			
	erledigt	nicht erledigt	nicht zutreffend
Die laufende Warenentnahme ist als monatlich nach den amtlichen Richtsätzen zu erfassen. Stimmen Sie die Höhe nach der Größe des Haushalts ab.			
Der private Kostenanteil für Pkw-Nutzung wird ebenfalls wie ein Umsatzerlös als Unentgeltliche Wertabgabe erfasst. Bereiten Sie ggf. das Fahrtenbuch vor.			
Berücksichtigen Sie private Telefonanteile und Anteile für Strom, Gas, Wasser und Heizöl auf den Aufwandskonten im Haben mit Vorsteuerkorrektur oder den entsprechenden Erlöskonten der Unentgeltlichen Wertabgabe.			
Stimmen Sie die Sachbezüge mit den Lohnabrechnungen ab.			
Überprüfen Sie stichprobenweise die Belege für die Aushilfslöhne.			
Überprüfen Sie die Reisekostenabrechnungen stichprobenweise auf Vollständigkeit der Angaben und Einhaltung der steuerlich zulässigen Pauschalen für Verpflegung und Übernachtung.			
Ein Vorsteuerabzug ist nur bei den Fahrtkosten mit öffentlichen Verkehrsmitteln möglich (Bus, Bahn, Taxi, Flugzeug, Schiff) sowie bei den tatsächlichen Kosten für Verpflegung und Übernachtung.			
Überprüfen Sie das Fahrtenbuch auf vollständige und lückenlose Einträge.			
Trennen Sie die Zinsaufwendungen für kurzfristige und für die langfristigen Verbindlichkeiten. Buchen Sie Kontoführungsgebühren und ähnliche Kosten des Geldverkehrs um.			
Sortieren Sie die Belege der Zinserträge mit einbehaltener Zinsabschlagsteuer und Kapitalertragsteuer heraus, damit diese zwecks Vergütung zum Finanzamt eingereicht werden können. Buchen Sie ggf. unterlassene Steuerabzüge als Ertrag ein.			
Gleichen Sie die auf dem Konto ausgewiesenen Zinsabschlagsteuern mit den Belegen zu den Steuergutschriften und Dividendenbescheinigungen für das Finanzamt ab.			
Stimmen Sie die Steuerzahlungen mit den Bescheiden und sonstigen Mitteilungen des Finanzamtes ab.			
Stimmen Sie die Konten in erster Linie nach der Höhe der ausstehenden Posten ab, dann erst in der Nummernfolge. Halten Sie die Abstimmungsergebnisse fest und buchen Sie falsche Zuordnungen und Nachlässe um.			
Holen Sie nach dem Abstimmen bei Ihren Geschäftspartnern Saldenbestätigungen ein für hohe ausstehende Beträge und bei unklaren Verrechnungen.			

7 Jahresinventur

Ablaufplan Jahresabschluss
1. Vortragen der Eröffnungsbilanz
2. Abstimmen der Buchhaltung
3. Abstimmen: Aktiva
4. Abstimmen: Passiva
5. Abstimmen: Aufwendungen und Erträge
6. Inventur
7. Abschlussbuchungen – Aufstellen der Bilanz
8. Anlagevermögen, Abschreibungen, Anlagenspiegel
9. Umlaufvermögen
10. Passiva
11. Gewinn- und Verlustrechnung
12. Steuererklärungen
13. Die fertige Bilanz und GuV
14. Übertragen der E-Bilanz

Dieses Kapitel handelt von der (Waren)Inventur. Sie lernen die unterschiedlichen Arten der Inventur kennen, die Stichtagsinventur und die verlegte Inventur sowie die permanente Inventur, bei der der Bestand nach Art und Menge sich aus einer Lagerbuchhaltung ergibt. Sie lernen zulässige Verfahren zu Inventurerleichterungen kennen.

Lesen Sie anschließend, welche organisatorischen Vorbereitungen bei einer Inventur zu treffen sind.

Nach der körperlichen Aufnahme der Vorräte folgt deren Bewertung: Die Grundsätze der Einzelbewertung und des strengen Niederstwertprinzips, Ansätze der Anschaffungs- und Herstellungskosten.

Beschrieben werden Vereinfachungsverfahren wie die gewogenen oder gleitenden Durchschnittswerte gleichartiger Vermögensgegenstände, Verbrauchsfolgeverfahren unterstellter Abfolge bei den Ausgängen wie »Lifo«, dass zuletzt angeschaffte Waren als erste abverkauft werden.

Anschließend werden Bestandsveränderungen und Inventurdifferenzen behandelt, die Bestandsveränderungen angefangener Arbeiten, die verlustfreie Bewertung der Erzeugnisse sowie Teilwertabschreibungen aufgrund sinkender Verkaufspreise und Gängigkeitsabschreibungen.

7.1 Inventur der Vorräte

Jeder Kaufmann hat gemäß § 240 Abs. 1 HGB zum Jahresende seine Grundstücke, seine Forderungen und Schulden, den Betrag seines Bargelds sowie seine sonstigen Vermögensgegenstände im sogenannten Inventar aufzunehmen. Freiberufler und sämtliche Unternehmer, die ihren Gewinn aufgrund einer Einnahmen-Überschussrechnung ermitteln (dürfen), sind von dieser Verpflichtung somit ausgenommen.

Die Bestandsaufnahme selbst bezeichnet man als Inventur. Die jährlich durchzuführende Inventur dient neben der Feststellung des richtigen Jahresergebnisses auch der Überprüfung und eventuell notwendigen Richtigstellung der buchhalterischen Bestände. Was vielleicht als beiläufige Bestätigung der Zahlen aus der Buchhaltung erscheint, ist tatsächlich eine gesetzliche Verpflichtung, bei der Formvorschriften peinlichst genau eingehalten werden sollten.

Tipp

Eine nicht ordnungsmäßige Inventur führt dazu, dass selbst die ansonsten nicht zu beanstandende Buchführung des Inventur- und des Folgejahres verworfen werden kann. Es droht dann die Schätzung des Jahresgewinns durch den Steuerprüfer.

Körperlich aufgenommen werden bei der Inventur Sachgegenstände, in erster Linie die Vorräte, aber auch das materielle Anlagevermögen.

Forderungen, immaterielle Vermögensgegenstände und Verbindlichkeiten sind stattdessen durch entsprechende Dokumente nachzuweisen (Grundbuchauszüge, Hypotheken- und Grundschuldbriefe, Depotbestätigungen, Vertragsunterlagen, Saldenlisten und Saldenbestätigungen, Bankauszüge, Depotauszüge, Kopien aus dem Schuldwechselbuch). Gezählt werden Bargeld, Besitzwechsel, Schecks usw.

Bei der hier behandelten Stichtagsinventur werden sämtliche Wirtschaftsgüter zum Bilanzstichtag erfasst. Da die Erfassung am 31.12. zumeist zu einer unzumutbaren Belastung führt, erkennt das Finanzamt auch eine Bestandsaufnahme innerhalb eines Zeitraums von zehn Tagen vor und zehn Tagen nach diesem Stichtag als ordnungsgemäß an. Voraussetzung dafür ist jedoch, dass sämtliche Bestandsveränderungen zwischen Aufnahme- und Bilanzstichtag genau belegt und berücksichtigt werden.

- Körperlich erfasst werden die vorhandenen Mengen nach handelsüblicher Stückzahl, Längen-, Flächen- und Raummaßen sowie dem Gewicht. Verwenden Sie zur eindeutigen Identifizierung die entsprechende Kennung der Gegenstände (Serien-, Chargen-, Fahrgestellnummer). Sofern Sie dies vertreten können, wird auch die Erfassung in handelsunüblichen Größen zulässig.
- Kleinteile brauchen nicht gezählt, sondern dürfen abgewogen werden, wenn das Gewicht von beispielsweise 10 Stück genau ermittelt wurde. Der Bestand an gleichartig gestapelten Vorräten wie z. B. Bleche, Rohre und Papier in Stückmenge

lässt sich durch Erfahrungswerte und Stichproben nach Gewicht und Volumen feststellen.

- Das Gewicht der Halden eines Schrotthändlers durfte anhand der bedeckten Lagerfläche und Höhe der Schrotthaufen geschätzt werden, weil das Verwiegen in diesem Einzelfall nur erschwert möglich war (FG Münster R IV/37 vom 12.5.1960).

Wenn an dieser Stelle zum Thema Inventur auf die Warenvorräte eingegangen wird, so deshalb, weil Planung, Organisation und Durchführung dieser Bestandsaufnahme ungleich mehr Aufwand erfordert als die sämtlicher anderer Vermögensgegenstände. Unter »Gegenstände des Vorratsvermögens« fallen alle Roh-, Hilfs- und Betriebsstoffe, unfertige und fertige Erzeugnisse sowie Handelsware. Eine körperliche Bestandsaufnahme zu einem Stichtag ist nur dann nicht erforderlich, wenn eine zuverlässige Bestandsbuchführung existiert. Als zuverlässig gilt hierbei, wenn einmal im Jahr die Übereinstimmung der Sollbestände mit den körperlich aufgenommenen Ist-Beständen festgestellt wird. Dies kann z. B. für jede Warengruppe zu verschiedenen Zeitpunkten zum jeweiligen Minimalbestand geschehen.

Für kleine und mittlere Betriebe könnten die folgenden Anweisungen, Merkblätter und Organisationshilfen zum Teil überdimensioniert sein. Auch sind die an eine Inventur für einen Supermarkt angelehnten praktischen Arbeitsmittel nicht ohne Weiteres übertragbar auf z. B. die Lagerinventur eines Handwerksbetriebes. Auf eine allgemeine und theoretische Darstellung der Inventur sowie die Lösung von Bewertungsproblemen wurde in diesem Beitrag zugunsten praktischer Arbeitsmittel verzichtet.

7.1.1 Verlegte Inventur

Ein Inventurvereinfachungsverfahren bietet das Handelsgesetzbuch in Form der verlegten Inventur. Danach dürfen Kaufleute innerhalb der letzten drei Monate vor oder innerhalb der ersten zwei Monate nach dem Bilanzstichtag ihren Bestand körperlich aufnehmen (im sogenannten besonderen Inventar). Dazu müssen Sie gewährleisten, dass der Wert des Bestandes zum Schluss des Geschäftsjahres durch ein zulässiges Fortschreibungs- oder Rückrechnungsverfahren aus dem besonderen Inventar bestimmt werden kann.

Die Vereinfachung der verlegten Inventur besteht darin, dass nur der wertmäßige, nicht aber der mengenmäßige Bestand zum Schluss des Geschäftsjahres ermittelt werden muss. Wenn die Zusammensetzung des Warenbestandes an den beiden Stichtagen nicht wesentlich voneinander abweicht, kann der Bestand zum Jahresende vom Inventurbestand hochgerechnet werden. Dies geschieht, indem der Wareneingang bis zum Bilanzstichtag hinzugerechnet und der Wareneinsatz abgezogen wird.

Beispiel

Der Spielwarenhändler X erfasst zum 1. Oktober seinen Warenbestand vor Beginn des Weihnachtsgeschäftes im Wert von 150.000 EUR. Seine Wareneinkäufe bis Ende des Jahres – keine ausgesprochenen Weihnachtsartikel – betragen zusätzliche 250.000 EUR. Er erzielt zwischen dem 1. Oktober und 31. Dezember 300.000 EUR Umsatz bei einem durchschnittlichen Rohgewinn von 50 % des Umsatzes. Wie hoch ist der Wert seines Warenbestandes zum 31. Dezember?

Wert des Warenbestands am Bilanzstichtag:

Wert des Warenbestands am Inventurstichtag	150.000 EUR
zuzüglich Wareneingang	250.000 EUR
abzüglich Wareneinsatz (Umsatz abzüglich des durchschnittlichen Rohgewinns) (300.000 – 150.000)	– 150.000 EUR
	250.000 EUR

Vorräte, deren Wert nach den Verbrauchsfolgeverfahren ermittelt werden sollen, sind von der verlegten Inventur ausgeschlossen und müssen zum Bilanzstichtag im mengenmäßigen Bestand körperlich aufgenommen werden. Ausgeschlossen sind ebenfalls alle Gegenstände, die entweder besonders wertvoll sind oder bei denen durch Schwund, Verderb, Zerbrechen u. Ä. unkontrollierte Verluste eintreten, sofern der Schwund nicht annähernd zutreffend abgeschätzt werden kann.

7.1.2 Permanente Inventur

Das Inventar für den Bilanzstichtag darf auch aufgrund einer permanenten Inventur aufgestellt werden, wobei der Bestand nach Art und Menge sich hierbei aus einer Lagerbuchhaltung ergibt.

In der Bestandsbuchführung (Lagerbuch, Lagerkartei, Lagerdatei) müssen alle Bestände sowie die Zu- und Abgänge einzeln nach Tag, Art und Menge (Stückzahl, Gewicht, Maß) eingetragen und belegt werden.

In jedem Wirtschaftsjahr müssen mindestens einmal durch körperliche Bestandsaufnahme die tatsächlichen Bestände mit den Sollbeständen in der Buchhaltung abgeglichen werden. Die Prüfung braucht aber nicht für alle Bestände gleichzeitig erfolgen. Es empfiehlt sich, jeweils die Mindestmengen oder gar den Nullbestand eines Artikels vor einer Neubestellung zu prüfen.

Nach der Überprüfung sind die Buchbestände ggf. zu berichtigen und der Prüfungstag auf der Lagerkarte o. Ä. zu vermerken.

Wie bei jeder Inventur müssen auch hier Aufzeichnungen über die Bestandsaufnahme in sogenannten Inventurlisten vorgenommen werden, die von den aufnehmenden Personen abzuzeichnen sind und danach zehn Jahre aufbewahrt werden müssen. Von der permanenten Inventur sind wiederum alle besonders wertvollen und alle durch unkontrollierten Schwund betroffenen Wirtschaftsgüter ausgenommen.

Diese drei beschriebenen Verfahren der Inventur – die Inventur zum Bilanzstichtag, die verlegte und die permanente Inventur – dürfen Sie nach Belieben kombinieren, sofern die vorgeschriebenen Voraussetzungen erfüllt werden. Damit machen Sie sich die gesetzliche Zwangsarbeit so leicht wie möglich und die Bestandskontrolle für Ihre Zwecke so aktuell und informativ, wie Sie es für richtig erachten.

7.1.3 Die nachprüfbare, richtige und wirtschaftliche Inventur

Die Bestände sind vollständig nach Art und Menge und eindeutig identifizierbar festzustellen. Um nachprüfbar zu sein, muss die Bestandsaufnahme mit sämtlichen Aufzeichnungen und Auswertungen (Zählzettel, Aufnahmebelege, Inventurlisten, Übersichten etc.) dokumentiert werden. Die Dokumentation muss so beschaffen sein, dass ein sachverständiger Dritter sich innerhalb angemessener Zeit einen Überblick über die Bestände verschaffen kann.

Geringfügige Mängel gefährden die Ordnungsmäßigkeit der Buchführung noch nicht. Solche Fehler werden berichtigt und der neue Sachverhalt im Nachhinein berücksichtigt.

Werden aber z. B.

- bei der permanenten Inventur keine Bestandskorrekturen erfasst,
- Aufzeichnungen mit Bleistift auf nicht nummerierten Seiten ohne Datum und Unterschrift gemacht oder
- erhebliche, nicht mehr nachvollziehbare Bestände »vergessen«,

besteht die Gefahr, dass das Inventar als nicht ordnungsgemäß verworfen wird, was recht unangenehme Folgen haben kann.

Auch eine ansonsten nicht zu beanstandende Buchführung wird dadurch als nicht ordnungsmäßig angesehen, und zwar die des abgelaufenen als auch des folgenden Geschäftsjahres. Ein unrichtiges Inventar erlaubt den Betriebsprüfern deshalb die Gewinnschätzung und führt ggf. zu Bußgeld- und Steuerstrafverfahren.

Die vollständige Erfassung einzelner und identifizierbarer Vermögensgegenstände bedeutet gerade beim Vorratsvermögen einen erheblichen Arbeitsaufwand. Überzogene Ansprüche an die Richtigkeit und Exaktheit der ermittelten Mengen führen ab einem bestimmten Punkt dazu, dass unverhältnismäßig hohe Kosten verursacht werden. Hier wird der Grundsatz der Wirtschaftlichkeit verletzt. Die noch zusätzlich gewonnenen Informationen sind für den Adressaten des Inventars und der Bilanz im Grunde unwesentlich und rechtfertigen nicht mehr den zusätzlichen Aufwand.

Wirtschaftliche Aspekte haben den Gesetzgeber dazu gebracht, Verfahren zu Inventurerleichterungen zuzulassen. Darüber hinaus rechtfertigt der abstrakte Grundsatz der Wirtschaftlichkeit auch vorsichtige Abweichungen vom Prinzip der Richtigkeit und Vollständigkeit, wie sie in Ihrem Betrieb im konkreten Einzelfall nötig sein könnten.

Beispiel

Ein Pkw-Vertragshändler mit einem Jahresumsatz von ca. 20 Mio. EUR ermittelt zum Jahresende auch den Bestand an Heizöl seiner Heizungsanlage. An der Tankanzeige des 10.000-Liter-Tanks liest er eine Füllung von ca. 3/4 ab. Der fast leere Tank wurde im Sommer zu einem Preis von 60/100 l aufgefüllt.

Wirtschaftlich und zulässig ermittelt beträgt

die Menge an Heizöl	=	7.500	l
der Wert des Heizöls	=	4.500	EUR

Es ist für den späteren Bilanzleser oder das Finanzamt zur Einschätzung der Vermögenssituation und Ertragslage des Autohändlers vollkommen unerheblich, dass die Menge Heizöl tatsächlich 7.590 l beträgt und die Sommerreste von 150 Litern zu einem Preis von 55/100 l angeschafft wurden.

Sie sollten solche wirtschaftlichen Ermittlungen hinreichend dokumentieren, um sich im Streitfall gegen allzu unrealistisch aufgemachte Gegenrechnungen des Betriebsprüfers wehren zu können.

7.1.4 Inventurvorbereitung

Für die Durchführung der Inventur sind organisatorische Vorbereitungen zu treffen. Termine und Verantwortlichkeiten sollten für die nachfolgenden Tätigkeiten durch die Geschäftsführer in einem jährlich zu erstellenden Inventurkalender benannt werden.

- Kann die Bestandsaufnahme bei laufender oder reduzierter Produktion durchgeführt werden? Muss der Laden während der Inventur geschlossen werden?
- Wie viel Zeit nimmt die Inventur voraussichtlich in Anspruch?

Diese grundsätzlichen Fragen sind vorab zu klären, bevor mit der Planung begonnen werden kann. Diese betrifft folgende Maßnahmen und Aufgaben:

- Ein von der Geschäftsleitung zu bestimmender Inventurleiter ist für die Planung und Durchführung verantwortlich.

- Aus Gründen der Nachvollziehbarkeit ist für jede Inventur ein Inventurprotokoll zu führen, das alle wesentlichen Tätigkeiten, die bezüglich der Inventur vorzunehmen sind, enthält (Kopiervorlage).

Der Inventurleiter hat den Betrieb in Aufnahmebereiche, in denen die Bestände zusammengestellt sind, aufzuteilen und deutlich zu markieren und in einem Lageplan den Einsatz des Aufnahmepersonals und Prüfers festzulegen. Dabei soll er besonders auf die Gefahr von Doppelerfassungen und Nichterfassen von Beständen achten. Zu den Inventurbereichen gehören nicht nur Lager- und Verkaufsräume, sondern auch Verkehrsflächen, Produktions- und Werkstätten und Büros auf dem Firmengelände.

Der Grundsatz der Vollständigkeit sieht vor, dass alle Vermögensgegenstände und Verbindlichkeiten des Kaufmannes in der Bilanz erfasst werden und damit auch im Inventar. Dies mag zunächst selbstverständlich anmuten, stößt aber mitunter auf praktische Probleme bei der eindeutigen wirtschaftlichen Zuordnung der Vermögensgegenstände. Erwähnt wurde bereits das geleaste Anlagegut, das je nach Vertragsgestaltung und Nutzungsdauer alternativ dem Leasinggeber (Regelfall) oder dem Leasingnehmer zuzurechnen und damit in dessen Inventar aufzunehmen ist. Maßgeblich ist die tatsächliche, nicht die rechtliche Verfügungsmacht über den Gegenstand mit dessen Nutzen, Lasten und der Gefahr des Untergangs.

- Ein Lkw, der Hausbank sicherungsübereignet, gehört beispielsweise genauso zum wirtschaftlichen Eigentum des Unternehmers wie seine bereits eingelagerte Ware, die noch unter dem Eigentumsvorbehalt des Lieferanten steht. In beiden Fällen ist der Unternehmer nicht der rechtliche Eigentümer.
- Kommissionswaren beim Kunden, Materialien, die zur Lohnveredelung verschickt wurden, abgerechnete Unterwegswaren von Lieferern/noch nicht berechnete Unterwegsware an Kunden, Erzeugnisse im Außenlager, vermietete, ausgestellte, verliehene oder zur Probe gelieferte Wirtschaftsgüter – all diese Gegenstände müssen buchmäßig erfasst und in das Inventar aufgenommen werden.
- Hingegen gehören fremde Vorräte auch dann nicht zum Vermögen des Kaufmanns, wenn sie sich im Betrieb befinden, also die oben bezeichneten Gegenstände im umgekehrten Fall wie z. B. in Kommission genommene Waren, fremde Materialien, die zur Lohnveredlung angenommen wurden etc. Zu den Fremdgegenständen gehören möglicherweise auch Verpackungen, Paletten, Gasflaschen u. Ä., sofern über sie nur eingeschränkt verfügt werden kann. Sie gehören streng genommen nicht in das eigentliche Inventar des Kaufmanns, werden aber zu Beweiszwecken im Rahmen der Inventur mit aufgenommen und als fremde Wirtschaftsgüter gekennzeichnet.

Das Aufnahmepersonal, Aufsichtspersonen und Prüfer dürfen nicht aus der Lagerverwaltung oder Buchhaltung rekrutiert werden, um Eigeninteresse und Manipulationen bzw. eine zweifelhafte Selbstkontrolle auszuschließen. Üblicherweise werden in vielen Unternehmen als Inventurhelfer eigens Aushilfskräfte herangezogen und in die Aufnahme eingewiesen. Die Aufnahmepersonen müssen wissen, in welcher Reihenfolge sie die Vorräte in ihren Bereichen aufnehmen sollen und welche Bereichsgrenzen zu beachten sind. Dazu ist es zweckmäßig, Merkblätter und Ausfüllanweisungen auszugeben (Kopiervorlagen: Merkblatt für Inventuraushilfen und Ausfüllanweisung).

Zur Vorbereitung gehört auch die Erstellung von Aufnahmelisten, auf denen bereits die Artikelnummer, die Artikelbezeichnung und die artübliche Dimension (Stück, Kilogramm, Meter usw.) vorgedruckt sind. Sie sollen darüber hinaus Felder enthalten, in denen das Datum und Zeitraum der Aufnahme, der Aufnahmebereich und Angaben über Beschaffenheit, Fremdeigentum u. Ä. festgehalten werden können. Insofern Ihre EDV diese Aufnahmelisten nicht erstellt, müssen Formular-Aufnahmebelege (Kopiervorlage) verwendet werden, in denen obige Angaben handschriftlich festgehalten werden. Die Mengenerfassung der Vorräte geschieht durch Einträge auf Aufnahmevordrucken oder zunächst mit Geräten der mobilen Datenerfassung. Die durch Tastatureingabe, Lichtstifte oder Scanner erfassten Daten sind als ausgedruckte Inventurlisten auszuwerten und von den Aufnehmenden abzuzeichnen. Handschriftliche Einträge müssen mit Kugelschreiber o. Ä. auf nummerierten und von der Aufnahmeperson quittierten Aufnahmevordrucken gemacht werden. Unrichtige Einträge sind so zu streichen, dass sie noch lesbar bleiben. Vermerkt wird das Datum der Aufnahme, ggf. Ansager und Schreiber sowie der Prüfer. Große Mengen werden auf Zählzettel vorgeschrieben.

7.1.5 Festlegen der Inventurbereiche und Regalbelegungsplan

Es ist ein Regalbelegungsplan einschließlich Werbeplatzierung zu erstellen, in dem die einzelnen Aufnahmebereiche und Aufnahmefelder ersichtlich sind, um Doppelzählungen und Unterlassungen zu vermeiden.

Tipp
Legen Sie Aufnahme-Nummer-Kreise fest.

Soweit sinnvoll, sind die folgenden Aufnahmebereiche festzulegen:

- Lager,
- Verkehrsflächen/Verkaufsräume,
- Produktionsräume,
- Auslieferungslager der Lieferanten,
- Auslieferungslager an Kunden,
- Kommissionsware,
- Unterwegsware und sonstige Gegenstände.

7.1.6 Personalplan

Der Inventurleiter erstellt einen Personalbedarfsplan.

Am Inventurtag ist namentlich festzulegen (da ggf. Krankmeldungen vorliegen könnten):

- Schreiber,
- Zähler,
- Kontrolleure,
- Ausgabe-Rücklaufkontrolleure der Belege.

Der Grundsatz »Je Aufnahmeteam ein eigener Mitarbeiter« sollte eingehalten werden.

Folglich kann die Zahl der Aushilfen nicht über der Zahl der eigenen Mitarbeiter liegen.

Spätestens bis 14 Tage vor dem Inventurstichtag ist zu prüfen, ob die Inventur personell gesichert ist, bzw. wie viel Inventurpersonal noch benötigt wird. Grundsatz: Lieber zu viele gemeldete Inventuraushilfen, als zu wenige (Krankmeldungen berücksichtigen).

7.1.7 Aufnahmeplan

Jedem Aufnahmeort wird ein verantwortliches Aufnahmeteam und ein Kontrolleur, soweit möglich namentlich zugeordnet.

Bei der Zuordnung ist zu beachten:

- Je Aufnahmeteam ein eigener Mitarbeiter. Ein Aufnahmeteam sollte möglichst nicht nur aus externen Mitarbeitern zusammengestellt werden.
- Weder Aufnahmeteam noch Kontrolleur sollten im normalen Geschäftsbetrieb für den Aufnahmeort verantwortlich sein (soweit personell durchführbar). Bei der Zusammenstellung der Teams ist darauf zu achten, dass die Mitarbeiter persönlich und fachlich geeignet sind.

Diese Tätigkeiten sind im Inventurprotokoll zu dokumentieren.

Vor Beginn der Inventur sind Zähler und Schreiber für die einzelnen Inventurbereiche namentlich zu benennen.

Mehrere Inventurbereiche sind zu Gruppen zusammenzufassen, für die eine Inventuraufsicht namentlich zu bestimmen ist. Die Inventuraufsicht ist für die Klärung von Zweifelsfragen bei der Durchführung, für die Klärung von Differenzen, sowie für die Stichprobenkontrolle zuständig.

Schulung des Personals

Etwa 1 bis 2 Wochen vor dem Inventurstichtag ist das Inventurpersonal umfassend und ausführlich zu schulen. Der Umfang der Schulung ist abhängig von der Aufgabenstellung des jeweiligen Mitarbeiters. Dementsprechend hat die Schulung des Inventuraufsichtspersonals die gesamte Inventuranweisung zum Gegenstand. Entsprechende Unterlagen sind auszuhändigen und vom Empfänger zu quittieren.

Zähler und Schreiber brauchen nur im Hinblick auf die Tätigkeiten während der Inventur geschult zu werden. Bei Ausfertigung entsprechender Unterlagen mit Musterbeispielen reicht auch die Aushändigung dieser Unterlagen gegen Quittung 1 bis 2 Wochen vor dem Inventurtermin.

Die zweite Schulung findet unmittelbar vor Beginn der Inventur im Rahmen einer Einweisung statt.

Zeitliche Planung

Die gesamte Inventur ist durch die Inventurleitung zeitlich zu planen. In dem Zeitraum sind alle Tätigkeiten im Zusammenhang mit der Inventur aufzunehmen, d. h. angefangen mit der Beschaffung der Unterlagen.

Der Zeitplan ist schriftlich zu fixieren und den Verantwortlichen zu übergeben.

Der Inventurleiter sorgt dafür, dass die benötigten Belegarten vorhanden sind. Er sorgt außerdem dafür, dass:

- Aufnahmebelege fortlaufend nummeriert sind,
- ihre Vollständigkeit vor und nach der Inventur geprüft wird,
- diese Tätigkeiten im Inventurprotokoll dokumentiert sind.

7.1.8 Aufnahmebeleg und Aufnahmelisten

Zur Vorbereitung gehört auch die Erstellung von Aufnahmelisten, auf denen bereits die Artikelnummer, die Artikelbezeichnung und die artübliche Dimension (Stück, Kilogramm, Meter usw.) vorgedruckt sind. Sie sollen darüber hinaus Felder enthalten, in denen das Datum und Zeitraum der Aufnahme, der Aufnahmebereich und Angaben über Beschaffenheit, Alter, Fremdeigentum u. Ä. festgehalten werden können. Insofern Ihre EDV diese Aufnahmelisten nicht erstellt, müssen Formular-Aufnahmebelege verwendet werden, in denen obige Angaben handschriftlich festgehalten werden. Große Mengen werden auf Zählzettel vorgeschrieben. Die Aufzeichnung des Verkaufspreises dient gewöhnlich zur Identifizierung des Artikels wie z. B. die gezählte Packungsgröße. Der Inventarwert dagegen richtet sich in der Regel nach den Anschaffungskosten, in der Ausnahme aber nach dem Verkaufspreis, wenn dieser unter den Einkaufspreis gefallen ist.

Muster: Aufnahmeliste

Aufnahmedatum: Seite:
Schreiber:
Zähler:
Aufnahmeblatt: Stempel
Kontrolle:

Artikel-bezeichnung	Alter Beschaff.	Waren-Gruppe	Menge/kg in Verkaufs-einheit	Verkaufspreis pro Verkaufs-einheit

Inventur abgenommen, ____________________

Unterschrift: ____________________

Es ist durch den zu benennenden Verantwortlichen dafür zu sorgen, dass alle für die Durchführung der Inventur erforderlichen Unterlagen in ausreichender Menge und rechtzeitig vorliegen. Hierzu gehören:

- Lageplan (grafische Darstellung der Lagerplätze),
- Personalplan,
- Schulungs- bzw. Informationsunterlagen wie Laufzettel und Merkblatt für Aushilfen,
- Ausgabe- und Rücklauflisten,
- Artikellisten,
- Handzettel,
- Material zur Abgrenzung der Aufnahmeplätze, Schreibmaterial, Protokolle.

Im Einzelnen ist darauf zu achten, dass ausreichend Vordrucke zum bestimmten Termin vorliegen, dass diese termingerecht, vollständig und richtig bearbeitet und nach

Abschluss der Inventur in geordneter Form gesammelt und zur weiteren Bearbeitung übergeben werden.

Soweit erforderlich, sind in ausreichender Stückzahl technische Geräte und Hilfsmittel wie Leitern, Tische, Stühle, Waagen, leere Kisten, Rechenmaschinen, Handscanner, vorbereitete Notebooks u. a. zu besorgen.

Wichtig sind nicht zuletzt ausreichende Getränke und Verpflegung für die Aufnahmeteams. Für die Inventuraushilfen sind abgezählte Löhne vorzubereiten, damit nicht am Ende eines langen Inventurtages Kleingeld zusammengesucht werden muss.

7.1.9 Terminsetzung

Informieren Sie Dritte über den Inventurtermin:

- Konzessionäre,
- Lieferanten/Spediteure; letzter Wareneingang vor Inventur mittels Plakatierung,
- Kunden, wenn Öffnungszeiten tangiert und beeinträchtigt werden.

Diese Tätigkeiten sind im Inventurprotokoll zu dokumentieren.

Die rechtzeitige Information der Kunden, Lieferanten und Konzessionäre dient insbesondere der Vermeidung von Missverständnissen und Störungen bei der Inventur.

7.1.10 Abgrenzung

Sämtliche Belege sind vor der Inventur mit »Vorinventur« und 10 Tage danach mit »Nachinventur« zu stempeln. Grundsätzlich darf zwischen dem Inventurstichtag und dem Inventuraufnahmetag keine Ware umgelagert werden.

Für die eindeutige zeitliche Abgrenzung der Bestände ist ein Abgrenzungsprotokoll zu erstellen. Das Abgrenzungsprotokoll ist dem Inventurprotokoll beizufügen.

- Für die Bestandsaufnahme gilt das Prinzip der wirtschaftlichen Zugehörigkeit, nicht die von juristischem Eigentum.
- Unter Eigentumsvorbehalt gelieferte und sicherungsübereignete Ware ist somit auch in das Inventar aufzunehmen.
- Bestände in Konsignations-, Kommissions- und sonstigen Außenlagern sind ebenfalls aufzunehmen. Bei wirtschaftlichem Eigentum außer Haus bittet man die Unternehmen, die Werkeigentum im Besitz haben, auch dieses aufzunehmen und zu melden: Stoffe und Waren in Lohnverarbeitung, Einlagerung in Lagerhäuser u. a.

7.1.11 Umsatzabgrenzung

Weicht der Inventuraufnahmetag vom Bilanzstichtag ab, so ist für die Zeit zwischen Inventuraufnahmetag und Bilanzstichtag der erwirtschaftete Umsatz aufzuzeichnen.

Dabei sollen, soweit vom Kassensystem her möglich, die Umsätze nach Warengruppen getrennt für die Buchhaltung bzw. Kosten und Leistungsrechnung ermittelt werden.

7.1.12 Vorbereitung des Lagers, Verkaufsraumes und der Ware

In den Aufnahmebereichen ist für Ordnung zu sorgen:

- Bestände ordentlich stapeln, damit sie eindeutig voneinander unterschieden werden können.
- Nicht verkaufsfähige Waren aussortieren und extra stellen. Über Verwendung, d. h. Retoure, Umtausch, Vernichtung, entscheidet der Inventurleiter.
- Sauberkeit gewährleisten.
- Aufnahmeorte mit ihren zugeordneten Nummern kennzeichnen.
- Überprüfen, ob Waren richtig und vollständig gekennzeichnet sind; wenn nicht, Richtigkeit herstellen.
- Nach Abschluss der Arbeiten nochmalige Kontrolle der Aufnahmeplätze auf Ordnung, Sauberkeit und richtige Kennzeichnung der Waren.

Diese Tätigkeiten sind im Inventurprotokoll zu dokumentieren.

7.1.13 Lager und Handlager

Aufnahme und Kontrolle müssen spätestens vier Stunden vor Beginn der Hauptinventur durchgeführt sein. Ab erfolgter Aufnahme und Kontrolle müssen die Aufnahmebereiche verschlossen bzw. Ware gegen Entnahme gesichert sein. Unmittelbar vor Durchführung der Inventur ist dafür zu sorgen, dass die Aufnahmebereiche sauber und übersichtlich geordnet sind und sich keine Ware außerhalb der durch Raum- und Lagerverzeichnis gekennzeichneten Bereiche befindet.

Diese Anforderungen sind durch folgende Maßnahmen zu gewährleisten:

- Sämtliche Aufnahmebereiche sind zu überprüfen, ob sie nur die Ware enthalten, die laut Auszeichnung auch hierhergehört. Fehlerhaft einsortierte Ware ist umzusortieren.
- Innerhalb des Aufnahmebereiches sind gleiche Artikel zusammenhängend zu sortieren, ordentlich zu stapeln und eindeutig von anderen Artikeln zu trennen.

- Soweit eine Regalreihe zu verschiedenen Aufnahmebereichen gehört, ist dies durch die Inventurleitung/Inventuraufsicht mittels geeigneter Hilfsmittel ausreichend deutlich zu machen. Die einzelnen Aufnahmebereiche sind entsprechend dem Raum- und Lagerverzeichnis eindeutig zu bezeichnen.
- Die Waren sind durch die Inventuraufsicht auf korrekte Kennzeichnung hin zu überprüfen. Fehler sind vor der Aufnahme zu korrigieren.
- Beschädigte und verdorbene Ware bzw. Ware mit abgelaufenem Verfallsdatum und ungenügender Restlaufzeit bis zum Verfallsdatum ist gleichfalls auszusortieren. Sie ist getrennt von der regulären Ware aufzunehmen. Über deren Bewertung entscheidet die Inventuraufsicht nach Absprache mit dem Inventurleiter.

Achtung

Bei Retoure/Umtausch	=	aufnehmen
Bei Vernichtung	=	nicht aufnehmen

7.1.14 Grundsätze der Inventuraufnahme

Um eine richtige, vollständige und nachvollziehbare Inventur zu gewährleisten, ist Folgendes zu beachten:

- Sämtliche handschriftliche Aufzeichnungen sind mit Kugelschreiber bzw. Filzstift zu tätigen, Bleistifte sind nicht zulässig; um bei abweichenden Ergebnissen der Zählung nachvollziehen zu können, welches Ergebnis von wem als richtig anerkannt wurde, empfiehlt sich die Verwendung verschiedener Farben.
- Falsche Eintragungen sind zu streichen, das Korrigierte muss lesbar bleiben; die Korrektur muss in die Nebenspalte, oder, wenn dies nicht möglich ist, in eine Spalte tiefer geschrieben werden.
- Aufnahmeteams und Kontrolleure müssen in ihren Tätigkeiten die aufzunehmenden bzw. zu kontrollierenden Artikel vollständig überblicken können; dafür sind Hilfsmittel (Leitern, Stapler, Schreibunterlagen, Sitzmöglichkeiten) einzusetzen.
- Während der gesamten Inventuraufnahme sind Warenbewegungen nicht zulässig.
- Auf beschriebenen Belegen werden nicht genutzte Zeilen und Spalten vor Rückgabe durchgestrichen.
- Die genutzten Unterlagen sind durch den Zähler und Schreiber mit Datum und Unterschrift zu versehen.
- Aktionsware (sowohl Warenbestände, bei denen die Aktion am Inventurtag endet, als auch Warenbestände, bei denen die Aktion über den Inventurtag hinaus weiterläuft) ist mit dem Normalverkaufspreis aufzunehmen. Bei Aktionen, die über den Inventurtag hinaus weiterlaufen, sind die Werbeabschriften nach Vor- und Nachinventur zu trennen.

Tipp

Auch die Durchführung einer digitalen Inventur ist mittlerweile dank diverser Apps und Anbieter von Lagerbuchhaltungen möglich. Rechtliche Sicherheit bieten hierbei Anbieter mit testierten Softwarelösungen.

7.1.15 Einweisung des Personals

Kurze, stichpunktartige Einweisung über:

- Zusammensetzung der Aufnahmeteams, Inventuraufsicht und der Funktion, Zuordnung zu einzelnen Aufnahmeorten,
- Laufzettel der Aushilfen ausfüllen: Anmeldung, Pausen, Abmeldung, Arbeitseinsatz.

Tipp

Dokumentieren Sie diese Tätigkeiten.

7.1.16 Ausgabe der Belege

- Rücklauf-Kontrollliste Empfänger (Schreiber) eintragen,
- Schreiber erhält Belege und Ausfüllanweisung,
- Schreiber quittiert die Vollständigkeit,
- Tätigkeit in Inventurprotokoll dokumentieren.

7.1.17 Aufnahme der Warenbestände

Aufgenommen wird der gesamte Warenbestand.

- Verdorbene Ware (Ware mit abgelaufenem Verfallsdatum) wird auf gesonderte Aufnahmeblätter notiert.
- Die Zählung erfolgt zunächst von links nach rechts auf einer Ebene, danach eine Ebene tiefer und wieder von links nach rechts.
- Artikel, die sich in mehreren Aufnahmebereichen befinden, werden im jeweiligen Aufnahmebereich aufgenommen; eine bereichsübergreifende Aufnahme der Artikel ist nicht zulässig.
- Ist eine Aufnahme durch Messen oder Wiegen notwendig und muss dabei gerundet werden, gilt: von 1-4 abrunden, von 5-9 aufrunden.
- Zähler gibt an: Artikelbezeichnung, Warengruppen-Nummer, Alter, Menge, Preis. Schreiber übernimmt Angaben.
- Aufgenommene Ware wird durch Zähler gekennzeichnet.
- Ist der Aufnahmebereich abgearbeitet, wird die Kennzeichnung des Bereiches durch den Schreiber durchgestrichen.

- Der nächste Aufnahmebereich wird aufgenommen.
- In Gegenwart des Zählers und Schreibers erfolgt eine Kontrolle bezüglich Vollständigkeit und Lesbarkeit.

Die Mengenerfassung der Vorräte geschieht auch mit Geräten der mobilen Datenerfassung. Die durch Tastatureingabe, Lichtstifte oder Scanner erfassten Daten sind als ausgedruckte Inventurlisten auszuwerten und von den Aufnehmenden abzuzeichnen. Auch hier sind handschriftliche Einträge mit Kugelschreiber o. Ä. auf nummerierten und von der Aufnahmeperson quittierten Aufnahmevordrucken zu machen. Unrichtige Einträge sind so zu streichen, dass sie noch lesbar bleiben. Vermerkt wird das Datum der Aufnahme, ggf. Ansager und Schreiber sowie der Prüfer.

Wertmindernde Faktoren werden in der dafür vorgesehenen Spalte vom zuständigen Abteilungsleiter unter Berücksichtigung von

- Mode,
- technischem Stand,
- Alter und Beschaffenheit,
- Gängigkeit und Ladenhüter,
- je nach fachmännischer Einschätzung vorgenommen.

Die genaue Abgrenzung und Differenzierung einzelner Warengruppen ermöglicht eventuell erhebliche Bewertungsabschläge und damit Steuerersparnisse.

7.1.18 Rücklauf der Inventurbelege

Nach Beendigung der Inventuraufnahme gibt der Empfänger der Inventurunterlagen die empfangenen Belege vollständig und unterschrieben zurück.

Der Inventurleiter prüft:

- Vollständigkeit der zurückgegebenen Belege,
- Richtige und vollständige Eintragungen,
- Vorhandensein der notwendigen Unterschriften,
- Anzahl der beschriebenen und unbeschriebenen Belege,
- Vollständigkeit der Aufnahme aller Aufnahmeorte anhand der aufgenommenen Aufnahmebereichsnummern und dem Aufnahmeplan.

7.1.19 Kontrollen

Kontrollen durch Inventurleiter, ob alle Aufnahmeorte erfasst sind (durch Rundgang und Nachprüfung, ob alle Aufnahmebereichsnummern durchgestrichen sind).

Stichproben durch Inventuraufsichten. Stichproben sind in repräsentativer Anzahl vom Kontrolleur nach dem Zufallsprinzip selbst zu treffen. Als Regelmaß kann das Verhältnis 10:1 gelten. Je nach Qualität der Aufnahme kann die Stichprobenquote nach oben hin verändert werden. Stichproben in Rot auf Belegrückseite notieren.

Nachkontrollen werden durchgeführt, wenn die Stichproben eine hohe Fehlerquote aufgezeigt haben (mindestens 20 % der Stichprobenkontrollen) und wenn es sich um Palettenplatzierungen handelt (große Mengen).

Die Dokumentation der Kontrollen erfolgt direkt auf den Aufnahmebelegen.

7.1.20 Freigabe

Die Freigabe erfolgt nach:
- vollständigem Rücklauf der Inventurbelege,
- Durchführung der Kontrollen,
- Abschluss evtl. erforderlicher Neuzählungen.

Nach vollständigem Rücklauf aller Inventurbelege und Abheften im Ordner werden die Blätter mit einer fortlaufenden Nummer gestempelt.
- Die Seitenzahlen der einzelnen Bereiche sind in einer Liste »Inventurzusammenstellung« einzutragen. Die Inventurzusammenstellung ist als oberstes Blatt im Ordner abzuheften.
- Sämtliche Inventurunterlagen (Zusammenstellungen, Pläne, Protokolle, Aufnahmebelege, Listen, Zettel usw.) sind im Hinblick auf ihre Vollständigkeit und Richtigkeit zu prüfen.
- Die Belege sind zusammenzufassen, zu addieren oder ggf. in die EDV einzugeben.
- Aufnahmebelege, Protokolle, Inventuranweisungen und Inventurkalender sind 10 Jahre lang aufzubewahren.

7.2 Bewertung der Vorräte

7.2.1 Grundsatz der Einzelbewertung

Vermögensgegenstände und Verbindlichkeiten sind zum Abschlussstichtag nach Handelsrecht grundsätzlich einzeln und isoliert voneinander zu bewerten (§ 240 Abs. 1, § 252 Abs. 1 Nr. 3 HGB). Wesentlicher Zweck dieser Vorschrift liegt darin, die Saldierung der Einzelwerte zu verhindern. Bei einer Gruppe von Gegenständen werden dadurch möglicherweise große Wertunterschiede aufgedeckt und Risiken transparent gemacht. Für die Bewertung sind die objektiven Verhältnisse zum Stichtag maßgeblich, auch wenn sie erst später bekannt werden.

Beispiel

Brennt das Außenlager infolge einer vorwitzigen Silvesterrakete bereits vor Mitternacht teilweise aus, reduziert sich der Warenbestand zum 31.12. mengenmäßig um die vernichteten Vorräte und darüber hinaus um den Wert der Beschädigung bei den geretteten Gütern. Dieser Umstand fließt auch dann in das Inventar ein, wenn der Unternehmer davon erst nach einem ausgedehnten Skiurlaub erfährt.

Handelt es sich bei der Rakete aber um einen Spätzünder im neuen Jahr, so hat dieses missliche Ereignis keinen Einfluss auf Menge und Wert der Vorräte zum 31.12. gegen 24 Uhr (ggf. ist ein solcher Umstand aber im Jahresabschluss zu erläutern).

Die Einzelbewertung eines Wirtschaftsgutes beruht auf den Anschaffungs- oder Herstellungskosten dieses Wirtschaftsgutes. Zu den Anschaffungskosten gehören alle Aufwendungen, um ihn zu erwerben und ihn in einen betriebsbereiten Zustand zu versetzen, also auch der Transport und die Kosten der Einlagerung usw. Dies können auch nachträgliche Aufwendungen sein. Skonti und Rabatte mindern die Anschaffungskosten.

Bei den Herstellungskosten sind die Einzelkosten sowohl steuerlich als auch handelsrechtlich zwingend zu berücksichtigen. Hierbei handelt es sich um variable Kosten, die dem einzelnen Produkt direkt zuzuordnen sind.

Im Hinblick auf die Gemeinkosten erfolgte eine Anpassung an die steuerlichen Vorschriften in Richtung eines Vollkostenansatzes:

	Fertigungsmaterialeinzelkosten
+	Fertigungslohn und sonstige Einzelkosten der Fertigung
+	Sondereinzelkosten der Fertigung (Spezialwerkzeuge, Modelle, Entwurfskosten)
+	notwendige Materialgemeinkosten (Beschaffung, Lagerung, Materialverwaltung)
+	notwendige Fertigungsgemeinkosten (Werkzeuge, Werkstattkosten, Energiekosten)
+	Abschreibungen auf Anlagevermögen der Fertigung
=	steuerlich und handelsrechtlich mindestens anzusetzende Herstellungskosten
+	allgemeine Verwaltungskosten (ohne Vertriebskosten)
+	Aufwendungen für soziale Einrichtungen (Kantine, Betriebsarzt)
+	Aufwendungen zur betrieblichen Altersversorgung (Pensionszahlungen und -rückstellungen, Direktversicherungen, Pensionskassen)
+	Fremdkapitalkosten, sofern die Zinsen auf den Herstellungszeitraum entfallen und das Fremdkapital ausschließlich zur Finanzierung der Fertigung verwendet wird (§ 255 Abs. 3 HGB).
=	steuerlich maximal anzusetzende Herstellungskosten

Von den Anschaffungs- oder Herstellungskosten des Umlaufvermögens können »Gängigkeitsabschreibungen« auf den niedrigeren Teilwert vorgenommen werden.

Einzelhandelsunternehmen können bei einem großen Verkaufslager und Tausenden von Artikeln nur unter großen Schwierigkeiten ermitteln, aus welchen Lieferungen die noch vorhandenen Bestände stammen. Solche Kaufleute dürfen deshalb die Anschaffungskosten nach dem Verkaufswertverfahren retrograd aus den Nettoverkaufspreisen ermitteln. Dabei wird von den ausgezeichneten Preisen jeder Warengruppe der jeweilige Bruttogewinnaufschlag abgezogen, bei reduzierter Ware der verbleibende Verkaufsaufschlag.

Unter Bruttogewinnaufschlag versteht man den Prozentsatz, um den der Kaufmann seine Ware teurer verkauft, als er sie eingekauft hat. Die Voraussetzung für die Anwendung dieses gesetzlich nicht geregelten, aber steuerlich zulässigen Verfahrens ist jedoch, dass es zu keinen groben Schätzfehlern führen darf.

Als Ausnahmen von der Einzelbewertung sind zunächst nur solche Fälle zugelassen, in denen die Wertermittlung tatsächlich unmöglich oder aber wirtschaftlich zu aufwendig ist. Darüber hinaus hat der Gesetzgeber in speziellen Bewertungsverfahren geregelt, wie von der Einzelbewertung abgewichen werden kann. Wenn diese Verfahren auch in sich nicht einfach sein mögen, so können sie doch die eigentliche Inventur erleichtern und den Arbeitsaufwand reduzieren.

Beachten Sie aber für alle Bewertungsverfahren stets den Wiederbeschaffungspreis am Bilanzstichtag. Bei der Bewertung des Umlaufvermögens gilt das strenge Niederstwertprinzip. Danach ist der niedrigere beizulegende Wert anzusetzen, der sich aus Anschaffungskosten, Markt- oder Börsenpreis ergibt. Wenn also der Wiederbeschaffungspreis am Stichtag niedriger ist als der von Ihnen nach welcher Methode auch immer ermittelte Preis, so war Ihre Berechnung vergeblich. Als Inventar- und Bilanzwert ist in jedem Fall der niedrigere Wert anzusetzen.

7.2.2 Durchschnittsbewertung

Als am weitesten verbreitet unter den Bewertungsvereinfachungen gilt die Durchschnittsbewertung. Hierbei dürfen gleichartige Vermögensgegenstände oder – bei Preisschwankungen – auch Wirtschaftsgüter, die nach Maß, Zahl oder Gewicht bestimmt werden (sogenannte vertretbare Wirtschaftsgüter) mit ihrem Durchschnittswert angesetzt werden. Beim einfacheren der hier vorgestellten Verfahren nach dem gewogenen Durchschnitt wird zumindest einmalig zum Jahresabschluss der Durchschnittspreis aus dem Wert des Anfangsbestandes und dem Wert aller Zugänge ermittelt. Dieser durchschnittliche Wert für eine Einheit (Stück, kg, Liter usw.) multipliziert mit dem mengenmäßigen Endbestand ergibt den Wert des Bestandes zum Stichtag.

Beispiel

	Stück	Preis/Stück	Gesamtpreis
Anfangsbestand 01.01.	200	15 EUR	3.000 EUR
Zugang 10.03.	100	21 EUR	2.100 EUR
Zugang 24.09.	300	17 EUR	5.100 EUR
Zugang 09.12.	200	23 EUR	4.600 EUR
Summen		800 EUR	14.800 EUR

Der durchschnittliche Wert des Bestandes pro Stück beträgt 14.800 EUR/800 Stück = 18,50 EUR/Stück.

Der gezählte Endbestand zum 31.12. von 250 Stück hat somit einen Wert von 250 Stück × 18,50 EUR = 4.625 EUR.

7.2.3 Verbrauchsfolgeverfahren

Wird bei der Durchschnittsbewertung vorausgesetzt, dass die einzelnen Gegenstände aus dem Lager in eher zufälliger Reihenfolge wieder entnommen werden, so unterstellt man bei den zeitlichen Verbrauchsfolgeverfahren eine zeitliche Abfolge bei den Ausgängen. Bei den sogenannten wertmäßigen Verbrauchsfolgeverfahren geht man hingegen von einem Verbrauch (z. B. durch Abverkauf) aus, der nach dem Wert der Vorräte geregelt ist.

Lifo-Verfahren

Die zuletzt zugegangenen, gleichartigen Gegenstände werden zuerst wieder dem Lager entnommen. Dieser Grundsatz kommt in der Verbrauchsfolge »last in – first out« zum Ausdruck, die im Handelsrecht schon länger angewendet werden durfte, nach dem Steuerrecht hingegen erst seit 1990 allgemein zulässig ist.

Ob nun ein eiserner Bestand tatsächlich unangetastet gelagert wird, bleibt unerheblich, sofern nur die Grundsätze ordnungsgemäßer Buchführung beachtet werden. Allerdings darf die Reihenfolge der Entnahme nach Lifo nicht widersinnig sein, wie z. B. bei verderblicher Ware.

Der große Vorteil der Lifo-Methode gegenüber sämtlichen Durchschnittsverfahren liegt darin, dass bei steigenden Preisen keine Scheingewinne auftreten (und deshalb nicht zu versteuern sind) und außerdem stille Reserven aufgebaut werden können, die den Substanzerhalt des Unternehmens mit sichern helfen.

Die Anwendung des Lifo-Verfahrens steht dem Unternehmer frei. Will er jedoch in nachfolgenden Wirtschaftsjahren vom Verbrauchsfolgeverfahren wieder Abstand nehmen, so muss er sich das vom Finanzamt genehmigen lassen. Auf diese Weise sollen Manipulationen beim Methodenwechsel ausgeschlossen sein.

Die Bewertung gleichartiger Gegenstände nach der Lifo-Methode zum Stichtag (Perioden-Lifo) kann auf drei Situationen zutreffen:

1. Der Endbestand ist gleich dem Anfangsbestand. In diesem Fall bleiben die Lagerbewegungen für die Bewertung unerheblich. Der Wert des Endbestandes entspricht somit dem Wert des Anfangsbestandes.
2. Der Endbestand ist niedriger als der Anfangsbestand. In diesem Fall werden die Bestandsminderung und der Endbestand zu den Preisen des Anfangsbestandes bzw. der in den Vorjahren zuletzt angeschafften Teilbestände (Layer) angesetzt.
3. Der Lagerbestand erhöht sich im Laufe des Geschäftsjahres. Die Bestandserhöhung kann sich hierbei aus verschiedenen Mehrmengen gebildeten Posten, den sogenannten Layern, zusammensetzen. Grundsätzlich gilt nach dem Lifo-Konzept, dass das zuletzt aufgebaute Layer zuerst wieder abgebaut wird. Der Wert der alten, nicht angetasteten Bestandsposten bleibt unverändert.

Beispiel

Anfangsbestand 1.000 kg		à 10 EUR	10.000 EUR	
Zukauf 1	1.500 kg	à 15 EUR		
Zukauf 2	1.500 kg	à 20 EUR		
Verkauf	2.000 kg			

Endbestand 2.000 kg:				
Layer I	1.000 kg	à 10 EUR	10.000 EUR	
Layer II	1.000 kg	à 15 EUR	15.000 EUR	
Layer III	0 kg	à 20 EUR		0 EUR
Summe				25.000 EUR

Der Endbestand von 2.000 kg wird ins neue Jahr vorgetragen.

Entweder getrennt nach seinen Teilbeständen,

Layer I	1.000 kg	à 10 EUR	10.000 EUR	
Layer II	1.000 kg	à 15 EUR	15.000 EUR	
Anfangsbestand				25.000 EUR

oder mit dem neuen Durchschnittswert:

Anfangsbestand 2.000 kg	à 12,50 EUR	25.000 EUR

Wird die Lifo-Methode erstmalig angewendet, so ist der erste Anfangsbestand mit seinem Durchschnittswert vorzutragen, bevor im laufenden Geschäftsjahr mit der Layer-Bildung begonnen werden kann.

Auf das nur in Ausnahmefällen zulässige Fifo-Verfahren »first in – first out« soll hier nicht eingegangen werden. Auch die nur vordergründig vereinfachte Methode der Festbewertung für Gegenstände wie z. B. Hotelgeschirr, Gerüst- und Schalungsteile u. Ä. soll hier nicht eingegangen werden.

Bestandsveränderungen bei den Waren, den eigenen Leistungen und Erzeugnissen werden beim Umlaufvermögen behandelt.

Weitere Besonderheiten bei der Vorratsbewertung finden Sie unter »Umlaufvermögen«.

8 Abschlussbuchungen — Aufstellen der Bilanz

Ablaufplan Jahresabschluss
1. Vortragen der Eröffnungsbilanz
2. Abstimmen der Buchhaltung
3. Abstimmen: Aktiva
4. Abstimmen: Passiva
5. Abstimmen: Aufwendungen und Erträge
6. Inventur
7. Abschlussbuchungen – Aufstellen der Bilanz
8. Anlagevermögen, Abschreibungen, Anlagenspiegel
9. Umlaufvermögen
10. Passiva
11. Gewinn- und Verlustrechnung
12. Steuererklärungen
13. Die fertige Bilanz und GuV
14. Übertragen der E-Bilanz

In diesem Kapitel sind grundlegende Fragen zu Aufbau und Inhalt des Jahresabschlusses behandelt.

8.1 Wer muss bilanzieren?

Zunächst jedoch ist die grundsätzliche Bilanzierungspflicht nach Handels- und Steuerrecht zu klären. Denn der Freiberufler oder Einzelunternehmer, der nicht im Handelsregister eingetragen ist, stellt keinen Kaufmann nach dem Handelsgesetzbuch dar und ist deshalb auch nicht zur Bilanzierung verpflichtet. Es kann sich für ihn jedoch eine Bilanzierungspflicht nach anderen Büchern (z. B. Apothekenbetriebsordnung) oder nach dem Steuerrecht ergeben. Eine Bilanzierungspflicht nach dem Steuerrecht liegt demnach vor, wenn der Unternehmer im Kalenderjahr einen höheren Umsatz als 600.000 EUR oder einen Gewinn über 60.000 EUR erzielt (§ 141 AO). Anderenfalls kann er seinen Gewinn durch eine Einnahmen-Überschuss-Rechnung ermitteln (§ 4 Abs. 3 EStG). Freiberufler sind auch bei Überschreiten der oben genannten Grenzwerte nicht zur Bilanzierung verpflichtet.

8.2 Was wird bilanziert?

Gegenstand der Bilanzierung ist das Betriebsvermögen des Kaufmanns. Im Gegensatz dazu kann weder das Betriebsvermögen eines anderen noch das Privatvermögen in der Bilanz angesetzt werden.

Das Betriebsvermögen ist dem wirtschaftlichen Eigentümer zuzurechnen. Der wirtschaftliche Eigentümer hat den Nutzen und die Lasten des Vermögensgegenstandes.

Ob sich auf einen Gegenstand noch ein Eigentumsvorbehalt erstreckt oder an die Bank eine Sicherungsübereignung stattgefunden hat, bleibt ohne Belang.

Wenn Sie ein geleastes Wirtschaftsgut nicht gerade über die gesamte Nutzungsdauer gemietet haben, setzen Sie nur die Leasingraten an, anstatt den Gegenstand in der Bilanz anzusetzen.

Die Zurechnung zum Betriebsvermögen oder Privatvermögen kann Schwierigkeiten bereiten:

- Notwendiges Betriebsvermögen steht in enger Beziehung zum Unternehmen durch seine Art (z. B. Sattelzug, Fabrikgebäude, Vorratsvermögen) oder überwiegende Nutzung im Unternehmen (über 50 %).
- Notwendiges Privatvermögen steht entweder der Art nach (z. B. Sammlungen, Oldtimer, Schmuck der Ehefrau) in keinem Bezug zum Betriebsvermögen oder wird nur unerheblich (weniger als 10 %) betrieblich genutzt.

Für Wirtschaftsgüter, die weder zum notwendigen Betriebsvermögen noch zum notwendigen Privatvermögen gehören, gibt es ein Zuordnungswahlrecht.

Sie bilden entweder sogenanntes gewillkürtes Betriebsvermögen, wenn sie betriebliche Zwecke fördern können oder bleiben im Privatvermögen.

Beispiel
Ein Pkw wird mit 40 % zu betrieblichen Zwecken und zu 60 % privat genutzt.

Die richtige Zuordnung hat weitgehende steuerliche Konsequenzen. Sie sollten sich insbesondere bei größeren Anschaffungen oder Einlagen in das Betriebsvermögen mit einem Steuerberater abstimmen.

Der neu angeschaffte Pkw soll als Firmenwagen aktiviert werden. Die Vorsteuer ist abzugsfähig und »verbilligt« den überwiegend privat genutzten Wagen. In Höhe der Abschreibung verringert sich außerdem der Jahresgewinn. Aufgrund des Vorsteuerabzugs wird die private Nutzung aber neben der Ertragsteuerpflicht auch umsatzsteuerpflichtig. Der spätere Verkauf des Wagens ist ebenfalls steuerpflichtig.

Wenn Sie trotz aller nachträglichen Steuerpflichten unterm Strich »an der Steuer verdienen«, kann eine Zuordnung zum Betriebsvermögen sinnvoll sein. Wird kein regelmäßiges Fahrtenbuch geführt, aus dem die mindestens zehnprozentige betriebliche Nutzung ersichtlich ist, ist zwingend für die nächste Steuerprüfung eine Dokumentation der Nutzungsverhältnisse zu führen. Diese kann z. B. durch ein zeitlich begrenzt geführtes Fahrtenbuch (mind. 3 Monate) erbracht werden.

8.3 Wie wird bilanziert?

Für den im Handelsregister eingetragene Kaufmann (e. K.) gelten die Vorschriften zur Rechnungslegung (Buchführung § 238 HGB ff. und Jahresabschluss § 247 HGB ff.). Formell gibt es über die allgemeinen Bilanzpositionen wie das Anlagevermögen, das Umlaufvermögen, das Eigenkapital, die Schulden und die Rechnungsabgrenzungsposten hinaus keine gesetzlich vorgeschriebene Bilanz- und GuV-Gliederung.

Die Aufstellung des Jahresabschlusses hat jedoch unter Beachtung der Grundsätze ordnungsmäßiger Buchhaltung (GoB) zu erfolgen, insbesondere soll sie klar und übersichtlich sein. Die Gliederung orientiert sich deshalb auch bei anderen Kaufleuten in der Regel an den Gliederungsschemata für Kapitalgesellschaften gem. § 266 HGB.

Nach § 266 HGB ist die Bilanz von Kapitalgesellschaften in Kontoform aufzustellen. Kleine GmbHs brauchen nur eine verkürzte Bilanz aufzustellen, indem sie die Posten mit arabischen Zahlen zusammenfassen Einzelunternehmer und Personengesellschaften können sich freiwillig an dieser Gliederung orientieren. Eine solche Verkürzung betrifft allerdings nur die Handelsbilanz.

Aktiva

A Anlagevermögen:
- I Immaterielle Vermögensgegenstände:
  1. selbst geschaffene gewerbliche Schutzrechte und ähnliche Rechte und Werte
  2. entgeltlich erworbene Konzessionen, gewerbliche Schutzrechte und ähnliche Rechte und Werte sowie Lizenzen an solchen Rechten und Werten
  3. Geschäfts- oder Firmenwert
  4. geleistete Anzahlungen
- II. Sachanlagen:
  1. Grundstücke, grundstücksgleiche Rechte und Bauten einschließlich Bauten auf fremden Grundstücken
  2. technische Anlagen und Maschinen
  3. andere Anlagen, Betriebs- und Geschäftsausstattung
  4. geleistete Anzahlungen und Anlagen im Bau
- III. Finanzanlagen:
  1. Anteile an verbundenen Unternehmen
  2. Ausleihungen an verbundene Unternehmen
  3. Beteiligungen
  4. Ausleihungen an Unternehmen, mit denen ein Beteiligungsverhältnis besteht
  5. Wertpapiere des Anlagevermögens
  6. sonstige Ausleihungen

B. Umlaufvermögen:
- I. Vorräte:
  1. Roh-, Hilfs- und Betriebsstoffe
  2. unfertige Erzeugnisse, unfertige Leistungen
  3. fertige Erzeugnisse und Waren
  4. geleistete Anzahlungen
- II. Forderungen und sonstige Vermögensgegenstände:
  1. Forderungen aus Lieferungen und Leistungen;
  2. Forderungen gegen verbundene Unternehmen;
  3. Forderungen gegen Unternehmen, mit denen ein Beteiligungsverhältnis besteht
  4. sonstige Vermögensgegenstände
- III. Wertpapiere:
  1. Anteile an verbundenen Unternehmen
  2. eigene Anteile
  3. sonstige Wertpapiere
- IV. Schecks, Kassenbestand, Bundesbank- und Postgiroguthaben, Guthaben bei Kreditinstituten

C. Rechnungsabgrenzungsposten

D. Aktive latente Steuern

E. Aktiver Unterschiedsbetrag aus der Vermögensverrechnung

Passiva

A. Eigenkapital:
   I. Gezeichnetes Kapital
   II. Kapitalrücklage
   III. Gewinnrücklagen:
      1. gesetzliche Rücklage
      2. Rücklage für eigene Anteile
      3. satzungsmäßige Rücklagen
      4. andere Gewinnrücklagen
   IV. Gewinnvortrag/Verlustvortrag
   V. Jahresüberschuss/Jahresfehlbetrag
B. Rückstellungen:
   1. Rückstellungen für Pensionen und ähnliche Verpflichtungen
   2. Steuerrückstellungen
   3. sonstige Rückstellungen
C. Verbindlichkeiten:
   1. Anleihen, davon konvertibel
   2. Verbindlichkeiten gegenüber Kreditinstituten
   3. erhaltene Anzahlungen auf Bestellungen
   4. Verbindlichkeiten aus Lieferungen und Leistungen
   5. Verbindlichkeiten aus der Annahme gezogener Wechsel und der Ausstellung eigener Wechsel
   6. Verbindlichkeiten gegenüber verbundenen Unternehmen
   7. Verbindlichkeiten gegenüber Unternehmen, mit denen ein Beteiligungsverhältnis besteht
   8. sonstige Verbindlichkeiten, davon aus Steuern, davon im Rahmen der sozialen Sicherheit
D. Rechnungsabgrenzungsposten
E. Passive latente Steuern

Seit 2013 ist eine Bilanz und die Gewinn- und Verlustrechnung von sämtlichen Unternehmern nach amtlich vorgeschriebenen Datensätzen an das Finanzamt zu übertragen. Mit dieser sogenannten E-Bilanz nach § 5b EStG als zunächst rein technischer Standard wäre somit erstmalig auch inhaltlich eine »Steuerbilanz« beschrieben. Der handelsrechtlich freiwilligen bis zu 62 Bilanz- und 23 GuV-Positionen stehen steuerrechtlich zwingend 4.554 Posten der Kerntaxonomie der Version 6.0 gegenüber. Der interessierte Bilanzersteller findet sie als Excel-Tabelle unter www.esteuer.de. In diesem Buch soll inhaltlich nur auf die unbedingt notwendigen Sonderpositionen (abweichend zum Handelsrecht) eingegangen werden.

Nach dem Abstimmen der Konten mit den Umbuchungen und Anpassungen ist eine weitere Auswertung der Buchhaltung zu erstellen. Dieser bei monatlicher Buchhaltung idealerweise »dreizehnte Lauf« des Jahres sollte Ihnen die abgestimmten Jahresverkehrszahlen liefern. In der Praxis ist es leider so, dass sich gerade bei den Korrekturen weitere Fehler einstellen, Soll und Haben verwechselt wird und falsche Posten verdoppelt statt aufgelöst werden. Das geschieht umso leichter, da ihnen zumeist keine konkreten Geschäftsvorfälle, sondern abstrakte Sachverhalte zugrunde liegen, wie z. B. die Stornierung von falsch erfassten Erlösschmälerungen, die Korrektur von Lohnersatz-Erfassung u. Ä.

Umso sinnvoller ist die zweite Durchsicht der Konten im Rahmen der Abschlussbuchungen. Sie werden sämtliche Konten anhand der neuen Summen- und Saldenliste nochmals durchgehen. Wenn Sie bei der Inventur dabei waren, gibt es sogar eine dritte Auseinandersetzung mit einigen Beständen. Das ist nicht etwa eine ineffektive Übung: Bei dem komplexen Rechenwerk schleichen sich immer wieder Fehler ein. Sie müssen aber kaum sämtliche Konten mit der gleichen Intensität mehrfach prüfen.

- Sofern bereits abgestimmt oder bei richtig gelaufenen Umbuchungen, können Sie viele Konten einfach abhaken.
- Bei den anderen Ausführungen zu Jahresabgrenzungen und -anpassungen kommt Ihnen bestimmt von den Abstimmarbeiten noch einiges bekannt vor. Tatsächlich wird auch auf die entsprechenden Beispiele bei der Auflösung von Bilanzpositionen zurückverwiesen, um nicht alles zu wiederholen. Dafür wird stärker auf die Neuberechnung einzelner Posten eingegangen.

Was ist im Folgenden zu tun? Geduld brauchen Sie, wenn es darum geht, fehlende Unterlagen für den Jahresabschluss beizubringen. Fangen Sie mit den Abschlussarbeiten erst an, wenn Sie die wichtigsten Angaben beisammen haben. Fehlen Ihnen jedoch die Inventurwerte, Saldenbestätigungen aus einer komplexen Debitorenbuchhaltung und obendrein Kontoauszüge des Finanzamtes zu diversen Steuerverrechnungen, dann hat es keinen Sinn, das Puzzle »Jahresabschluss« zusammensetzen zu wollen. Je öfter Sie zum Jahresabschluss ansetzen, laufen Sie Gefahr, bestimmte Arbeiten zu vergessen. Darüber hinaus ist kaum zu überblicken, was bereits gemacht wurde bzw. noch zu erledigen ist.

Zu erledigen sind die vorbereitenden und die eigentlichen Abschlussbuchungen:

- Zu den vorbereitenden Abschlussbuchungen als Teil des Jahresabschlusses gehören die Buchungen der Abschreibungen, soweit im Rahmen der Buchhaltung nicht erfolgt, die Bildung der Rechnungsabgrenzungsposten, ebenfalls soweit im Rahmen der Buchhaltung nicht erfolgt, Rückstellungen, Rücklagen, Buchungen der Inventuranpassungen, die Prüfung und ggf. Umbuchung nicht abzugsfähiger Betriebsausgaben, Privatnutzungen Kfz und Telefon u. Ä. Diese werden nach den Abschlusspositionen des Handelsgesetzbuches einzeln behandelt.
- Bei der Beschreibung der einzelnen Steuererklärungen finden Sie zum einen die Berechnungen der Steuerrückstellungen. Deren Ansatz gehört zu den letzten vorbereitenden Abschlussbuchungen. Die anschließend beschriebenen Zusatzrechnungen als Anlage der Steuererklärung und als Erläuterung des Jahresabschlusses führen dann zur Steuerbilanz.
- Für die EDV-Anwender übernimmt das Buchhaltungsprogramm die eigentlichen Abschlussbuchungen. Diese rein mechanische Arbeit besteht darin, sämtliche Konten in Höhe ihrer Salden abzuschließen. In den Programmen ist hinterlegt, welches Konto in welche Jahresabschlussposition einzusteuern ist. Bei korrekter

Kontenzuordnung lassen Sie den Endsaldo auf den Konten stehen und auf Knopfdruck werden Bilanz sowie Gewinn- und Verlustrechnung ausgedruckt. Eine Handarbeit dieser Buchungen und das Schriftbild sollen im Anschluss kurz beschrieben werden.

Vergleichen Sie die Summen- und Saldenliste mit der Vorjahresbilanz und Sie werden hier sämtliche Posten wiederfinden. Sollte die Vorjahresbilanz eine eigene, abweichende Reihenfolge aufweisen, so ist eine Umgliederung auf die HGB-Vorgabe (ohne Angabe latenter Steuern, die weder nach Steuerrecht noch nach Handelsrecht – außer für mittelgroße und große Kapitalgesellschaften – vorgeschrieben sind) dringend anzuraten. Sie gehen damit sicher, kein Konto zu übersehen.

9 Anlagevermögen, Abschreibungen, Anlagenspiegel

Ablaufplan Jahresabschluss
1. Vortragen der Eröffnungsbilanz
2. Abstimmen der Buchhaltung
3. Abstimmen: Aktiva
4. Abstimmen: Passiva
5. Abstimmen: Aufwendungen und Erträge
6. Inventur
7. Abschlussbuchungen – Aufstellen der Bilanz
8. Anlagevermögen, Abschreibungen, Anlagenspiegel
9. Umlaufvermögen
10. Passiva
11. Gewinn- und Verlustrechnung
12. Steuererklärungen
13. Die fertige Bilanz und GuV
14. Übertragen der E-Bilanz

In diesem Kapitel beginnt die Aufstellung der Bilanz mit den Positionen des Anlagevermögens.

Zunächst werden Abschreibungen als dessen »Werteverzehr« der Anschaffungs- oder Herstellungskosten behandelt, den es planmäßig über die Nutzungsdauer zu verteilen gilt.

Es werden Abschreibungsverfahren der linearen und degressiven Absetzung für Abnutzung (lineare AfA) sowie leistungsmäßige AfA unterschieden

Neben den genannten planmäßigen Abschreibungen gibt es außerplanmäßige Abschreibungen und steuerrechtliche Abschreibungen, wozu auch Sonderabschreibungen gehören.

Bei Zuschreibungen handelt es sich in der Regel darum, Abschreibungen der Vorjahre rückgängig zu machen, wenn die Gründe dafür nicht mehr bestehen.

In der Anlagenbuchhaltung bzw. Inventarverzeichnis ist bei der Anschaffung bzw. Herstellung jedes einzelnen Wirtschaftsguts alle wesentlichen Angaben zu machen zur Anlagengruppe (Software, Grundstücke, Gebäude, Maschinen, Fahrzeuge, Geschäftsausstattung, Geringwertige Wirtschaftsgüter, Anlagen im Bau, Vorführwagen usw.) Inventarnummer, Bezeichnung des Anlagegutes, Standort, Fabrik-/Seriennummer, Lieferant, Anschaffungsdatum, Abschreibungsverfahren, Anschaffungskosten, Nutzungsdauer. Maßgeblich für die Schätzung der betriebsgewöhnlichen Nutzungsdauer sind die amtlichen AfA-Tabellen des Bundesfinanzministers.

Sie überprüfen anschließend, ob sämtliche Anlagegüter laut Verzeichnis noch tatsächlich vorhanden sind, ob in der Vergangenheit Abschreibungen vergessen wurden, ob sich eine Verkürzung des Nutzungszeitraums oder außerordentliche Wertminderung einzelner Wirtschaftsgüter ergibt

Dabei gehen Sie jedes Anlagekonto in der Reihenfolge seiner Bilanzposition durch

- Immaterielle Anlagegüter wie Patente, Urheberrechte, Verlagsrechte, Belieferungsrechte, Software, der erworbene Firmenwert u. Ä.
- Bei den Sachanlagen die Grundstücke, aufstehende Gebäude
- Bewegliches Sachanlagevermögen wie technische Anlagen, Maschinen, Fahrzeuge, Einrichtungen und Geschäftsausstattungen mit den Besonderheiten zu den Mietereinbauten
- Anzahlungen sowie Anlagen im Bau und schließlich
- Finanzanlagen mit Anteilen, Ausleihungen an verbundenen Unternehmen und Beteiligungen, Wertpapiere des Anlagevermögens, Ausleihungen und Ansprüche aus Rückdeckungsversicherungen

9.1 Abschreibungen im Anlagevermögen

Tipp

Wenn Ihnen »Abschreibungen« nicht geläufig sind, sollten Sie die folgenden Ausführungen durchlesen. Ansonsten können Sie gleich zu Kapitel 9.2 »Anlagenverzeichnis« wechseln und bei Bedarf hierhin zurückblättern.

Anschaffungskosten/Herstellungskosten

Vermögensgegenstände des abnutzbaren Anlagevermögens stehen dem Unternehmen in der Regel für mehr als ein Jahr zur Verfügung. Ihre Anschaffungs- oder Herstellungskosten werden deshalb in Abschreibungen als Aufwand planmäßig über die Nutzungsdauer verteilt (Absetzung für Abnutzung – AfA). Abschreibungen beginnen ab dem Zeitpunkt, ab dem das Wirtschaftsgut betriebsbereit ist.

- Dabei gilt es als angeschafft, wenn das wirtschaftliche Eigentum übergeht – d. h. Nutzung, Lasten, Gefahr des Untergangs. Das Bestelldatum oder Datum der Rechnungsstellung ist somit irrelevant.
- Als hergestellt gilt ein Wirtschaftsgut, wenn es nach seinem Verwendungszweck genutzt werden kann.

AfA-berechtigt kann in der Regel nur sein, wer die Kosten für die Anschaffung oder Herstellung getragen hat, also grundsätzlich der wirtschaftliche Eigentümer, der das Anlagegut nutzt.

Bei Anschaffung oder Herstellung eines Anlageguts hängt die Höhe der Abschreibungen von der Höhe der Aufwendungen (sog. Abschreibungsvolumen), der Nutzungsdauer, des Beginns der Abschreibungen und der Abschreibungsmethode ab. Möglichst hohe Abschreibungen anzusetzen, ist nicht Selbstzweck, sondern soll dazu dienen, den steuerlichen Gewinn zu mindern. Wird dies angestrebt, ist es immer besser, zu 100 % abziehbare Erhaltungsaufwendungen für ein Anlagegut anzusetzen, als noch so hohe Abschreibungen geltend zu machen.

Die Anschaffungs-/Herstellungskosten bilden die Grundlage für die späteren Abschreibungen. Dazu gehören sowohl alle Aufwendungen zum Erwerb des Gegenstandes als auch die, die ihn in einen betriebsbereiten Zustand versetzen. Nebenkosten wie Fracht, Montagekosten gehören dazu, wie auch nachträgliche Kosten, sofern sie dem Anlagegut einzeln zugerechnet werden können. Hierbei ist zu beachten, die Anschaffungskosten möglichst gering zu halten. Denn nicht zurechenbare Aufwendungen können Sie sofort ohne den Umweg der Abschreibung direkt als Aufwand geltend machen. Vergessen Sie umgekehrt nicht, nachträgliche Rabatte, Skonti und Zuschüsse von den Anschaffungskosten abzuziehen. Damit wird das Abschreibungsvolumen zwar verringert, dennoch ist es oft vorteilhafter, die Minderung über die Nutzungsdauer verteilt zu besteuern, als zu 100 % im Jahr der Anschaffung.

Bei den **Herstellungskosten** ist eine Aktivierungspflicht gefordert für die angemessenen Teile

1. der allgemeinen Verwaltungskosten – inkl. Aufwendungen für Geschäftsleitung, Einkauf und Wareneingang, Betriebsrat, Personalbüro, Nachrichtenwesen, Ausbildungswesen, Rechnungswesen (z. B. Betriebsabrechnung, Statistik und Kalkulation), Feuerwehr, Werkschutz sowie allgemeine Fürsorge einschließlich Betriebskrankenkasse.
2. der Aufwendungen für soziale Einrichtungen des Betriebs – z. B. Aufwendungen für Kantine, Zuschüsse für Essen sowie Freizeitgestaltung der Arbeitnehmer.
3. der Aufwendungen für freiwillige soziale Leistungen. Das sind Aufwendungen, die nicht arbeits- oder tarifvertraglich vereinbart worden sind, wie z. B. Jubiläumsgeschenke, Wohnungsbeihilfen und andere freiwillige Beihilfen, Weihnachtszuwendungen oder Aufwendungen für die Gewinnbeteiligung der Arbeitnehmer.
4. der Aufwendungen für die betriebliche Altersversorgung – Beiträge an Direktversicherungen und Pensionsfonds, Zuwendungen an Pensions- und Unterstützungskassen sowie Zuführungen zu Pensionsrückstellungen.

Das Wahlrecht für Fremdkapitalzinsen bleibt erhalten, muss jedoch für Handels- und Steuerbilanz in gleicher Weise ausgeübt werden. Auch hier empfiehlt es sich, möglichst wenig dem neu geschaffenen Anlagegut zuzurechnen und so viel wie möglich auf den entsprechenden Aufwandskonten zu verbuchen.

Bei Gegenständen, die in das Unternehmen eingelegt werden, tritt an die Stelle der Anschaffungskosten der sogenannte Teilwert. Sind die gebrauchten Gegenstände weniger als drei Jahre alt, so ergibt sich der Teilwert aus den damaligen Anschaffungskosten abzüglich regulärer linearer Abschreibungen. Wurde das Anlagegut mehr als drei Jahre vor der Einlage angeschafft, so wird ein Marktwert realistisch geschätzt. Je höher Sie schätzen, umso mehr Abschreibungsvolumen steht Ihnen zur Verfügung.

Man unterscheidet zwischen

BGA	IKR	SKR03	SKR04	Kontenbezeichnung (SKR)
268	5433	2743	4975	Investitionszuschüsse

und Investitionszulagen.

Während Zuschüsse in der Regel steuerpflichtige Erträge darstellen, bleiben Investitionszulagen steuerfrei.

BGA	IKR	SKR03	SKR04	Kontenbezeichnung (SKR)
269	5434	2744	4980	Investitionszulage

Mit einem staatlichen oder privaten Zuschuss verfolgt der Zuschussgeber einen bestimmten Zweck, ohne unmittelbaren wirtschaftlichen Zusammenhang mit der Sache.

Für diese Zuschüsse gibt es ein Ansatzwahlrecht. Sie können solche Zuschüsse entweder als Betriebseinnahmen ansetzen oder den Betrag direkt von den Anschaffungs- oder Herstellungskosten abziehen.

Im ersten Fall versteuern Sie zusätzliche Erlöse. Es bleiben auf der anderen Seite die vollen Anschaffungs-/Herstellungskosten und damit die maximale AfA erhalten. Im zweiten Fall vermindert sich die Bemessungsgrundlage für die AfA und damit die Abschreibungen selbst. Dafür werden keine zusätzlichen Erlöse erfasst.

Beispiel

Anstatt auf dem Kreditorenkonto 71100 ist der Rechnungseingang auf dem Konto 7110 (sonstige Zinserträge) gelandet. Der Rechnungsausgleich führte auf dem Lieferantenkonto zu einem Sollsaldo. Der falsche Zinsertrag ist umzubuchen.

1. Erfolgswirksame Erfassung des Zuschusses:

Erlöse aus Zuschuss	100.000 EUR
AfA 1.000.000 EUR/12	– 83.333 EUR
Ergebnis erhöhend	16.667 EUR
Buchung	
Bank	100.000 EUR
an Erlöse aus Zuschüssen	100.000 EUR

Soll	Haben	GegenKto	Datum	Konto	Text
100.000,00		2743/4975		1200/1800	Erlöse aus Zuschüssen
83.333,00		4830/6220		0200/0400	AfA auf Anlagen

2. Erfolgsneutrale Erfassung des Zuschusses

Erlöse aus Zuschuss	0 EUR
AfA 900.000 EUR/12	– 75.000 EUR
Ergebnis mindernd	– 75.000 EUR

Soll	Haben	GegenKto	Datum	Konto	Text
100.000,00		0200/0400		1200/1800	Minderung Herstellungskosten
75.000,00		4830/6220		0200/0400	AfA auf Anlagen

Wenn der Zuschuss von den Anschaffungs-/Herstellungskosten abgezogen wird, vermindern sich somit die Abschreibungen für sämtliche 12 Wirtschaftsjahre um jeweils 8.333 EUR. Im ersten Jahr jedoch reduziert sich das steuerliche Ergebnis um 91.667 EUR.

Wenn Sie diese im ersten Jahr steuersparende Variante wählen, beachten Sie Folgendes:

- Nachträglich gewährte Zuschüsse sind auch nachträglich von den gebuchten Anschaffungs- oder Herstellungskosten abzusetzen.

Für im Voraus gewährte Zuschüsse können Sie eine steuerfreie Rücklage bilden, die Sie dann im Wirtschaftsjahr der Anschaffung oder Herstellung auf das Anlagegut übertragen.

Die Abschreibungen bemessen sich in der Regel an der Anzahl der Monate der betrieblichen Nutzung. Wird z. B. ein Firmenwagen im Monat April in Zahlung gegeben, so beträgt die auf ihn entfallene AfA 4/12 der jährlichen Abschreibungen. Es wird hierbei auf volle Monate aufgerundet.

Im Jahre der Anschaffung ist die Jahresabschreibung um 1/12 für jeden vollen Monat zu kürzen, der der Anschaffung bzw. Herstellung voranging.

Beispiel

Sie kaufen im Oktober einen Firmenwagen für 36.000 EUR zuzüglich Umsatzsteuer. Die betriebsgewöhnliche Nutzungsdauer beträgt laut Abschreibungstabelle 6 Jahre (für Außendienstfahrzeuge gelten nach wie vor 5 Jahre). Sie schreiben den Pkw linear ab. Zum Jahresabschluss wird gebucht:

Soll	Haben	GegenKto	Datum	Konto	Text
1.500,00		0320/0520		4830/6220	Abschreibung Pkw

Da der Pkw erst im Oktober angeschafft wurde, können Sie nur 3/12 der Jahres-AfA (36.000 EUR/6 Jahre = 6.000 EUR) ansetzen, also 1.500 EUR (6.000 EUR Jahres-AfA / 12 x 3)

Am Ende der darauffolgenden 4 Jahre buchen Sie jeweils:

Soll	Haben	GegenKto	Datum	Konto	Text
6.000,00		0320/0520		4830/6220	Abschreibung Pkw

Im September des 7. Jahres ist der Pkw voll abgeschrieben. Sie buchen spätestens zum Jahresende:

Soll	Haben	GegenKto	Datum	Konto	Text
4.499,00		0320/0520		4830/6220	Abschreibung Pkw

BGA	IKR	SKR03	SKR04	Kontenbezeichnung (SKR)
491	654	4830	6220	Abschreibungen auf Sachanlagen

Bei der Herstellung kommt es auf den Zeitpunkt der Betriebsbereitschaft an, ohne dass das Wirtschaftsgut auch tatsächlich ab diesem Zeitpunkt genutzt werden muss.

9.1.1 Planmäßige Abschreibungen

Mit der planmäßigen Abschreibung wird die Wertminderung eines Vermögensgegenstandes erfasst und als Aufwand berücksichtigt. Planmäßige Abschreibung bedeutet die Verteilung der Anschaffungskosten auf die betriebsgewöhnliche Nutzungsdauer. Daraus ergibt sich zwangsläufig, dass diese Abschreibung lediglich auf diejenigen Anlagegüter vorgenommen werden kann, deren Nutzung zeitlich begrenzt ist, also nicht auf Grundstücke und Finanzanlagen aber auch nicht auf Domains.

Es werden folgende Abschreibungsverfahren bei der planmäßigen Abschreibung unterschieden:

- Lineare Absetzung für Abnutzung (lineare AfA),
- Absetzung für Abnutzung nach Maßgabe der Leistung (leistungsmäßige AfA),

Lineare AfA

Bei der linearen AfA werden die Anschaffungs- oder Herstellungskosten gleichmäßig auf die Jahre der Nutzung verteilt und als Betriebsausgaben abgesetzt. Die lineare Abschreibung entspricht dann der Wertänderung pro Periode, als ob eine völlig gleichmäßige Verschleißabnutzung des Vermögensgegenstandes von Anfang bis Ende der Nutzungsdauer erfolgen würde.

Bei Kraftfahrzeugen, die zum Zeitpunkt der Anschaffung nicht neu waren, ist die entsprechende Restnutzungsdauer zu Grunde zu legen.

Beispiel

Im Juli 2022 wird ein Pkw für 36.000 EUR angeschafft, der erstmals im März 2019 zugelassen und damit auch betriebsbereit war. Der Pkw kann auf eine dreijährige Restnutzungsdauer abgeschrieben werden: 36.000 EUR/3 = 12.000 EUR.

Anschaffung Juli 2022	36.000 EUR
6 Monate AfA 2022	6.000 EUR
Buchwert 31.12.2022	30.000 EUR

9.1.2 Leistungsmäßige AfA

Die Abschreibung nach Maßgabe der Leistung kommt dann in Betracht, wenn die Abschreibungsursachen in der Inanspruchnahme des Gegenstandes begründet liegen, also weitgehend zeitunabhängig sind. Bei diesem Verfahren ist also nicht die Nutzungsdauer, sondern die mögliche Leistungs- bzw. Nutzungsabgabe zu schätzen, z. B. zu fahrende Kilometer, Maschinenstunden, zu produzierende Stücke. Die Anschaffungs- oder Herstellungskosten werden dann entsprechend der jährlichen Leistungsabgabe auf die einzelnen Nutzungsjahre verteilt.

Dieses Verfahren ist auch steuerlich zugelassen,

1. wenn es wirtschaftlich begründet ist, d. h. wenn die Leistungen des Wirtschaftsgutes in der Regel erheblich schwanken und der Verschleiß dementsprechend wesentliche Unterschiede aufweist, und
2. wenn der pro Jahr anfallende Umfang der Leistung nachgewiesen werden kann, z. B. durch ein Zählwerk.

Beispiel

Im März 22 wird ein LKW für 90.000 EUR angeschafft, der erstmals im Juli 17 zugelassen und damit auch betriebsbereit war. Es ist die Nutzung des LKW für 4 Jahre bei einer zu erwartenden Gesamtfahrleistung von 300.000 km geplant. Hierbei sollen auf das Erstjahr 60.000 km, das Zweitjahr 90.000 km und die letzten beiden Jahre je 75.000 km entfallen.

Anschaffungswert des Lkw: 90.000 EUR

Fahrleistung des Lkw: 300.000 km

Abschreibungssatz: $\frac{90.000 \text{ EUR}}{300.000 \text{ km}} = 0{,}30 \text{ EUR/km}$

Jahr	Buchwert alt	gefahrene km	Abschreibungsbetrag	Buchwert neu
1	90.000	60.000	18.000	72.000
2	72.000	90.000	27.000	45.000
3	45.000	75.000	22.500	22.500
4	22.500	75.000	22.500	0

Nutzungsdauer

Bei der Einschätzung der Nutzungsdauer und damit des Abschreibungszeitraums wird auf die wirtschaftliche, nicht die technische Nutzung abgestellt. Häufig sind deshalb bereits abgeschriebene Objekte immer noch voll verwendungsfähig. Versuchen Sie zu begründen, dass der Gegenstand wirtschaftlich so bald wie möglich als verbraucht gilt.

Je kürzer die Nutzungsdauer, desto höher die Abschreibungen. Maßgeblich für die Schätzung der betriebsgewöhnlichen Nutzungsdauer sind die amtlichen AfA-Tabellen des Bundesfinanzministers. Dabei ist zu beachten, dass die AfA-Tabelle nur solche Anlagegüter enthält, deren betriebsgewöhnliche Nutzungsdauer unabhängig ist von der Verwendung in einem bestimmten Wirtschaftszweig. Die AfA-Tabellen gelten für alle angeschafften oder hergestellten Wirtschaftsgüter.

Neben der generellen AfA-Tabelle für »allgemein verwendbare Anlagegüter« gibt es noch weitere 100 Branchentabellen zur vorrangigen Bestimmung der Abschreibungsdauer.

Wollen Sie schneller abschreiben, so sollten Sie also durchgehend häufigere Ersatzbeschaffung von Anlagegegenständen, durch vertragliche Begrenzung der Nutzungsdauer (z. B. Mietvertrag bei Einbauten) o. Ä. Nachweise heranbringen.

9.1.3 Amtliche AfA-Tabellen

Anlagegüter	Nutzungsdauer in Jahren
Abfüllanlagen	10
Abgasmessgeräte (für Kfz)	8
Abgasmessgeräte (sonstige)	8
Abkantmaschinen	13
Abrichtmaschinen	13
Abscheider, Fett-	5
Abscheider, Magnet-	6
Abscheider, Nass-	5
Abspielgeräte, Video-	7
Abzugsvorrichtungen	14
Adressiermaschinen	8
Akkumulatoren	10
Aktenvernichter	8
Alarmanlagen	11
Anhänger	11
Anleimmaschinen	13
Anspitzmaschinen	13
Antennenmasten	10
Arbeitsbühnen, mobil	11
Arbeitsbühnen, stationär	15
Arbeitszelte	6
Ätzmaschinen	13
Audiogeräte	7
Aufbauten, Wechsel-	11
Aufbereitungsanlagen, Wasser-	12
Auflieger	11
Aufzüge, mobil	11
Aufzüge, stationär	15
Außenbeleuchtung	19
Automaten, Geldspiel-	4
Automaten, Getränke-	7
Automaten, Leergut-	7
Automaten, Musik-	8
Automaten, Passbild-	5
Automaten, Unterhaltungs- (Video-)	6
Automaten, Visitenkarten-	5
Automaten, Waren-	5
Automaten, Zigaretten-	8
Autotelefone	5
Autowaschanlagen	10

Anlagegüter	Nutzungsdauer in Jahren
Autowaschstraßen	10
Bahnen, Hänge-	14
Bahnen, Rollen-	14
Bahnkörper (nach gesetzlichen Vorschriften)	33
Bahnkörper (sonstige)	15
Ballone, Heißluft-	5
Bänder, Förder-	14
Bänder, Platten-	14
Bänder, Transport-	14
Banderoliermaschinen	8
Baracken	16
Barkassen	20
Baubuden	8
Baucontainer	10
Bautrocknungsgeräte	5
Bauwagen	12
Beleuchtung, Straßen- bzw. Außen-	19
Belüftungsgeräte (mobil)	10
Bepflanzungen in Gebäuden	10
Beschallungsanlagen	9
Beschichtungsmaschinen	13
Betonkleinmischer	6
Betonmauer	17
Betriebsfunkanlagen	11
Biegemaschinen	13
Bierzelte	8
Bildschirme	3
Blockheizkraftwerke	10
Bohnermaschinen	8
Bohrhämmer	7
Bohrmaschinen, mobil	8
Bohrmaschinen, stationär	16
Brennstofftanks	25
Brücken, Schilder-	10
Brücken, Straßen- (Holz)	15
Brücken, Straßen- (Stahl und Beton)	33
Brücken, Wege- (Holz)	15
Brücken, Wege- (Stahl und Beton)	33
Brückenwaagen	20
Brunnen	20
Buden, Bau-	8
Buden, Verkaufs-	8

Anlagegüter	Nutzungsdauer in Jahren
Bühnen, Arbeits- (mobil)	11
Bühnen, Arbeits- (stationär)	15
Bühnen, Hebe- (mobil)	11
Bühnen, Hebe- (stationär)	15
Bulldog	12
Bürocontainer	10
Büromöbel	13
Bürstmaschinen	10
CD-Player	7
Computer, Personal-	3
Container, Bau-	10
Container, Büro-	10
Container, Transport-	10
Container, Wohn-	10
Dampferzeugung	15
Dampfhochdruckreiniger	8
Dampfkessel	15
Dampfmaschinen	15
Dampfturbinen	19
Desinfektionsgeräte	10
Drahtzaun	17
Drainagen (aus Beton oder Mauerwerk)	33
Drainagen (aus Ton oder Kunststoff)	13
Drehbänke	16
Drehflügler	19
Drehscheiben (nach gesetzlichen Vorschriften)	33
Drehscheiben (sonstige)	15
Drucker	3
Druckkessel	15
Druckluftanlagen	12
Druckmaschinen	13
EC-Kartenleser	8
Elektrokarren	8
Elevatoren	14
Eloxiermaschinen	13
Emissionsmessgeräte	8
Emissionsmessgeräte (für Kfz)	8
Emissionsmessgeräte (sonstige)	8
Entfettungsmaschinen	13
Entfeuchtungsgeräte, Bau-	5
Entgratmaschinen	13
Enthärtungsanlagen, Wasser-	12

Anlagegüter	Nutzungsdauer in Jahren
Entlüftungsgeräte (mobil)	10
Entstaubungsvorrichtungen	14
Erodiermaschinen	13
Etikettiermaschinen	13
Fahnenmasten	10
Fahrbahnen (in Kies, Schotter, Schlacken)	9
Fahrbahnen (mit Packlage)	19
Fahrräder	7
Fahrzeuge, Feuerwehr-	10
Fahrzeuge, Krankentransport-	6
Fahrzeuge, Rettungs-	6
Falzmaschinen	13
Färbmaschinen	13
Faschinen	20
Faxgeräte	6
Feilmaschinen	13
Fernschreiber	6
Fernseher	7
Fernsprechnebenstellenanlagen	10
Fettabscheider	5
Feuerwehrfahrzeuge	10
Filmgeräte	7
Fleischwaagen	11
Flipper	5
Flugzeuge unter 20 t höchstzulässiges Fluggewicht	21
Folienschweißgeräte	13
Förderbänder	14
Förderschnecken	14
Fotogeräte	7
Frankiermaschinen	8
Fräsmaschinen, mobil	8
Fräsmaschinen, stationär	15
Funkanlagen	11
Funkenerosionsmaschinen	7
Funktelefon	5
Galvanisiermaschinen	13
Gaststätteneinbauten	8
Gebläse, Heißluft- (mobil)	11
Gebläse, Kaltluft- (mobil)	11
Gebläse, Sandstrahl-	9
Geldprüfgeräte	7
Geldsortiergeräte	7

Anlagegüter	Nutzungsdauer in Jahren
Geldspielgeräte (Spielgeräte mit Gewinnmöglichkeit)	4
Geldwechselgeräte	7
Gelenkwagen-Waggons	25
Gemüsewaagen	11
Generatoren, Strom-	19
Gerüste, mobil	11
Gerüste, stationär	15
Geschirrspülmaschinen	7
Getränkeautomaten	7
Gießmaschinen	13
Gläserspülmaschinen	7
Gleichrichter	19
Gleisanlagen (nach gesetzlichen Vorschriften)	33
Gleisanlagen (sonstige)	15
Golfplätze	20
Graviermaschinen	13
Großrechner	7
Grünanlagen	15
Hallen in Leichtbauweise	14
Hallen, Kühl-	20
Hallen, Squash-	20
Hallen, Tennis-	20
Hallen, Tragluft-	10
Handy	5
Hängebahnen	14
Härtemaschinen	13
Häuser, Pumpen-	20
Hebebühnen, mobil	11
Hebebühnen, stationär	15
Heftmaschinen	13
Heißluftanlagen	14
Heißluftballone	5
Heißluftgebläse (mobil)	11
Heizgeräte, Raum- mobil	9
Hobelmaschinen, mobil	9
Hobelmaschinen, stationär	16
Hochdruckreiniger	8
Hochgeschwindigkeitszüge	25
Hochregallager	15
Hofbefestigungen (in Kies, Schotter, Schlacken)	9
Hofbefestigungen (mit Packlage)	19
Holzzaun	5

Anlagegüter	Nutzungsdauer in Jahren
Hublifte, mobil	11
Hublifte, stationär	15
Hubschrauber	19
Hubwagen	8
Industriestaubsauger	7
Kabinen, Toiletten-	9
Kälteanlagen	14
Kaltluftgebläse (mobil)	11
Kameras	7
Karren, Elektro-	8
Kartenleser (EC-, Kredit-)	8
Kassen, Registrier-	6
Kassettenrecorder	7
Kehrmaschinen	9
Kessel einschl. Druckkessel	15
Kessel, Druck-	15
Kessel, Druckwasser-	15
Kessel, Wasser-	15
Kesselwagen	25
Kipper	9
Kläranlagen mit Zu- u. Ableitung	20
Kleintraktoren	8
Klimageräte (mobil)	11
Kombiwagen	6
Kommunikationsendgeräte, allgemein	8
Kompressoren	14
Kopiergeräte	7
Kraftwagen, Personen-	6
Kraft-Wärmekopplungsanlagen (Blockheizkraftwerke)	10
Krananlagen (ortsfest oder auf Schienen)	21
Krananlagen (sonstige)	14
Krankentransportfahrzeuge	6
Kreditkartenleser	8
Kühleinrichtungen	8
Kühlhallen	20
Kühlschränke	10
Kunstwerke (ohne Werke anerkannter Künstler)	15
Kuvertiermaschinen	8
Laboreinrichtungen	14
Laborgeräte	13
Lackiermaschinen	13
Ladeaggregate	19

Anlagegüter	Nutzungsdauer in Jahren
Ladeneinbauten	8
Ladeneinrichtungen	8
Laderampen	25
Lager, Hochregal-	15
Lagereinrichtungen	14
Laptops	3
Lastkraftwagen	9
Lautsprecher	7
Leergutautomaten	7
Leichtbauhallen	14
Leinwände	8
Leser, Karten-	8
Lichtreklame	9
Lifte, Hub-, mobil	11
Lifte, Hub-, stationär	15
Lkw	9
Lokomotiven	25
Loren	25
Löschwasserteiche	20
Lötgeräte	13
Luftschiffe	8
Magnetabscheider	6
Materialprüfgeräte	10
Messeinrichtungen (allgemein)	18
Messestände	6
Messgeräte, Abgas-	8
Messgeräte, Emissions- (für Kfz)	8
Messgeräte, Emissions- (sonstige)	8
Mikroskope	13
Mikrowellengeräte	8
Mischer, Betonklein-	6
Mobilfunkendgeräte	5
Monitore	7
Motorräder	7
Motorroller	7
Musikautomaten	8
Nassabscheider	5
Nebenstellenanlagen, Fernsprech-	10
Nietmaschinen	13
Notebooks	3
Notstromaggregate	19
Obstwaagen	11

Anlagegüter	**Nutzungsdauer in Jahren**
Omnibusse	9
Orientierungssysteme	10
Overhead-Projektoren	8
Paginiermaschinen	8
Panzerschränke	23
Parkplätze (in Kies, Schotter, Schlacken)	9
Parkplätze (mit Packlage)	19
Passbildautomaten	5
Peripheriegeräte (Drucker, Scanner, Bildschirme u. Ä.)	3
Personalcomputer	3
Personenkraftwagen	6
Photovoltaikanlagen	20
Plattenbänder	14
Poliermaschinen, mobil	5
Poliermaschinen, stationär	13
Pontons	30
Portalwaschanlagen	10
Präsentationsgeräte	8
Präzisionswaagen	13
Pressen	14
Presslufthämmer	7
Projektoren, Overhead-	8
Prüfgeräte, Geld-	7
Pumpenhäuser	20
Räder, Fahr-	7
Räder, Motor-	7
Radios	7
Rampen, Lade-	25
Rasenmäher	9
Räumgeräte	9
Raumheizgeräte (mobil)	9
Recorder	7
Regeleinrichtungen (allgemein)	18
Registrierkassen	6
Reinigungsanlagen, Wasser-	11
Reinigungsgeräte, fahrbar	9
Reinigungsgeräte, Teppich-	7
Reiseomnibusse	9
Reißwölfe (Aktenvernichter)	8
Rettungsfahrzeuge	6
Rohrpostanlagen	10
Rollenbahnen	14

Anlagegüter	**Nutzungsdauer in Jahren**
Roller, Motor-	7
Rückgewinnungsanlagen	10
Rüttelplatten	11
Sägen aller Art, mobil	8
Sägen aller Art, stationär	14
Sandstrahlgebläse	9
Sattelschlepper	9
Scanner	3
Schalthäuser	20
Schaufensteranlagen	8
Schaukästen	9
Scheren, mobil	8
Scheren, stationär	13
Schienenfahrzeuge	25
Schilderbrücken	10
Schleifmaschinen, mobil	8
Schleifmaschinen, stationär	15
Schlepper	12
Schlepper, Sattel-	9
Schnecken, Förder-	14
Schneidemaschinen, mobil	8
Schneidemaschinen, stationär	13
Schornsteine (aus Mauerwerk o. Beton)	33
Schornsteine (aus Metall)	10
Schränke, Kühl-	10
Schränke, Panzer-	23
Schränke, Stahl-	14
Schreibmaschinen	9
Schuppen	16
Schweißgeräte	13
Schweißgeräte, Folien-	13
Segelyachten	20
Shredder	6
Signalanlagen (nach gesetzlichen Vorschriften)	33
Signalanlagen (sonstige)	15
Silobauten (Beton)	33
Silobauten (Kunststoff)	17
Silobauten (Stahl)	25
Solaranlagen	10
Sortiergeräte, Geld-	7
Speicher, Wasser-	20
Speisewasseraufbereitungsanlagen	12

Anlagegüter	Nutzungsdauer in Jahren
Spezialwagen	25
Sprinkleranlagen	20
Spritzgussmaschinen	13
Spülmaschinen, Geschirr-	7
Squashhallen	20
Stahlschränke	14
Stahlspundwände	20
Stampfer	11
Stände, Verkaufs-	8
Stanzen	14
Stapler	8
Staubsauger, Industrie-	7
Stauchmaschinen	10
Stempelmaschinen	8
Sterilisatoren	10
Straßenbeleuchtung	19
Straßenbrücken (Holz)	15
Straßenbrücken (Stahl und Beton)	33
Stromerzeugung	19
Stromgeneratoren	19
Stromumformer	19
Tankanlagen, Treib- und Schmierstoff-	14
Tanks, Brennstoff-	25
Teiche, Löschwasser-	20
Telefone, Auto-	5
Tennishallen	20
Teppiche, hochwertige (ab 10.000 DM/m2)	15
Teppiche, normale	8
Teppichreinigungsgeräte (transportabel)	7
Textendeinrichtungen	6
Theken, Verkaufs-	10
Toilettenkabinen	9
Toilettenwagen	9
Trafostationshäuser	20
Traglufthallen	10
Traktoren	12
Traktoren, Klein-	8
Transportbänder	14
Transportcontainer	10
Trennmaschinen, mobil	7
Trennmaschinen, stationär	10
Tresoranlagen	25

Anlagegüter	Nutzungsdauer in Jahren
Tresore	23
Trockner, Wäsche-	8
Trocknungsgeräte, Bau-	5
Überwachungsanlagen	11
Ultraschallgeräte (nicht medizinisch)	10
Unterhaltungsautomaten, Musik-	8
Unterhaltungsautomaten, sonstige (z. B. Flipper)	5
Unterhaltungsautomaten, Video-	6
Ventilatoren	14
Verkaufsbuden	8
Verkaufsstände	8
Verkaufstheken	10
Vermessungsgeräte, elektronisch	8
Vermessungsgeräte, mechanisch	12
Verpackungsmaschinen	13
Verstärker	7
Vervielfältigungsgeräte	7
Videoautomaten	6
Videogeräte	7
Visitenkartenautomaten	5
Vitrinen	9
Waagen (Obst-, Gemüse-, Fleisch- u. Ä.)	11
Waagen, Brücken-	20
Waagen, Präzisions-	13
Wagen, Bau-	12
Wagen, Hub-	8
Wagen, Kessel-	25
Wagen, Kombi-	6
Wagen, Lastkraft-	9
Wagen, Personenkraft-	6
Wagen, Spezial-	25
Wagen, Toiletten-	9
Wagen, Wohn-	8
Waggons	25
Warenautomaten	5
Wärmetauscher	15
Waschanlagen, Portal-	10
Wäschetrockner	8
Waschmaschinen	10
Waschstraßen, Auto-	10
Wasseraufbereitungsanlagen	12
Wasserenthärtungsanlagen	12
Wasserhochdruckreiniger	8

Anlagegüter	Nutzungsdauer in Jahren
Wasserreinigungsanlagen	11
Wasserspeicher	20
Wechselaufbauten	11
Wechselgeräte, Geld-	7
Wegebrücken (Holz)	15
Wegebrücken (Stahl und Beton)	33
Weichen (nach gesetzlichen Vorschriften)	33
Weichen (sonstige)	15
Werkstatteinrichtungen	14
Winden, mobil	11
Winden, stationär	15
Windkraftanlagen	16
Wohncontainer	10
Wohnmobile	8
Wohnwagen	8
Workstations	3
Yachten, Segel-	20
Zählgeräte, Geld-	7
Zapfanlagen, Treib- und Schmierstoff-	14
Zeichengeräte, elektronisch	8
Zeichengeräte, mechanisch	14
Zeiterfassungsgeräte	8
Zelte, Arbeits-	6
Zelte, Bier-	8
Zentrifugen	10
Ziegelmauer	17
Zigarettenautomaten	8
Züge, Hochgeschwindigkeits-	25
Zusammentragmaschinen	12

9.1.4 Außerplanmäßige Abschreibung

Im Gegensatz zur planmäßigen Abschreibung erstreckt sich der Anwendungsbereich der außerplanmäßigen Abschreibung auf das gesamte Anlagevermögen, also sowohl auf abnutzbare als auch nicht abnutzbare Anlagegegenstände. Die außerplanmäßige Abschreibung auf den beizulegenden Wert dient dabei der Berücksichtigung außergewöhnlicher Wertminderungen und soll die Überbewertung von Vermögensgegenständen verhindern. Diese Wertminderungen können ihren Grund z. B. darin haben, dass die technische Kapazität einer Anlage überschätzt wurde oder unvorhergesehen nachgelassen hat. Als weitere Ursachen einer außerplanmäßigen Wertminderung sind gesunkene Wiederbeschaffungspreise, durch Katastrophen entstandene Schäden sowie die durch technischen Fortschritt oder Nachfragerückgang bedingte mangelnde

Verwendbarkeit eines Vermögensgegenstandes zu nennen. Bei voraussichtlich nicht dauerhafter Wertminderung dürfen die Unternehmer nach dem Steuerrecht keine außerplanmäßigen Abschreibungen vornehmen.

BGA	IKR	SKR03	SKR04	Kontenbezeichnung (SKR)
4915	655	4840	6230	Außerplanmäßige Abschreibungen auf Sachanlagen

9.1.5 Steuerrechtliche Abschreibungen

Steuerrechtlich gibt es erhöhte Absetzungen, Sonderabschreibungen und Bewertungsfreiheiten. Das sind Abschreibungen, die nicht aus handelsrechtlichen Gründen, sondern deshalb gewährt werden, weil bestimmte Investitionen wirtschafts- oder sozialpolitisch als steuerlich förderungswürdig angesehen werden. Nach den Vorschriften des HGB in der Fassung des BilMoG sind ausschließlich steuerlich begründete Abschreibungen in der Handelsbilanz nicht zulässig. Der Ansatz bereits niedrig abgeschriebener Anlagegüter darf allerdings auch nach 2010 beibehalten werden. Bei zukünftigen steuerlichen Abschreibungen sind jedoch zwei unterschiedliche Anlagenspiegel mit jeweils steuerlichen und handelsrechtlichen Werten zu bilden.

Zu den steuerlichen Abschreibungen gehören:

- Sonderabschreibungen zur Förderung von kleinen und mittleren Betrieben
  Zusätzlich neben der regulären AfA – linear, degressiv oder Leistungs-AfA – können bis zu insgesamt 20 % der Aufwendungen abgesetzt werden (§ 7g EStG), beliebig verteilt innerhalb von fünf Jahren ab Anschaffung oder Herstellung. Voraussetzungen sind:
  - bewegliche Anlagegüter – neu oder gebraucht,
  - zwei Jahre Verbleib in einer inländischen Betriebsstätte, in diesem Zeitraum: zumindest zu 90 % betriebliche Nutzung,
  - Gewerbebetriebe außerdem mit einem Betriebsvermögen von unter 235.000 EUR,
  - bei Gewinnermittlung durch Einnahmen-Überschussrechnung (anstelle Bilanzierung) ohne festgestelltes Betriebsvermögen darf der Gewinn 100.000 EUR nicht übersteigen.

Beispiel

Der am 28.07.2022 zum Preis von 60.000 EUR angeschaffte Firmenwagen wird nachweislich nur zu betrieblichen Zwecken genutzt. Für das Jahr 2022 kann man folgende Abschreibungen vornehmen:

Abschreibung nach § 7g EStG: 20 % von 60.000 EUR	=	12.000 EUR
6/12-tel der linearen Jahres-AfA aus 60.000 EUR/6 Jahre	=	5.000 EUR

Soll	Haben	GegenKto	Datum	Konto	Text
12.000,00		0320/0520		4850/6240	Sonder-AfA 7g Pkw
5.000,00		0320/0520		4830/6220	Abschreibung Pkw

BGA	IKR	SKR03	SKR04	Kontenbezeichnung (SKR)
4916	656	4850	6240	Abschreibung auf Sachanlagen, steuerliche Sondervorschriften

9.1.6 Zuschreibungen

Man kann Zuschreibungen als Erhöhung des Buchwertes eines Vermögensgegenstandes verstehen. Dabei handelt es sich in der Regel darum, Abschreibungen der Vorjahre rückgängig zu machen, wenn die Gründe dafür nicht mehr bestehen.

Wenn bei Gegenständen des Anlagevermögens eine voraussichtlich dauernde Wertminderung eingetreten ist, so muss auf den niedrigeren Wert abgeschrieben werden.

Es gilt ein Wertaufholungsgebot für den Fall, dass die Voraussetzungen für eine Teilwertabschreibung wegen voraussichtlich dauernder Wertminderung am betreffenden Bilanzstichtag nicht (mehr) vorliegen. In früheren Jahren vorgenommene Teilwertabschreibungen sind somit in der ersten Bilanz nach Wegfall der Gründe wieder durch Zuschreibung rückgängig zu machen.

Sie sind dadurch gezwungen, für jedes Objekt, für das Sie eine Teilwertabschreibung in Anspruch nehmen, eine Art Schattenanlagenbuchhaltung zu führen, um die fortgeschriebenen Werte nach Teilwertabschreibung vergleichen zu können mit den Werten, die sich ohne Teilwertabschreibung ergeben hätten.

Beispiel

Eine Maschinenanlage, die für einen einzigen Kunden zur Produktion von Kunststofffolien angeschafft wurde, kostete 200.000 EUR und war für eine Nutzung von 10 Jahren ausgelegt (lineare AfA). Durch den Konkurs des Kunden im Jahre 4 hat die Anlage nur noch den Wert seiner technisch überalterten Einzelteile, vermindert um die Kosten des Abbaus: 5.000 EUR.

Buchwert 01.01. Jahr 4	140.000 EUR
a. o. Abschreibungen	135.000 EUR
Buchwert 31.12. Jahr 4	5.000 EUR

Soll	Haben	GegenKto	Datum	Konto	Text
135.000,00		0210/0440		4840/6230	Außerplanmäßige Abschreibung

Im Jahre 6 ist die Unternehmensleitung froh, die Anlage nicht abgebaut zu haben. Nach einer aufwendigen Umrüstung – Kosten 50.000 EUR – können auf ihr wieder marktfähige Folien produziert werden.

Die Zuschreibung erfolgt bis zu dem Wert, den die Anlage bei Fortführung der planmäßigen Abschreibungen hätte.

	EUR	EUR
Buchwert zum 01.01. Jahr 4	140.000	
fiktiver Buchwert zum 01.01. Jahr 5	120.000	
fiktiver Buchwert zum 01.01. Jahr 6	100.000	
tatsächlicher Buchwert zum 01.01. Jahr 46	5.000	
Zuschreibung Jahr 6	95.000	
Nachaktivierung Umrüstungskosten	50.000	
Auf restl. Nutzungsdauer zu verteilen	150.000	150.000
planmäßige Abschreibungen Jahr 6		
(6. von 10 Jahren)		30.000
Buchwert zum 31.12. Jahr 6		120.000

Soll	Haben	GegenKto	Datum	Konto	Text
95.000,00		2710/4910		0210/0440	Erträge aus Zuschreibungen
50.000,00		4805/6460		0210/0440	Reparaturen Maschinen
	30.000,00	4830/6220		0210/0440	Abschreibungen Maschinen

IKR	SKR03	BGA	SKR04	Kontenbezeichnung (SKR)
544	2710	273	4910	Erträge Zuschreibung AV-Gegenstände
654	4830	491	6220	Abschreibungen auf Sachanlagen
6062	4805	4713	6460	Reparatur/Instandhaltung, Anlagen u. Maschinen

9.2 Anlagenverzeichnis

Bei einem Anlagenverzeichnis auf Papier werden sämtliche Wirtschaftsgüter auf Inventarbögen oder Karteikarten aufgezeichnet. In der EDV-Anlagenbuchhaltung entspricht der Stammdatensatz für jedes einzelne Wirtschaftsgut einer herkömmlichen Inventarkarte der Anlagenkartei. Auf ihr sind bei der Anschaffung bzw. Herstellung des Wirtschaftsgutes alle wesentlichen Angaben zu machen.

9.2.1 Sind sämtliche Gegenstände noch vorhanden?

Man sollte es nicht glauben, aber es schlummern in manchen Bilanzen längst nicht mehr vorhandene Gegenstände mit einem Erinnerungswert. Eine größere Bedeutung noch haben verschrottete Maschinen oder in Zahlung gegebene Pkws, die unwissentlich weiter abgeschrieben wurden. Hier ist der Restbuchwert als Abgang auszubuchen.

9.2.2 Wurden in der Vergangenheit Abschreibungen vergessen?

Auch hier kann sich eine Überprüfung lohnen. Vorausgesetzt, es steckt keine Willkür oder die Absicht dahinter, in späteren Jahren Steuern zu sparen, können Sie die unterlassenen Abschreibungen nachholen. Die vergessene Abschreibung wird auf die restliche Nutzungsdauer verteilt.

Beispiel

Irrtümlich wurde mit der linearen Abschreibung eines noch am 31.07.2000 zum Preis von 60.000 EUR angeschafften Pkw erst im Jahr 2021 begonnen. Entdeckt wird der Fehler zum Jahresabschluss 31.12.2022.

Anschaffungskosten	60.000 EUR
AfA im Jahr 2021	– 10.000 EUR
Buchwert zum 01.01.2022	50.000 EUR
Somit AfA-Volumen für Abschreibungen in Jahren 3 bis 6	50.000 EUR
verbleibende Nutzungsdauer 4 ½ Jahre, Jahres-AfA 03 50.000 EUR/4,5 Jahre	11.429 EUR

Zum Jahresabschluss 31.12.2022 wird gebucht:

Soll	Haben	GegenKto	Datum	Konto	Text
11.429,00		0320/0520		4830/6220	AfA Pkw

BGA	IKR	SKR03	SKR04	Kontenbezeichnung (SKR)
491	654	4830	6220	Abschreibungen auf Sachanlagen

9.2.3 Verkürzung des Nutzungszeitraums

Stellen Sie bei einem Anlagegut fest, dass seine tatsächliche Nutzungsdauer viel zu hoch angesetzt war, können Sie eine Änderung des Abschreibungsplanes vornehmen. Gründe für eine verringerte Nutzungsdauer und damit der vorzeitige Ersatz einer Anlage können sich ergeben wegen:

- des erhöhten Verschleißes einzelner Bestandteile
- Fehleinschätzung von Umwelteinflüssen wie Nässe, Hitze, Licht, Abgase, Chemikalien etc.
- der unerwartet erhöhten Reparaturkosten
- absehbarer technischer Überalterung (Computer, Telefon)
- erhöhten Verbrauchs an Roh-, Hilfs- und Betriebsstoffen
- des unerwarteten Qualitätsverlustes und mangelnder Zuverlässigkeit der gefertigten Arbeiten
- stärkerer Inanspruchnahme als anfangs vorgesehen. Der Ansatz von 25 % erhöhter linearer AfA bei Zweischichtbetrieb bzw. 50 % bei Dreischichtbetrieb reicht nicht hin.
- der Beeinträchtigung durch außergewöhnliche Ereignisse (teilweise Zerstörung durch Brand, Überschwemmung, Explosion)

Alternativ können Sie die verkürzte Nutzungsdauer folgendermaßen berücksichtigen:

1. Entweder wird der Restbuchwert auf die neu ermittelte restliche Nutzungsdauer (linear) verteilt.

Beispiel

Anschaffungskosten einer Maschine 60.000 EUR,
geplante Nutzung 10 Jahre,
lineare AfA in den ersten 5 Jahren 30.000 EUR.

Es stellt sich heraus, dass die Maschine nur noch drei Jahre genutzt werden kann.

Die AfA für die Jahre 6, 7 und 8 beträgt deshalb jeweils 30.000 EUR/3 = 10.000 EUR.

2. Oder die bislang zu wenig angesetzten Abschreibungen werden nachgeholt (außerplanmäßige Abschreibung). Der danach verbleibende Restbuchwert wird auf die neu ermittelte Restlaufzeit verteilt.

Beispiel

Restbuchwert Anfang des 6. Jahres	30.000 EUR
außerplanmäßige Abschreibung, 5 Jahre × (7.500 – 6.000)	7.500 EUR
Restbuchwert nach Änderung der Nutzungsdauer	22.500 EUR
AfA für die Jahre 6, 7 u. 8 je 22.500/3	7.500 EUR

Wie Sie bemerken, betragen die Abschreibungen im 6. Jahr nach der ersten Methode 10.000 EUR, nach der zweiten Methode insgesamt 15.000 EUR. Bei einem möglichst hohen Abschreibungsbedarf sollten also die außerplanmäßigen Abschreibungen in der Gewinn- und Verlustrechnung angesetzt werden. Beachten Sie aber, dass Sie möglicherweise dadurch erst dem Finanzamt eine Begründung schulden, während durch stillschweigende Änderung der planmäßigen AfA kein Staub aufgewirbelt wird.

9.2.4 Wertminderung durch außergewöhnliche Abnutzung

Ähnlich liegt der Fall, wenn Ihre Anlage einen Wertverlust durch Abnutzung erleidet, ohne dass eine Ersatzbeschaffung geplant ist. Auch hier besteht die Möglichkeit, eine außerordentliche Abschreibung vorzunehmen und den Restbuchwert auf die verbleibende Nutzungsdauer zu verteilen. Hier können die gleichen Gründe für die Wertminderung wie bei Verkürzung der Nutzungsdauer vorliegen, wobei weniger eine wirtschaftliche als eine technische Abnutzung im Vordergrund steht.

Beispiel

1. Durch ein neues Produktionsverfahren wird eine technisch noch voll funktionsfähige Maschine im Einsatz überholt. Die Nutzungsdauer verkürzt sich auf nur noch ein weiteres Jahr, da eine neue Anlage angeschafft werden muss.
2. Nach einem schweren Unfall verliert ein Firmenwagen trotz anschließender Reparatur erheblich an Wert. Der Pkw wird weiterhin wie geplant genutzt, die Wertminderung jedoch als außerplanmäßige Abschreibung erfasst.

9.2.5 Wertminderung aus sonstigen Gründen

Eine weitere Wertminderung, die nicht auf technischer oder wirtschaftlicher Abnutzung beruht, kann auch darin bestehen, dass ein fiktiver Erwerber im Zuge einer Betriebsveräußerung für einen Gegenstand nur einen niedrigeren Preis als den Buchwert zu zahlen bereit wäre. Auf diesen hypothetischen Wertansatz, den Teilwert, dürfen Sie abschreiben. Auch diese außerplanmäßige Abschreibung ist gegenüber dem Finanzamt u. U. erklärungsbedürftig. Möglich sind Teilwertwertabschreibungen u. a. aus folgenden Gründen:

- Die Wiederbeschaffungskosten für das Wirtschaftsgut sind erheblich unter den Buchwert gesunken.
- Die Rentabilität des gesamten Unternehmens ist nachhaltig gesunken. Der fiktive Erwerber würde deshalb für die betreffende Maschine nicht den Buchwert zahlen (BFH vom 13.04.1983, BStBl 1983 II, S. 667).
- Die Anschaffung des betreffenden Gegenstandes war von Anfang an eine Fehlentscheidung. Auch für den Erwerber würde es keinen Sinn ergeben, zum Buchwert zu übernehmen (BFH vom 17.09.1987, BStBl 1988 II, S. 488).

Bei einer dauerhaften Wertminderung sind Sie sogar verpflichtet, eine Teilwertabschreibung im Jahr des Eintritts vorzunehmen. Holen Sie zum nächstmöglichen Bilanzstichtag, an dem eine Berichtigung vorgenommen werden kann, die Teilwertabschreibung nach.

Wenn Sie diesen Zweifelsfall für das Finanzamt erläutern, so sind Sie auch bei einer Betriebsprüfung auf der sicheren Seite. Im Regelfall kann nur eine dem Finanzamt noch nicht bekannte Tatsache zur nachträglichen Änderung führen.

9.2.6 Investitionsabzugsbetrag

Für geplante Investitionen in den nächsten drei Jahren kann ein Unternehmer einen Investitionsabzugsbetrag von 50 % (bis 2020: 40 %) der voraussichtlichen Investitionskosten gewinnmindernd abziehen

Die folgenden Voraussetzungen müssen allerdings erfüllt sein:

- Es handelt sich um bewegliche Anlagegüter (auch Mietereinbauten),
- die im Jahr der Anschaffung und im Folgejahr in einer inländischen Betriebsstätte verbleiben oder vermietet sein müssen und
- während dieser Zeit zumindest zu 90 % betrieblich genutzt werden.
- Die Anschaffung muss bis zum Ende des dritten auf das Wirtschaftsjahr des jeweiligen Abzugs folgenden Wirtschaftsjahrs erfolgen.
- Die Summen der Abzugsbeträge, der hinzugerechneten und rückgängig gemachten Investitionsabzugsbeträge sind in der E-Bilanz zu übermitteln.

Gefördert werden einheitlich bilanzierende Unternehmer oder Einnahmen-Überschussrechner, wenn ihr Gewinn ohne Berücksichtigung des IAB nicht mehr als 200.000 EUR beträgt.

Im Gegensatz zur Ansparrücklage nach § 7g EStG a. F. ist für den Investitionsabzugsbetrag keine Rücklage mehr zu bilden. Der Abzug erfolgt nicht mehr innerhalb der Gewinnermittlung, sondern wird außerbilanziell vorgenommen. Die DATEV hat gleichwohl neue Buchungskonten für Steuerprogramme eingeführt.

Investitionsabzugsbetrag § 7g Abs. 1 EStG, außerbilanziell (Soll)	9970
Investitionsabzugsbetrag § 7g Abs. 1 EStG, außerbilanziell (Haben) – Gegenkonto zu 9970	9971
Auflösung Investitionsabzugsbetrag § 7g Abs. 2 EStG, außerbilanziell (Haben)	9972
Auflösung Investitionsabzugsbetrag § 7g Abs. 2 EStG, außerbilanziell (Soll) – Gegenkonto zu 9972	9973
Auflösung Investitionsabzugsbetrag § 7g Abs. 2, 3, 4 EStG aus Korrekturen und Rückgängigmachung (Haben)	9974
Auflösung Investitionsabzugsbetrag § 7g Abs. 2, 3, 4 EStG aus Korrekturen und Rückgängigmachung (Soll) – Gegenkonto zu 9974	9975

Was geschieht im Jahr der Anschaffung?

- Bei einer planmäßigen Investition wird der Investitionsabzugsbetrag im Jahr der Anschaffung außerbilanziell zugerechnet.
- Zum erfolgsneutralen Ausgleich dürfen jedoch die Anschaffungskosten innerhalb der Buchhaltung bis zu diesem Betrag (max. 40 % bzw. seit 2020 50 %) abgeschrieben werden.
- Von diesen reduzierten Anschaffungskosten sind lineare Abschreibungen und zusätzlich eine Sonderabschreibung nach § 7g EStG i. H. v. 20 % zulässig.

Unterbleibt die Anschaffung in geplanter Höhe ganz oder teilweise bis zum Ende des dritten auf das Wirtschaftsjahr des jeweiligen Abzugs folgenden Wirtschaftsjahrs, ändert sich rückwirkend der Steuerbescheid aus dem Jahr der Inanspruchnahme. Der Gewinn erhöht sich um die anteilig (40 %/50 %) unterbliebenen Anschaffungskosten. Entsprechende Nachsteuer ist mit 0,15 % pro Monat, d. h. 1,8% p. a. zu verzinsen.

Beispiel

Im September des dritten Wirtschaftsjahrs nach der Inanspruchnahme eines Investitionsabzugsbetrags im Jahr 2019 von 19.200 EUR wird der Firmenwagen 2022 nicht wie geplant als Neuwagen zu 48.000 EUR angeschafft, sondern als Jahreswagen zu 36.000 EUR (zzgl. 19 Prozent Umsatzsteuer). In Höhe von 4.800 EUR (= 40 % von 12.000 EUR unterlassener Anschaffungskosten) ist der Gewinn für 2019 rückwirkend zu erhöhen. Im Jahr 2022 werden die Anschaffungskosten um die zulässigen 14.400 EUR (19.200 EUR – 4.800 EUR) gekürzt. Vom verbleibenden Anschaffungswert von 21.600 EUR (36.000 EUR – 14.400 EUR) erfolgen Abzüge an linearer AfA von 1.200 EUR (4 Monate von 6 Jahren) und Sonderabschreibungen von 4.320 EUR (20 %).

Soll	Haben	GegenKto	Konto	
	42.840	900320/520	67120	Autohaus XY
14.400		320/520	4854/6244	Kürzung AHK nach § 7g Abs. 2 EStG
1.200		320/520	4830/6220	4/12 der Jahres-AfA 1. von 6 Jahren
4.320		320/520	4852/6244	Abschreibungen nach § 7g Abs. 4 EStG

Außerhalb der Bilanz werden dem steuerlichen Gewinn 14.400 EUR hinzugerechnet, womit sich die Abschreibungen nach § 7g Abs. 2 EStG neutralisieren. Das Finanzamt wird zusätzlich die Bescheide zur Körperschaft- und Gewerbesteuer 2019 ändern. Eine sich aus der Gewinnerhöhung von 4.800 EUR ergebende Steuernachzahlung wäre dann zusätzlich zu verzinsen.

Investitionsabzugsbeträge, die Abschreibung im Jahr der Anschaffung und die Sonderabschreibung von bis zu 40 % bzw. 20 % nach § 7g EStG sind in der Handelsbilanz nicht mehr anzusetzen.

BGA	IKR	SKR03	SKR04	Kontenbezeichnung (SKR)
4960	655	4851	6241	Kürzung AHK nach § 7g EStG (ohne Kfz)
4960	655	4852	6242	Kürzung AHK nach § 7g EStG (für Kfz)
4960	655	4853	6243	Sonderabschreibungen nach § 7g Abs. 2 EStG (ohne Kfz)
4960	655	4854	6244	Sonderabschreibungen nach § 7g Abs. 2 EStG (für Kfz)

Im Zuge der Coronakrise durften die fälligen Investitionen zunächst bis 2022 aufgeschoben werden. Mit dem 4. Corona-Steuerhilfegesetz wurden die Investitionsfristen erneut um ein Jahr verlängert. Investitionsabzugsbeträge, die in den Jahren 2017, 2018 und 2019 gebildet wurden, müssen spätestens im Jahr 2023 aufgelöst werden.

Bildung des IAB	Späteste Auflösung des IAB
2016	2019
2017	2023 (Verlängerung auf 6 Jahre)
2018	2023 (Verlängerung auf 5 Jahre)
2019	2023 (Verlängerung auf 4 Jahre)
2020	2023
2021	2024
2022	2025

9.3 Positionen des Anlagevermögens

9.3.1 Immaterielle Vermögensgegenstände

Nach Steuerrecht dürfen nur solche immateriellen Wirtschaftsgüter aktiviert werden, die entgeltlich angeschafft wurden. Hierzu zählen:

- Patente und andere Urheberrechte, Verlagsrechte, Belieferungsrechte mit nachweislich zeitlicher Begrenzung, Software, erworbene Markenrechte, Gebrauchsmuster, Konzessionen, gewerbliche Schutzrechte u. Ä.,
- der erworbene Firmen- und Praxiswert.

Auch in der Handelsbilanz durfte bis 2009 der Aufwand für von Ihnen selbstgeschaffene immaterielle Vermögensgegenstände (VG) des Anlagevermögens nicht aktiviert werden, sondern dieser war direkt als Betriebsausgabe abzugsfähig (Konzessionen, Lizenzen, Markenrechte, Software u. Ä.).

Dagegen waren abnutzbare immaterielle Vermögensgegenstände, die entgeltlich angeschafft wurden, über den Nutzungszeitraum linear abzuschreiben.

Hierzu zählen Patente und andere Urheberrechte (höchstens fünf Jahre), Verlagsrechte (drei bis fünf Jahre), Belieferungsrechte (vertragliche Laufzeit) etc. mit nachweislich zeitlicher Begrenzung.

Beispiel

Sie vereinbaren eine Lizenzpauschale von 300.000 EUR. Diese Lizenz besitzt eine Laufzeit von sechs Jahren. Die Lizenzpauschale von 300.000 EUR wird aktiviert und im Verhältnis zu den geplanten Produktionsmengen Jährlich abgeschrieben. Für das erste Jahr sind 100.000 Stück von insgesamt 600.000 geplant. Dies entspricht 1/6 der Lizenzgebühr.

Soll	Haben	GegenKto	Datum	Konto	Text
50.000,00		0010/0100		4822/6200	Abschreibung Lizenz

BGA	IKR	SKR03	SKR04	Kontenbezeichnung (SKR)
492	651	4822	6200	Abschreibung immaterieller VG
011	02	0010	0100	Konzessionen und gewerbl. Schutzrechte
011	021	0015	0110	Konzessionen
011	022	0020	0120	Gewerbliche Schutzrechte
011	023	0025	0130	Ähnliche Rechte und Werte
011	024	0030	0140	Lizenzen an gewerblichen Schutzrechten

Computerprogramme sind immaterielle Wirtschaftsgüter. Die Anschaffungskosten müssen in der Bilanz aktiviert werden, wenn die Programme entgeltlich erworben sind. Etwas anderes gilt, wenn die Computerprogramme selbst hergestellt wurden. In diesem Fall sind sämtliche Entwicklungskosten sofort als Betriebsausgabe abzuziehen. Eine lineare AfA ist auf drei Jahre möglich. Programme unter 410 EUR Anschaffungskosten können als sogenannte Trivialprogramme sofort abgeschrieben werden (GWG).

BGA	IKR	SKR03	SKR04	Kontenbezeichnung (SKR)
014	023	0027	0135	EDV-Software

Beispiel

Provider und Werbefirma Stalea Active gestaltet u. a. den Internetauftritt ihrer Kunden. Für ihre eigene Homepage sind durch eigenes Personal 150 Stunden mit einem Verrechnungssatz von 80 EUR aufgewendet worden und fremde Programmierarbeit mit 2.000 EUR bezahlt.

Die Fremdkosten fallen bei den gesamten Herstellungskosten am neu geschaffenen, einheitlichen immateriellen Wirtschaftsgut nicht ins Gewicht. In der Buchhaltung sind somit zusätzlich zu den regulären Personalkosten lediglich Fremdarbeiten mit 2.000 EUR zu erfassen.

Soll	Haben	GegenKto	Datum	Konto	Text
2.000,00		3100/5900		1200/1800	Fremdkosten für Homepage

Wenn Stalea Active für seine Homepage stattdessen einen freien Mitarbeiter 150 Stunden zum gleichen Stundensatz von 80 EUR einsetzt, können sämtliche Kosten umgebucht und als erworbenes immaterielles Wirtschaftsgut aktiviert werden.

Soll	Haben	GegenKto	Datum	Konto	Text
2.000,00		3100/5900		1200/1800	Fremdkosten für Homep.
12.000,00		3100/5900		1200/1800	Fremdkosten für Homep.
14.000,00		0027/0135		3100/5900	Internetauftritt, aktiviert

Eine erworbene Domain-Adresse (www.domain.de) stellt zwar ein immaterielles, mit den aufgewendeten Anschaffungskosten aktivierbares Wirtschaftsgut dar. Es unterliegt jedoch keinem Wertverzehr, d. h. kann nicht abgeschrieben werden (BFH Urteil vom 19.10.2006 – III R 6/05). Erst beim Verkauf sind die Anschaffungskosten gewinnmindernd zu berücksichtigen.

Seit dem Jahresabschluss 2010 dürfen nach Handelsrecht – nach wie vor jedoch nicht nach Steuerrecht – die Herstellungskosten (Entwicklungsaufwendungen) eines selbst geschaffenen immateriellen Vermögensgegenstands des Anlagevermögens aktiviert werden. Forschungskosten sind dagegen nicht in die Herstellungskosten einzubeziehen. Der neue § 255 Abs. 2a HGB unterscheidet zwischen der:

- Entwicklung als Anwendung von Forschungsergebnissen für die Neu- oder Weiterentwicklung von Gütern oder Verfahren und
- Forschung im Vorfeld der Suche nach neuen wissenschaftlichen oder technischen Erkenntnissen.

Können Forschung und Entwicklung nicht verlässlich voneinander unterschieden werden, ist eine Aktivierung ausgeschlossen.

Nicht aktiviert werden dürfen selbst geschaffene Marken, Drucktitel, Verlagsrechte, Kundenlisten u. Ä., da in der Praxis eine Abgrenzung zu ebenfalls nicht aktivierungsfähigen selbstgeschaffenen Firmenwert nicht möglich scheint.

Geschäfts- oder Firmenwert

Der erworbene Geschäfts- oder Firmenwert ist grundsätzlich in 15 Jahren nach Steuerrecht bzw. 10 Jahre nach Handelsrecht linear abzuschreiben.

BGA	IKR	SKR03	SKR04	Kontenbezeichnung (SKR)
012	031	0035	0150	Geschäfts- oder Firmenwert
012	032	0040	0160	Verschmelzungsmehrwert
4921	6512	4824	6205	Abschreibung Geschäfts- oder Firmenwert

Es lohnt fast immer zu unterscheiden:

- im Firmenwert enthaltene unselbstständige, geschäftswertbildende Faktoren
- weitere immaterielle Einzelwirtschaftsgüter

Letztere, wenn wir sie denn entdecken, dürfen weitaus schneller abgeschrieben werden.

Die Fortführung des Firmennamens, der Kundenstamm, günstige Einkaufsmöglichkeiten etc. werden zwar in der Theorie als unselbstständige Teile des Geschäftswertes abgehandelt. In der Praxis aber geht hin und wieder eine vierjährige Abschreibung des Kundenstamms oder von Lieferantenbeziehungen durch die Steuerprüfung. So wird die Kundenkartei – Adresse für Adresse – pro Stück verkauft. Lassen Sie also an der Ernsthaftigkeit im Kaufvertrag keinen Zweifel, dass genau dieser Vermögenswert übereignet werden soll.

Ein zeitlich begrenztes Wettbewerbsverbot kann über den betreffenden Zeitraum abgeschrieben werden, wenn es sich um eine wesentliche Grundlage der Geschäftsübernahme handelt. Beim Tod des Vertragspartners wird sofort abgeschrieben.

Für den Praxiswert eines freiberuflichen Unternehmens gilt eine günstigere Rechtsauffassung. Dieser Wert beruht im Wesentlichen auf dem besonderen Vertrauen der Mandanten/Patienten in die Tüchtigkeit des Praxisinhabers. Bei einem Inhaberwechsel verflüchtigt er sich demnach recht schnell, weshalb der Praxiswert in zwei bis fünf Jahren nach dem Erwerb abgeschrieben werden kann. Wenn der frühere Inhaber weiterhin mitarbeitet, sollte der Grad der Mandantenabwanderung noch sorgfältiger geprüft werden. In jedem Fall können die 15 Jahre Abschreibungszeitraum für den Geschäfts- oder Firmenwert deutlich unterschritten werden.

Bei der Anerkennung von Teilwertabschreibungen bei nicht abnutzbaren immateriellen Wirtschaftsgütern, z. B. Konzessionen im Güterfernverkehr im Zuge des Binnenmarktes, taten sich in der Vergangenheit Finanzämter und Gerichte schwer. Bei dieser Art Wirtschaftsgüter sollte man sich tunlichst an laufende Verfahren anhängen und wenn möglich unter Aussetzung der Vollziehung bzw. mit einem offenen gehaltenen Einspruch abwarten.

Außerplanmäßig können abgeschrieben werden:

- Abonnentenstamm bei überdurchschnittlichen Kündigungen,
- Nutzungsrechte bei Einschränkungen oder vorzeitiger Aufgabe,
- Lizenzen bei unerwartet niedrigem Absatz und in den Fällen, in denen Computerprogramme nicht mehr sinnvoll genutzt werden können.

Wenn Gewinn und Umsatz nach einer Geschäftsübernahme während eines längeren Zeitraums zurückgehen, können Sie auch den Geschäfts- oder Firmenwert selbst um eine außerplanmäßige Abschreibung reduzieren.

BGA	IKR	SKR03	SKR04	Kontenbezeichnung (SKR)
4929	655	4826	6210	Außerplanmäßige Abschreibung immaterieller VG

Anzahlungen

Anzahlungen auf immaterielle Anlagegüter werden auf dem folgenden Konto erfasst:

BGA	IKR	SKR03	SKR04	Kontenbezeichnung (SKR)
013	04	0039	0170	Anzahlungen immaterielle Vermögensgegenstände

9.3.2 Sachanlagen

Grundstücke, grundstücksgleiche Rechte und Bauten einschließlich der Bauten auf fremden Grundstücken

Die Anschaffungskosten eines Grundstückes sind auf das aufstehende Gebäude einerseits und den Grund und Boden andererseits aufzuteilen, wobei nur der Anteil am Gebäude Abschreibungsvolumen für die reguläre AfA bildet.

Die **lineare** AfA beträgt bei Gebäuden,

- die älter sind als 1925: 2,5 %
- die seit dem 1.1.1925 erbaut wurden: 2,0 %
- die nach dam 31.12.2022 fertiggestellt worden sind: 3,0 %

Beträgt die tatsächliche Nutzungsdauer bei Betriebsgebäuden weniger als 33 Jahre und bei anderen Gebäuden weniger als 40 bzw. 50 Jahre, kann das Gebäude entsprechend höher abgeschrieben werden. Voraussetzung hierfür ist, dass die technischen oder wirtschaftlichen Umstände für eine entsprechend kürzere tatsächliche Nutzungsdauer sprechen.

Lineare Abschreibungen sind im Jahr der Anschaffung/Herstellung zeitanteilig vorzunehmen, für jeden Monat 1/12 des Jahresbetrages.

Außerordentliche Abschreibungen/Teilwertabschreibungen

Grund und Boden unterliegt zwar gewöhnlich keiner Abnutzung, er kann aber durch besondere Ereignisse an Wert verlieren. Gründe für die Abschreibung auf einen niedrigeren Teilwert können beispielsweise sein:

- Sinken der Grundstückspreise,
- Naturkatastrophen wie z. B. Hochwasser,

- Immissions- und Umweltschäden,
- Änderung der Straßenverkehrsanbindung,
- Fehlentscheidung beim Kauf.

Benötigen Sie z. B. zur Betriebserweiterung ein angrenzendes Grundstück und zahlen dafür einen gegenüber dem Verkehrswert überhöhten Preis, so ist der Ansatz des Teilwerts nicht gerechtfertigt. Eine Fehlentscheidung kann dann vorliegen, wenn sich die Erweiterung wegen der verschlechterten Auftragslage zerschlägt und das teure Grundstück nicht wie vorgesehen genutzt werden kann.

Dieses Anlagevermögen wird auf dem allgemeinen Konto erfasst:

BGA	IKR	SKR03	SKR04	Kontenbezeichnung (SKR)
021	05	0050	0200	Grundstücke, grundstücksgleiche Rechte und Bauten

Grundstücke, grundstücksgleiche Rechte und Bauten auf eigenen Grundstücken werden auf folgende Konten aufgeteilt. Hierzu gehören auch Erbbaurechte und Dauerwohnrechte. Grundstücke mit Substanzverzehr gibt es im Tagebau, Kiesgruben, Steinbrüchen etc.

BGA	IKR	SKR03	SKR04	Kontenbezeichnung (SKR)
022	05	0060	0210	Grundstücke, grundstücksgleiche Rechte
021	050	0065	0215	Unbebaute Grundstücke
022	052	0070	0220	Grundstücksgleiche Rechte
0210	050	0075	0225	Grundstücke mit Substanzverzehr
023	0511	0080	0230	Bauten auf eigenen Grundstücken
021	051	0085	0235	Grundstückswert bebauter Grundstücke
0230	054	0090	0240	Geschäftsbauten
0231	053	0100	0250	Fabrikbauten
0232	055	0115	0260	Andere Bauten
0233	056	0110	0270	Garagen, eigene Grundstücke
0234	0561	0111	0280	Außenanlagen Fabrik und Geschäftsbauten
0211	0561	0112	0285	Hof- und Wegebefestigungen
0235	057	0113	0290	Einrichtung Fabrik- und andere Bauten

Für Wohnbauten sind folgende Konten vorgesehen:

BGA	IKR	SKR03	SKR04	Kontenbezeichnung (SKR)
0236	059	0140	0300	Wohnbauten
0212	0561	0146	0310	Außenanlagen
0213	0561	0112	0315	Hof- und Wegebefestigungen
0237	057	0194	0320	Einrichtungen für Wohnbauten

Bauten auf fremden Grundstücken erfassen Sie auf:

BGA	IKR	SKR03	SKR04	Kontenbezeichnung (SKR)
024	0519	0160	0330	Bauten auf fremden Grundstücken
0241	0539	0165	0340	Geschäftsbauten
0242	0539	0170	0350	Fabrikbauten
0243	0519	0190	0360	Wohnbauten
0244	0519	0179	0370	Andere Bauten
0245	0569	0175	0380	Garagen
0246	0569	0192	0390	Außenanlagen
0247	0569	0315	0395	Hof- und Wegebefestigungen, fremde Grundstücke
0248	0569	0178	0398	Einrichtung Fabrik- und Geschäftsbauten

Bewegliches Sachanlagevermögen

Zum beweglichen Sachanlagevermögen gehören technische Anlagen, Maschinen, Fahrzeuge, Einrichtungen und Geschäftsausstattungen.

Die regulären Abschreibungen werden auf folgendem Konto verbucht:

BGA	IKR	SKR03	SKR04	Kontenbezeichnung (SKR)
491	654	4830	6220	Abschreibungen auf Sachanlagen

Technische Anlagen und Maschinen

Die Anschaffung kann auf folgenden Konten gebucht werden:

BGA	IKR	SKR03	SKR04	Kontenbezeichnung (SKR)
031	07	0200	0400	Technische Anlagen und Maschinen
0310	070	0240	0420	Technische Anlagen
0311	071	0210	0440	Maschinen
0313	072	0220	0460	Maschinengebundene Werkzeuge
0320	073	0280	0470	Betriebsvorrichtungen

Andere Anlagen, Betriebs- und Geschäftsausstattung

BGA	IKR	SKR03	SKR04	Kontenbezeichnung (SKR)
033	08	0300	0500	Betriebs- und Geschäftsausstattung
032	080	0310	0510	Andere Anlagen
034	0841	0320	0520	Pkw
034	0842	0350	0540	Lkw
0345	083	0380	0560	Sonstige Transportmittel
0325	082	0440	0620	Werkzeuge
0331	081	0430	0640	Ladeneinrichtung
0332	087	0420	0650	Büroeinrichtung
0326	085	0460	0660	Gerüst- und Schalungsmaterial
033	087	0490	0690	Sonstige Betriebs- u. Geschäftsausstatt.

Geringwertige Wirtschaftsgüter (GWG)

Bewegliche abnutzbare Vermögensgegenstände des Anlagevermögens bis zu Nettoanschaffungskosten von 800 EUR (GWG) können sofort im Jahr der Anschaffung unabhängig von ihrer tatsächlichen Nutzungsdauer abgeschrieben werden oder – soweit die Nettoanschaffungskosten 1.000 EUR nicht überschreiten – in einen sogenannten Sammelposten eingestellt und über eine Laufzeit von 5 Jahren mit jeweils einem Fünftel gewinnmindernd aufgelöst werden. Zu beachten ist hierbei, dass die GWG regelmäßig in einem gesonderten Verzeichnis aufzuführen sind. Einzig GWGs mit Nettoanschaffungskosten bis 250 EUR können auch ohne Ausweis in einem gesonderten Verzeichnis regelmäßig sofort in voller Höhe als Betriebsausgaben geltend gemacht werden.

Sie können demnach wählen, wie Sie sämtliche GWG innerhalb eines Kalenderjahres einheitlich behandeln wollen. Welches Verfahren Anwendung finden soll, sollte jährlich vor allem im Hinblick auf Ihre jeweiligen Gewinnerwartungen und die Bilanzpolitik des Unternehmens geprüft und neu bestimmt werden.

Seit 2018 haben Sie also folgende Möglichkeit für die Behandlung geringwertiger Wirtschaftsgüter (GWG):

Nettoanschaffungskosten	Ansatz	Aufnahme in ein gesondertes Verzeichnis?
max. 250 EUR	Sofort abzugsfähige Betriebsausgabe	nein
> 250 EUR < 800 EUR	volle Abschreibung im Jahr der Anschaffung	ja
> 800 EUR < 1.000 EUR	Einstellung in einen GWG-Sammelposten und Abschreibung über 5 Jahre (je 1/5)	ja

Achtung

Beachten Sie für sämtliche GWG:

- Die Wirtschaftsgüter sind selbstständig nutzungsfähig. So ist z. B. ein Drucker nicht alleine nutzungsfähig, Sie können ihn nur an einem PC betreiben.
  Lösung: Schreiben Sie den Drucker zusammen mit Ihrem ältesten anschließbaren Computer ab, also auch sofort, wenn der PC drei Jahre oder älter ist.
- Das GWG steht in keinem Nutzungszusammenhang mit anderen, technisch aufeinander abgestimmten Anlagegütern.

Flachpaletten, die Erstausstattung eines Betriebes wie Möbel, Wäsche, Geschirr eines Hotels oder Restaurants, wie Werkzeug-Grundausstattung einer Werkstatt, Einrichtungsgegenstände eines Ladens, die Bibliothek eines Rechtsanwalts etc. stehen zwar im Nutzungszusammenhang, aber sind nicht technisch aufeinander abgestimmt und somit geringwertige Wirtschaftsgüter.

Etwas anderes gilt z. B. für Stahlregalteile, die Sie neu kombinieren könnten. Ausschlaggebend ist der Wert des zusammenhängenden Regals am Jahresende. Lichtleisten (Halterungen und Neonleuchten) sind durch die Montage Teile des Gebäudes und nicht mehr selbstständig bewertungsfähig. Autoradios werden als Bestandteil des Kfz mit ihm abgeschrieben.

Achtung

GWG-Sammelposten sind immer in voller Höhe für den 5-Jahreszeitraum abzuschreiben. Wie auch bereits bei den GWG erfolgt hier regelmäßig kein Ausweis eines Restbuchwertes von 1 EUR.

Auch gilt zu beachten: Scheidet ein in einem Sammelposten ausgewiesenes geringwertiges Wirtschaftsgut aus dem Betriebsvermögen aus, so vermindert sich der Sammelposten trotzdem nicht. Der Sammelposten wird weiter über die verbleibende Laufzeit gleichbleibend abgeschrieben.

Beispiel

Ein Faxgerät wurde zu 175 EUR, eine Sitzgruppe zu 1.325 EUR (lt. Rechnung: 4 Stühle à 175 EUR, 1 Tisch zum Sonderpreis 625 EUR) angeschafft und jeweils mit Schecks bezahlt. Die USt. bleibt in diesem Beispiel außer Betracht.

Der Unternehmer entscheidet sich für den Ausweis der geringwertigen Wirtschaftsgüter in einem GWG-Sammelposten. Das Faxgerät ist aufgrund seiner Nettoanschaffungskosten von < 250 EUR sofort als Betriebsausgabe abzuziehen.

Buchung:

Bürobedarf	175 EUR	
an Bank		175 EUR
Und		

Geringwertige Wirtschaftsgüter Sammelkonto	1.325 EUR	
an Bank		1.325 EUR

Zum Jahresabschluss wird für den Sammelposten gebucht:

Abschreibungen Sammelposten GWG	265 EUR	
an Sammelposten Geringwertige Wirtschaftsgüter		265 EUR

Weitere Konten zu GWG:

BGA	IKR	SKR03	SKR04	Kontenbezeichnung (SKR)
037	089	0480	0670	Geringwertige Wirtschaftsgüter
037	089	0485	0675	GWG 250 bis 1000 EUR (Sammelposten)
4912	6549	4855	6260	Sofortabschreibung GWGs
4912	6549	4862	6264	Abschreibungen auf den Sammelposten GWG

9.3.3 Mietereinbauten und -umbauten

Baumaßnahmen, die der Mieter auf seine Rechnung vornimmt, können Mietereinbauten oder -umbauten sein. Die dafür aufgebrachten Aufwendungen sind vom Mieter entweder zu aktivieren oder sofort als Betriebsausgabe abzuziehen.

Als zu aktivierende Mietereinbauten und Mieterumbauten kommen infrage:

- Betriebsvorrichtungen,
- sonstige Mietereinbauten oder Mieterumbauten und
- Scheinbestandteile.

Sie werden nur »zu einem vorübergehenden Zweck« (§ 95 BGB) in das Gebäude eingefügt und weisen auch nach ihrem Ausbau noch einen beachtlichen Wiederverwendungswert auf. Dieser Wert darf durch den Ausbau nicht bis an die Grenze des Schrottwerts zerstört werden.

Ein Scheinbestandteil liegt auch vor, wenn der Mieter verpflichtet ist, bei Auszug den eingebauten Gegenstand wieder zu entfernen. Als »vorübergehender« Zweck gilt nicht, wenn die Nutzungsdauer kürzer ist als die voraussichtliche Mietdauer.

Beispiel

Der Mieter baut fünf Jahre vor Ablauf des Mietvertrags die Mieträume nach seinen betrieblichen Zwecken um, indem er mobile Zwischenwände neu einzieht. An einen Aufwandsersatz auch nur eines Teils der Kosten von 21.000 EUR ist im Falle des Auszugs nicht gedacht, im Gegenteil: Der Mieter hat sämtliche baulichen Veränderungen zu entfernen und die Mieträume in den ursprünglichen Zustand zu versetzen. Die Kosten sind als Mietereinbauten (Einbauten in fremde Grundstücke) zu aktivieren und als bewegliches Wirtschaftsgut auf fünf Jahre abzuschreiben.

9.3.4 Betriebsvorrichtungen

Betriebsvorrichtungen sind Maschinen und sonstige Vorrichtungen aller Art, die zu einer Betriebsanlage gehören, selbst wenn sie wesentliche Bestandteile eines Grundstücks sind. Sie dienen eben nicht der Gebäudenutzung im Allgemeinen, sondern den besonderen Zwecken des Betriebes. Hierzu zählen z. B.:

- Arbeitsbühnen, Bedienungs- und Beschickungsbühnen, Krananlagen, Lastenaufzüge, Transportbänder,
- Kühltürme, Kläranlagen, Schornsteine,
- Vorrichtungen, Befestigungen oder Fundamente für technische Anlagen und Maschinen.

Handelt es sich um Beleuchtungsanlagen, Belüftungsanlagen, Klimageräte, Öfen, Heizungsanlage u. Ä. kommt es darauf an, ob sie überwiegend betrieblichen Zwecken dienen oder auch allgemein genutzt werden können.

Scheinbestandteile und **Betriebsvorrichtungen** gelten rechtlich als bewegliche Wirtschaftsgüter, selbst wenn sie fest vermauert sind. Die Abschreibungsdauer entspricht der voraussichtlichen Mietzeit – es sei denn, für diese Gegenstände gilt eine kürzere betriebsgewöhnliche Nutzungsdauer.

Beispiel

Eine gemeinnützige GmbH nimmt in einem angemieteten Wohnhaus für betreute Menschen umfangreiche Umbaumaßnahmen vor. So entstehen aus Drei- und Vierbettzimmern durch zusätzliche Zwischenwände Ein- und Zweibettzimmer mit neuen sanitären Installationen. Waschbecken und Duschkabinen werden behindertengerecht vergrößert und abgesenkt und einige Türen für Rollstühle verbreitert. Die Umbaukosten inklusive der Planungskosten des Innenarchitekten führen zu Herstellungskosten der Betriebsvorrichtung zur Behindertenbetreuung.

Nach Ablauf einer Festmietzeit von 10 Jahren soll sich der Mietvertrag – sofern er nicht fristgerecht gekündigt worden ist – jeweils um fünf Jahre verlängern. Zumindest eine einmalige Verlängerung ist vorgesehen, weshalb die voraussichtliche Mietdauer 15 Jahre beträgt. Bei Auszug müssen laut Mietvertrag sämtliche Umbauten entfernt werden. Die Umbaukosten sind deshalb linear innerhalb dieser 15 Jahre abzusetzen.

Sonstige Mietereinbauten und Mieterumbauten

Sonstige Mietereinbauten und Mieterumbauten können Gegenstände sein, die unmittelbar den **besonderen betrieblichen oder beruflichen Zwecken des Mieters** dienen und mit dem Gebäude nicht in einem einheitlichen Nutzungs- und Funktionszusammenhang stehen.

Beispiel

Der Mieter schafft durch Entfernen von Zwischenwänden ein Großraumbüro.

Der Mieter entfernt die vorhandenen Zwischenwände und teilt durch neue Zwischenwände den Raum anders ein.

Der Mieter gestaltet das Gebäude so um, dass es für seine besonderen gewerblichen Zwecke nutzbar wird, z. B. Entfernung von Zwischendecken, Einbau eines Tors, das an die Stelle einer Tür tritt.

Der Mieter ersetzt eine vorhandene Treppe durch eine Rolltreppe.

Um **sonstige Mietereinbauten und Mieterumbauten** handelt es sich auch, wenn die Bauten im **wirtschaftlichen Eigentum** des Mieters stehen. Danach sind die eingebauten Sachen

- entweder während der voraussichtlichen Mietdauer technisch oder wirtschaftlich verbraucht
- oder der Mieter kann bei Beendigung des Mietvertrages vom Eigentümer mindestens die Erstattung des Zeitwerts verlangen.

Solche Mietereinbauten gelten – im Gegensatz zu den Scheinbestandteilen und den Betriebsvorrichtungen – als unbewegliche Wirtschaftsgüter. Ohne gesonderte vertragliche Vereinbarung mit dem Gebäudeeigentümer unterliegen diese Bauten der regulären Gebäudeabschreibung von maximal 3 %.

BGA	IKR	SKR03	SKR04	Kontenbezeichnung (SKR)
0249	080	0450	0680	Einbauten in fremde Grundstücke

Geleistete Anzahlungen und Anlagen im Bau

Anzahlungen auf Anlagevermögen werden auf separaten Konten erfasst und schließlich auf das angeschaffte Wirtschaftsgut umgebucht, wenn dieses geliefert und in betriebsbereiten Zustand versetzt wurde.

Beispiel

Die georderte Druckmaschine wird zum 25.03. mit einem Drittel des Kaufpreises (netto 300.000 EUR) angezahlt und drei Monate später bei Zahlung eines weiteren Drittels geliefert. Der Restkaufpreis wird drei weitere Monate gestundet.

Anzahlung

Soll	Haben	GegenKto	Datum	Konto	Text
	100.000,00	0299/0780		1200/1800	Anzahlung Druckmaschine
	19.000,00	1570/1400		1200/1800	Druckmaschine Vorsteuer

Anschaffung der Maschine

a) Zahlung des zweiten Drittels

Soll	Haben	GegenKto	Datum	Konto	Text
	100.000,00	0210/0440		1200/1800	2. Rate Druckmaschine
	19.000,00	1570/1400		1200/1800	Druckmaschine Vorsteuer

b) die Anzahlung ist umzubuchen

Soll	Haben	GegenKto	Datum	Konto	Text
	100.000,00	0210/0440		0299/0780	Umbuchung Anzahlung

c) die ausstehende Kaufpreisrate wird als Verbindlichkeit aus Lieferungen und Leistungen eingebucht.

Soll	Haben	GegenKto	Datum	Konto	Text
	100.000,00	0210/0440		1610/3310	ausstehende Rate
	19.000,00	1570/1400		1610/3310	Druckmaschine Vorsteuer

BGA	IKR	SKR03	SKR04	Kontenbezeichnung (SKR)
0355	090	0299	0780	Anzahlung auf technische Anlagen
0351	090	0079	0705	Anzahlung auf Grundstücke ohne Bauten
035	090	0129	0720	Anzahlung auf Bauten auf eigene Grundstücke
0352	090	0159	0735	Anzahlung auf Wohnbauten auf eigene Grundstücke
0353	090	0189	0750	Anzahlung auf Bauten auf fremde Grundstücke
0354	090	0199	0765	Anzahlung auf Wohnbauten auf fremde Grundstücke
0356	090	0499	0795	Anzahlung Betriebs- u. Geschäftsausstattung

Wie Anzahlungen sind auch Anlagen im Bau zu erfassen. Bei Fertigstellung sind diese Konten ggf. aufzulösen und der Saldo auf das Anlagegut umzubuchen.

BGA	IKR	SKR03	SKR04	Kontenbezeichnung (SKR)
036	095	0120	0710	Geschäfts-, Fabrik- und andere Bauten im Bau
0363	095	0180	0740	Geschäfts-, Fabrik- und andere Bauten im Bau auf fremden Grundstücken
0364	095	0195	0755	Wohnbauten im Bau
0365	095	0290	0770	Technische Anlagen und Maschinen im Bau
0366	095	0290	0785	Betriebs- u. Geschäftsausstattung im Bau

9.3.5 Finanzanlagen

Für die Finanzanlagen Nr. 1 bis Nr. 4 ist der Ausweis dieser Positionen nur für Kapitalgesellschaften vorgeschrieben.

- Anteile an verbundenen Unternehmen,
- Ausleihungen an verbundene Unternehmen,
- Beteiligungen,
- Ausleihungen an Unternehmen, mit denen ein Beteiligungsverhältnis besteht,
- Wertpapiere des Anlagevermögens,
- sonstige Ausleihungen.

Wertpapiere des Anlagevermögens

Wertpapiere sind Urkunden, die ein Recht verbriefen, das zur Ausübung des Rechts eben diese Urkunde erfordert. Zu den Wertpapieren zählen somit keine GmbH-Anteile oder Anteile an Personengesellschaften. Als dauerhafte Finanzanlage – nicht nur für kurzfristige Liquiditätsüberschüsse– sind sie im Anlagevermögen zu aktivieren.

BGA	IKR	SKR03	SKR04	Kontenbezeichnung (SKR)
045	15	0525	0900	Wertpapiere des Anlagevermögens

Gewinne aus dem Verkauf von Wertpapieren, die aus Betriebsmitteln angeschafft wurden, können entweder (teilweise) steuerpflichtige Betriebseinnahmen oder – nach Ablauf der Spekulationsfrist – private steuerfreie Einnahmen darstellen. Entsprechende Verluste sind entweder steuermindernde Betriebsausgaben oder aber mit keinen anderen Einkunftsarten zu verrechnende Verluste aus Spekulationen.

Betriebliche Veräußerungsgewinne sind zu 40 % steuerfrei (§ 3 Nr. 40 EStG).

Zu den Anschaffungskosten eines Wertpapiers gehören alle Aufwendungen zum Zwecke des Erwerbs, also auch die Nebenkosten und die nachträglichen Anschaffungskosten. Bei den Nebenkosten sind hauptsächlich Maklergebühren (Courtage) und Bankgebühren zu nennen. Nachschüsse bei Termingeschäften sind ein Beispiel für nachträgliche Anschaffungskosten. Gewinnanteile wie beispielsweise Dividenden vor ihrer Ausschüttung bilden einen Teil der Anschaffungskosten, die sich entweder in einem höheren Kurs ausdrücken oder zusätzlich zeitanteilig ausgezahlt werden. Nicht zu den Anschaffungskosten gehören dagegen die sogenannten Stückzinsen. Das sind bis zum Erwerb aufgelaufene Zinsen, die dem Wertpapierverkäufer zustehen, aber dem Erwerber als dem Inhaber des Zinsscheines bei der nächsten Zinsfälligkeit gutgeschrieben werden. Gezahlte Stückzinsen gelten stattdessen als negative Zinserträge. Sie werden bei Papieren im Betriebsvermögen als Zinsaufwand gebucht.

Zu den Teilhaber- bzw. Dividendenpapieren gehören die Aktien. Sie verbriefen Mitgliedsrechte an einer Aktiengesellschaft auf vermögenswerte Leistungen wie Dividendenanspruch, Bezugsrechte auf »junge Aktien« u. Ä. sowie gesellschaftsrechtliche Rechte wie Stimmrecht und Auskunftsrecht. Liegen die Papiere im Girosammeldepot, ermitteln Sie den Durchschnittswert der Anschaffungskosten bzw. den niedrigeren Kurs zum Bilanzstichtag. Papiere in Streifbandverwahrung, im Schließfach oder Ihrem eigenen Safe dürfen Sie aus Vereinfachungsgründen ebenfalls zu durchschnittlichen Anschaffungskosten bewerten. Hier ist daneben die Einzelbewertung zulässig bzw. geboten, soweit Sie die Papiere identifizieren können.

BGA	IKR	SKR03	SKR04	Kontenbezeichnung (SKR)
0451	150	0525	0910	Wertpapiere mit Gewinnbeteiligungsansprüchen

Festverzinsliche Wertpapiere mit gewöhnlich langer Laufzeit werden regelmäßig und in gleichbleibender Höhe verzinst. Der Inhaber hat Anspruch auf den – auf die Urkunde gedruckten – Nennbetrag. Die Schuldurkunden, in denen sich der Aussteller verpflichtet, dem Inhaber (Gläubiger) den Nennbetrag und die Zinsen zu zahlen, heißen deshalb auch Schuldverschreibung, Anleihe oder Obligation.

BGA	IKR	SKR03	SKR04	Kontenbezeichnung (SKR)
0452	156	0535	0920	Festverzinsliche Wertpapiere

Den Bestand an Wertpapieren weisen Sie mit Depotauszügen, Kopien der Papiere oder ähnlichen Dokumenten nach.

Wenn bei Gegenständen des Anlagevermögens eine voraussichtlich dauernde Wertminderung eingetreten ist, so muss auf den niedrigeren Wert abgeschrieben werden. Da in der Gewinn- und Verlustrechnung unter Nr. 12 Abschreibungen auf Finanzanlagen und auf Wertpapiere des Umlaufvermögens zusammengefasst sind, sollen die Abschreibungen beim Umlaufvermögen behandelt werden.

Was tun, wenn die Wertminderung sich im Nachhinein als nur vorübergehend erweist? Alle Kaufleute haben zwingend die weggefallene Wertminderung ganz oder teilweise wettzumachen (Zuschreibung). Die Obergrenze dieser Wertaufholung besteht allerdings in den (fortgeführten) Anschaffungs- oder Herstellungskosten.

BGA	IKR	SKR03	SKR04	Kontenbezeichnung (SKR)
273	544	2710	4910	Erträge Zuschreibung Gegenstände des Anlagevermögens

Sonstige Ausleihungen

Ausleihungen – das sind Darlehen, Hypotheken, Grund- und Rentenschulden – werden üblicherweise mit dem vertraglichen Nennbetrag – Auszahlungsbetrag – angesetzt. Abschreibungsbedarf wegen einer Wertminderung kann jedoch entstehen:

- weil die Forderung ganz oder teilweise ausfallen wird,
- weil der Wechselkurs einer Forderung in fremder Währung verfällt. Ermitteln Sie hierbei anhand des Tageskurses am Bilanzstichtag den Wert der Ausleihung und schreiben Sie die Differenz zum alten Wert als Kursverluste ab.
- weil die Forderung zinsfrei oder zu niedrig verzinst gewährt wurde (gilt nicht für zinsfreie Arbeitnehmerdarlehen).

Hier soll nach Willen der Finanzbehörden eine Abschreibung bis auf einen mit 5,5 % abgezinsten Barwert der Darlehensforderung erfolgen.

Beispiel

Sie gewähren für zwei Jahre einem Ihnen nahestehenden Unternehmen zur Überbrückung einer Liquiditätsschwäche ein zinsfreies Darlehen in Höhe von 111.303 EUR.

Der Teilwert der zinsfreien Ausleihung beträgt:

111.303 EUR : $(1 + 0.055)^2$ = 100.000 EUR.

Zum Jahresabschluss schreiben Sie deshalb den Wertabschlag ab.

Soll	Haben	GegenKto	Datum	Konto	Text
11.303,00		0540/0930		4870/7200	Abschreibung auf Ausleihung

BGA	IKR	SKR03	SKR04	Kontenbezeichnung (SKR)
046	16	0540	0930	Sonstige Ausleihungen
046	16	0550	0940	Darlehen
0453	160	0570	0980	Genossenschaftsanteile zum langfristigen Verbleib
493	740	4870	7200	Abschreibungen auf Finanzanlagen

Den 15 Anlagenpositionen in der Handelsbilanz stehen 60 Muss-Felder in der E-Bilanz gegenüber:

- Anlagevermögen
  - Immaterielle Vermögensgegenstände
    - entgeltlich erworbene Konzessionen, gewerbliche Schutz- und ähnliche Rechte und Werte sowie Lizenzen an solchen Rechten und Werten
    - Geschäfts-, Firmen- oder Praxiswert
      - derivativer Firmenwert (Goodwill)
    - geleistete Anzahlungen
    - sonstige immaterielle Vermögensgegenstände
  - Sachanlagen
    - Grundstücke, grundstücksgleiche Rechte und Bauten einschließlich der Bauten auf fremden Grundstücken
      - unbebaute Grundstücke
      - grundstücksgleiche Rechte ohne Bauten
      - Bauten auf eigenen Grundstücken und grundstücksgleichen Rechten
        - davon Grund- und Boden-Anteil
      - Bauten auf fremden Grundstücken
      - Übrige Grundstücke, nicht zuordenbar
    - technische Anlagen und Maschinen
    - andere Anlagen, Betriebs- und Geschäftsausstattung
    - Geschäfts- und Vorführwagen
      - Geschäftswagen
      - Vorführwagen
    - Geleistete Anzahlungen und Anlagen im Bau
    - sonstige Sachanlagen
      - vermietete Anlagenwerte
      - übrige sonstige Sachanlagen, nicht zuordenbare Sachanlagen

Finanzanlagen
- davon Ausleihungen an Gesellschafter
- Anteile an verbundenen Unternehmen
  - Anteile an Personengesellschaften
  - Anteile an Kapitalgesellschaften
  - nach Rechtsform nicht zuordenbar
  - davon Anteile an herrschender oder an mit Mehrheit beteiligter Gesellschaft
- Ausleihungen an Gesellschafter
  - Ausleihungen an GmbH-Gesellschafter und stille Gesellschafter
  - Ausleihungen an persönlich haftende Gesellschafter
  - Ausleihungen an Kommanditisten
  - nicht nach Rechtsform des Gesellschafters zuordenbar
- Ausleihungen an verbundene Unternehmen
  - Ausleihungen an Personengesellschaften
  - Ausleihungen an Kapitalgesellschaften
  - Ausleihungen an Einzelunternehmen
  - Ausleihungen an Unternehmen, nach Rechtsform nicht zuordenbar
  - davon Ausleihungen an herrschender oder an mit Mehrheit beteiligter Gesellschaft
- Beteiligungen
  - davon Beteiligungen an assoziierten Unternehmen
  - davon Anteile an Joint Ventures
  - Beteiligungen an Personengesellschaften
  - Beteiligungen an Kapitalgesellschaften
  - Beteiligungen, stille Beteiligungen
    - typisch stille Beteiligung
    - atypisch stille Beteiligung
- Ausleihungen an Unternehmen, mit denen ein Beteiligungsverhältnis besteht
  - davon Ausleihungen an beteiligte Unternehmungen
  - davon Ausleihungen an Beteiligungen
  - davon Ausleihungen an assoziierte Unternehmen
  - davon Ausleihungen an Joint Ventures
  - Ausleihungen an Personengesellschaften
  - Ausleihungen an Kapitalgesellschaften
  - nicht nach Rechtsform zuordenbar
- Wertpapiere des Anlagevermögens
- Sonstige Ausleihungen
- Sonstige Finanzanlagen
  - sonstige Finanzanlagen, Rückdeckungsansprüche aus Lebensversicherungen (langfristiger Verbleib)

9.4 Anlagenspiegel

Im Gegensatz zum Anlagenverzeichnis mit Einzelaufstellungen sämtlicher Wirtschaftsgüter werden in einem Anlagenspiegel Anlagegüter zu bestimmten Gruppen zusammengefasst (z. B. Grundstücke, Fahrzeuge, Geschäftsausstattung usw. und die Wertentwicklung dieser Anlagenpositionen dargestellt.

So enthält ein Anlagenspiegel Angaben über:

- historische Anschaffungs- oder Herstellungskosten,
- Zugänge und Abgänge,
- Umbuchungen,
- kumulierte Abschreibungen und Zuschreibungen des laufenden Geschäftsjahrs,
- den Buchwert zu Beginn des Wirtschaftsjahrs sowie
- den Restbuchwert am Schluss des Jahres.

Bislang gab es die Verpflichtung zur Aufstellung eines Anlagenspiegels nur für mittelgroße und große Kapitalgesellschaften. Bis zum Jahresabschluss 2016 wurde dieser auch immer weiter aufgebläht – zuletzt bis auf 12 Spalten.

Ab dem Jahresabschluss 2017 jedoch wird die Übermittlung von drei Anlagenspiegeln in der E-Bilanz für sämtliche bilanzierende Unternehmer Pflicht. Der Bruttoanlagenspiegel als größter von ihnen besteht aus 60 obligatorischen Anlagenpositionen mit jeweils 30 Spalten.

Damit hat im Namen des Bürokratieabbaus jeder bilanzierende Einzelunternehmer des Jahres 2017 einen zehnmal größeren Anlagenspiegel aufzustellen als ein Großkonzern des Jahres 2016. Zum Befüllen der elektronischen Version des Anlagenspiegels mit unzähligen »NIL«-Werten benötigen Sie Softwareunterstützung.

Deshalb wird zur besseren Übersicht lediglich auf den am Ende des Kapitels abgebildeten handelsrechtlichen Anlagenspiegel Bezug genommen.

Spalte 1: Anschaffungs-/Herstellungskosten (AHK) zu Beginn des Wirtschaftsjahres

Im Bruttoanlagenspiegel sind in dieser Spalte die historischen Werte sämtlicher zu Beginn des Geschäftsjahres (Wj.) vorhandenen Anlagegüter erfasst. In diesen Summen ist demnach abzulesen, von welchen Anschaffungs- und Herstellungskosten ursprünglich abgeschrieben wurde. Tragen Sie die Werte aus dem Vorjahr vor. Auch bereits voll abgeschriebene Anlagegüter müssen erfasst werden, sofern sie noch im Anlagevermögen existieren.

Beispiel: Anschaffungs- und Herstellungskosten im Anlagenspiegel

Sämtliche Anschaffungskosten der zu Jahresbeginn vorhandenen Betriebsgrundstücke (**Anlageposten Grundstücke**) betragen insgesamt 1.000.000 EUR, Betriebsgebäude (**Anlageposten Gebäude**) 500.000 EUR usw.

Spalte 2: Zugang

Ein **Anlagezugang** liegt vor, wenn ein Wirtschaftsgut in das sogenannte wirtschaftliche **Eigentum** des Unternehmens übergeht. Der Zugang wird mit den Anschaffungs- bzw. Herstellungskosten eingetragen. Addieren Sie auch nachträgliche Anschaffungskosten dazu.

Erhaltungs- bzw. Reparaturaufwand, der sofort als Betriebsausgaben gebucht werden darf, liegt vor, wenn es dabei nicht

- zu einer Substanzmehrung,
- zu einer Wesensänderung oder
- zu einer Verbesserung im Gebrauch des Wirtschaftsgutes

kommt.

Ein **Anlagezugang** liegt vor, wenn

- eine Anlage in das (wirtschaftliche) Eigentum des Unternehmens übergeht oder
- eine im Bau befindliche Anlage fertiggestellt wird.

Der Zugang wird mit den Anschaffungs- bzw. den Herstellungskosten gebucht. Folgende 5 Fälle sind in dieser Spalte erfasst:

1. Buchung in einer Summe
2. Buchung von Einzelbelegen
3. Nachträgliche Buchung von zusätzlichen Anschaffungskosten
4. Nachaktivierung, z. B. von zunächst als Aufwand gebuchten Herstellungskosten oder aufgrund einer Steuerprüfung
5. Umbuchung eines fertiggestellten Anlageguts

Auch hier gilt: Nicht jede nachträgliche Wertsteigerung führt zwangsläufig zu nachträglichen Anschaffungskosten oder zur Nachaktivierung. Führt dieser Aufwand

- weder zu einer Substanzmehrung
- noch zu einer Wesensänderung,
- noch zu einer Verbesserung im Gebrauch des Wirtschaftsgutes,
- liegt stattdessen sofort abzugsfähiger Reparatur- bzw. Erhaltungsaufwand vor.

Beispiel: Nachträgliche Anschaffungskosten

Im Laufe des Jahres wurde der Anbau des Betriebsgebäudes (**Anlageposten Gebäude**) zu Herstellungskosten von 50.000 EUR fertiggestellt, ein weiterer Firmenwagen (**Anlageposten Pkw**) zum Preis von 37.000 EUR sowie im Zuge der Renovierung Einrichtungen und Möbel (**Anlageposten Betriebsausstattung**) zu 304.200 EUR ange-schafft. Der Ersatz sämtlicher Computerbildschirme (**Anlageposten Büro-ausstattung**) führt zu nachträglichen Anschaffungskosten von 6.200 EUR.

Spalte 3: Abgang

Beim Abgang eines Anlagegutes durch **Verkauf, Entnahme oder Verschrottung** werden die ursprünglich aktivierten historischen Anschaffungs- oder Herstellungskosten in voller Höhe unter den Abgängen erfasst.

Die auf die ausgeschiedenen Vermögensgegenstände entfallenden **kumulierten Abschreibungen** müssen deshalb im Jahr des Abgangs aus der entsprechenden Spalte des Anlagenspiegels entfernt werden. Bei den zeitanteiligen Abschreibungen des Geschäftsjahres sind die bis zum Abgang abgelaufenen Monate als Zwölftel der Jahresabschreibung anzusetzen. Beim Abgang im Mai zum Beispiel 5/12 der Jahres-Abschreibung.

Teilzugänge und -abgänge verkomplizieren solche zeitanteiligen Abschreibungen. Ihr Anlagenprogramm sollte Sie bei der Ermittlung des Buchwerts durch Angabe der mengenmäßigen Abgänge zu Anschaffungspreisen unterstützen.

Beispiel: Abgang aus dem Finanzanlagevermögen

Unter den Finanzanlagen war eine Geschäftsbeteiligung an einer GmbH (**Anlageposten Finanzanlagen**) im Wert von 30.000 EUR ausgewiesen. Die Beteiligung wird im laufenden Jahr verkauft.

Spalte 4: Umbuchungen

Umbuchungen erfolgen nicht aufgrund von Mengen- oder Wertänderungen des Anlagenvermögens, sondern beinhalten lediglich die **Umgliederung** bereits vorhandener Anlagewerte auf andere Positionen des Anlagenspiegels.

So müssen z. B. im Bau befindliche Anlagen bei Fertigstellung von der Bilanzposition »**Anlagen im Bau**« auf die endgültige Bilanzposition umgebucht werden.

Unter dieser Position sind sämtliche Aufwendungen für Investitionen zu aktivieren, ohne dass die Anlage zum Bilanzstichtag fertiggestellt ist. Es ist nicht möglich, auf Anlagen im Bau planmäßige Abschreibungen vorzunehmen (AfA = Absetzung für Abnutzung). Allerdings sind oft steuerliche Sonderabschreibungen zulässig und es sind ggf. Zuschüsse und Ansparrücklagen zum Abzug von den Herstellungskosten zu erfassen.

Beispiel: Umbuchungen aus Anlagen im Bau

Zum Vorjahresende war ein Anbau des Bürogebäudes zu 2/3 fertig. Weitere 50.000 EUR Herstellungskosten im laufenden Jahr sind bereits als Zugang erfasst. Die Gesamtkosten des neuen Anbaus betragen somit 150.000 EUR. Die unter dem **Anlageposten Anlagen im Bau** ausgewiesenen 100.000 EUR sind im Jahr der Fertigstellung auf den **Anlageposten Gebäude** umzugliedern (+ 100.000 EUR).

Spalte 5: Anschaffungs-/Herstellungskosten (AHK) zum Ende des Wirtschaftsjahres

In dieser Spalte werden die historischen Werte sämtlicher zum Ende des Geschäftsjahres (Wj.) vorhandenen Anlagegüter erfasst. In den Summen der ersten vier Spalten ist demnach abzulesen, von welchen Anschaffungs- und Herstellungskosten ursprünglich abgeschrieben wurde:

	Anschaffungs-/Herstellungskosten (AHK) zu Beginn des Wirtschaftsjahrs
+	Zugang
+	Abgang
+/−	Umbuchungen
=	Anschaffungs-/Herstellungskosten (AHK) zum Ende des Wirtschaftsjahrs

Spalte 6 bis 10: Kumulierte Abschreibungen

Kumulierte Abschreibungen sind die aus vergangenen Jahren aufgelaufenen Abschreibungen sämtlicher vorhandenen Anlagegüter. Wie bei den historischen Anschaffungs-/Herstellungskosten sind ausgeschiedene Anlagegüter herauszurechnen. Die kumulierten Abschreibungen lassen sich für jede einzelne Position des AV wie folgt berechnen:

	Kumulierte Abschreibungen zu Beginn des Geschäftsjahres Spalte 6
+	Abschreibungen des Geschäftsjahres Spalte 7
−	auf Abgänge entfallende kumulierte Abschreibungen Spalte 8
+/−	auf Umbuchungen entfallende kumulierte Abschreibungen Spalte 9
=	kumulierte Abschreibungen zum Ende des Geschäftsjahres Spalte 10

In der Spalte 7 sind nur die Abschreibungen des Geschäftsjahres, die bei den einzelnen Anlagegegenständen aufgrund der Bewertungsgrundsätze in Betracht kommen, aufzunehmen.

Beispiel: Abschreibungen des Geschäftsjahres

Der Firmen-Lkw (**Anlageposten Lkw**) wird im letzten Jahr seiner betriebsgewöhnlichen Nutzungsdauer um 19.613 EUR auf 1 EUR Erinnerungswert abgeschrieben.

Abschreibungen auf Umbuchungen

Auf das zu 100.000 EUR neu gefertigte Gebäude entfallen Abschreibungen von 2.500 EUR.

Spalte 11: Zuschreibungen

Zuschreibungen sind in der Regel Abschreibungen der Vorjahre, die rückgängig gemacht werden. Dies erfolgt, wenn die Gründe für Abschreibungen nicht mehr bestehen. Zum Beispiel sind Zuschreibungen aus Vorjahren vorgenommene **Teilwertabschreibungen.**

Nachträgliche Wertsteigerungen ohne vorangegangene Abschreibung gehören in der Regel nicht zu den Zuschreibungen. Sie sind entweder als Zugang (Nachaktivierung) oder als Erhaltungsaufwand zu beurteilen. Wenn in den Vorjahren ein niedrigerer Wertansatz unzulässig war, ist nicht zuzuschreiben, sondern stattdessen der **fehlerhafte Ansatz zu korrigieren.**

Tipp: Abschreibungsplan korrigieren

Theoretisch sind Zuschreibungen auch dann zulässig, wenn **planmäßige Abschreibungen zu hoch angesetzt** waren und damit stille Reserven gebildet wurden.

Bei Kapitalgesellschaften ist dies ohnehin nicht erlaubt. Das Finanzamt könnte jedoch Einwände gegen die überhöhten Abschreibungen vorbringen. Hier wird anstelle von Zuschreibungen vorgeschlagen, den Abschreibungsplan zu korrigieren und den Buchwert über die tatsächliche restliche Nutzungsdauer zu verteilen.

Tragen Sie Zuschreibungen in der Abschreibungsspalte mit negativen Vorzeichen ein.

Beispiel: Zuschreibung

Auf eine alte Maschine wurden in den Vorjahren außerordentliche Abschreibungen in Höhe von 40.000 EUR wegen technischer und wirtschaftlicher Überalterung angesetzt. Diese Teilwertabschreibung ist jedoch nicht zu halten, da wider Erwarten auf ihr nach wie vor marktgängige Produkte produziert werden.

Zuschreibung Maschine (**Anlageposten Maschinen**) 40.000 EUR

Spalte 12: Buchwert am Schluss des Geschäftsjahres

Die Buchwerte am Schluss des Geschäftsjahres werden in die Bilanz, die auf den Schluss dieses Geschäftsjahres aufzustellen ist, übertragen. Ebenso lassen sich die Abschreibungen des Geschäftsjahres in der Gewinn- und Verlustrechnung abgleichen.

Brutto-Anlagenspiegel zum 31.12.20 - Handelsrecht

	1. Anschaff./ Herstell. Kosten	2. Zu-gänge	3. Ab-gänge	4. Umbuchungen	5. Anschaff./ Herstell. Kosten	6. kumulierte Abschreibungen	7. Abschreibungen Geschäftsjahr	8. Ab-gänge	9. Umbuchungen	10. kumulierte Abschreibungen	11. Zuschreibungen Geschäftsjahr	12. Buchwert
	01.01.20				31.12.20	01.01.20				31.12.20		31.12.20
I. Immaterielle Vermögens-gegenstände	150.000				150.000	120.000	10.000			130.000		20.000
					0	0						0
II. Sachanlagen	2.393.750				2.393.750	0				0		2.393.750
Grundstücke	1.000.000				1.000.000	0						1.000.000
Gebäude	500.000	50.000		100.000	650.000	280.000	10.000		2.500	287.500		362.500
Maschinen	450.000				450.000	330.000	25.000			355.000	40.000	135.000
Pkw	79.000	37.000			116.000	19.750	19.750			39.500		76.500
Lkw	78.450				78.450	58.836	19.613			78.449		1
Betriebs-ausstattung	140.500	304.200			444.700	116.400	68.025			184.425		260.275
Büro-ausstattung	45.800	6.200			52.000	33.200	12.101			45.301		6.699
Anlagen im Bau	100.000			−100.000	0	0				0		0
					0	0						0
III. Finanzanlagen	120.000	0	30.000		150.000	20.000	20.000			40.000		110.000
	2.663.750	397.400	30.000	0	3.091.150	978.186	184.489	0	2.500	1.160.175	40.000	1.970.975

10 Umlaufvermögen

Ablaufplan Jahresabschluss
1. Vortragen der Eröffnungsbilanz
2. Abstimmen der Buchhaltung
3. Abstimmen: Aktiva
4. Abstimmen: Passiva
5. Abstimmen: Aufwendungen und Erträge
6. Inventur
7. Abschlussbuchungen – Aufstellen der Bilanz
8. Anlagevermögen, Abschreibungen, Anlagenspiegel
9. Umlaufvermögen
10. Passiva
11. Gewinn- und Verlustrechnung
12. Steuererklärungen
13. Die fertige Bilanz und GuV
14. Übertragen der E-Bilanz

Hier erfahren Sie über

- Wertansätze der Warenvorräte, Roh-, Hilfs- und Betriebsstoffe des Umlaufvermögens aus den Inventurvorgaben,
- der unfertigen und fertigen Erzeugnisse und nicht abgerechneten Leistungen,
- die Verbuchung der Bestandsveränderungen

sowie folgender Positionen:

- Der Ansatz erhaltener Anzahlungen auf Bestellungen,
- Finanzwechsel,
- Forderungen gegen Personal durch Lohn- und Gehaltsvorschüsse, geleistete Kautionen, kurzfristige Darlehen,
- durchlaufende Posten, Agenturwarenabrechnung bzw. Kommissionsabrechnung, (vorläufig) nicht abziehbare Vorsteuern, Wertpapiere des Umlaufvermögens.

Zu Forderungen aus Lieferungen und Leistungen:

- Unüblich hohe Abschreibungen im Umlaufvermögen
- Bei der Erfassung von Forderungsverluste oder Einzelwertberichtigung berücksichtigen Sie konkrete Risiken, die einzelne Forderungen betreffen.
- Mit der Pauschalwertberichtigung können an einzelnen Forderungen noch nicht zuordenbare Ausfallrisiken, Zinsverluste etc. innerhalb des gesamten Forderungsbestandes berücksichtigt werden.

Abschließend werden Rechnungsabgrenzungen gebildet zu Vorauszahlungen größerer Betriebsausgaben wie zu Betriebsversicherungen, Kfz-Versicherungen, Kfz-Steuer, Quartals- und Jahreszinsen u. Ä. sowie sonstiger Betriebsausgaben des Folgejahres, die im Wirtschaftsjahr bereits ausgeglichen wurden (z. B. Softwarerechnung für die Laufzeit vom 1.12.22 bis 30.11.23). Aber auch die Fortführung der Disagios (Damnum) auf den aktuellen Stand zum Jahresende gehört hierzu.

10.1 Vorräte

Warenvorräte, Roh-, Hilfs- und Betriebsstoffe des Umlaufvermögens müssen mit dem zum Bilanzstichtag niedrigsten Wert angesetzt werden, der sich aus Anschaffungskosten oder Markt- oder Kurswert ergibt (sog. strenges Niederstwertprinzip).

Dabei ist unerheblich, ob es sich nur vorübergehend um einen Preisrückgang oder eine Kursschwäche um den Bilanzstichtag handelte und der Preis seitdem wieder stieg. Sie haben bei anschließenden Preissteigerungen die Möglichkeit, den niedrigeren Bilanzansatz des Vorjahres beizubehalten. Alternativ dazu können Sie den neuen Markt- oder Kurswert ansetzen, allerdings nur bis zur Höhe der Anschaffungskosten.

In dem gesonderten Kapitel zur Inventur finden Sie die Bewertung der Vorräte eingehend behandelt. Gliedern Sie die Vorräte auf die entsprechenden Konten auf und buchen Sie die Bestandsveränderungen und Wertänderungen ein.

Roh-, Hilfs- und Betriebsstoffe

BGA	IKR	SKR03	SKR04	Kontenbezeichnung (SKR)
396	20	3970	1000	Roh-, Hilfs- und Betriebsstoffe

Unfertige Erzeugnisse, unfertige Leistungen

BGA	IKR	SKR03	SKR04	Kontenbezeichnung (SKR)
3961	21	7050	1040	Unfertige Erzeugnisse und Leistungen
3962	210	7050	1050	Unfertige Erzeugnisse
3963	220	7080	1080	Unfertige Leistungen
3964	219	7090	1090	In Ausführung befindliche Bauaufträge
3965	219	7095	1095	In Arbeit befindliche Aufträge

Fertige Erzeugnisse und Waren

BGA	IKR	SKR03	SKR04	Kontenbezeichnung (SKR)
39	22	7100	1100	Fertige Erzeugnisse und Waren
3966	220	7110	1110	Fertige Erzeugnisse
39	228	3980	1140	Waren

10.2 Buchung der Bestandsveränderungen

Beim Gesamtkostenverfahren fließen sämtliche Aufwendungen innerhalb einer Periode in die Gewinn- und Verlustrechnung ein. Ihnen gegenüber stehen nicht nur die Umsatzerlöse, sondern auch die Erlöse aus den Bestandsveränderungen. Dazu werden die Herstellungskosten der eigenen Erzeugnisse ermittelt. Hierbei sind Änderungen der Bestände nach Menge und Wert zu berücksichtigen.

Hingegen werden Bestandsveränderungen bei Anwendung des sogenannten Umsatzkostenverfahrens nicht gebucht. Im Laufe des Jahres wird nur der anteilige Aufwand berücksichtigt, der den Umsatzerlösen gegenübersteht. Dieses international übliche Verfahren konnte sich in Deutschland noch nicht durchsetzen. Es soll daher hier nicht weiter behandelt werden.

Unterscheiden Sie bei der Verbuchung der Bestandsminderung oder -mehrung bei den Vorräten, ob

a) der Einkauf in gleicher Höhe als Aufwand behandelt wurde,
b) der Einkauf aufwandsneutral als Bestandserhöhung erfasst und ggf. der tatsächliche Verbrauch gebucht ist.

Beispiel

Der Warenbestand zum Beginn des Jahres	250.000 EUR
Wareneingänge während des Jahres	500.000 EUR
Warenbestand zum Ende des Jahres	200.000 EUR

a) Wareneinkauf ist während des Jahres als Wareneinsatz aufwandswirksam erfasst worden.

Soll	Haben	GegenKto	Datum	Konto	Text
Summe: 500.000		1610/3310		3200/5200	Jahressumme Wareneinkäufe

Zum Jahresabschluss wird der Aufwand aus dem verminderten Warenbestand verbucht.

Soll	Haben	GegenKto	Datum	Konto	Text
	50.000	3960/5880		3980/1140	Bestandsminderung Waren

b) Während des Jahres ist der Wareneingang zwar ebenfalls auf den gleichen Konten erfasst, jedoch aufwandsneutral behandelt worden. Zusätzlich hat man jedoch den monatlichen Verbrauch ermittelt und eingebucht.

Soll	Haben	GegenKto	Datum	Konto	Text
Summe: 500.000		1610/3310		3200/5200	Jahressumme sämtl. Wareneinkäufe
Summe: 550.000		3990/5860		4000/5000	Jahressumme Warenverbrauch

Wie oben wird die Bestandsveränderung verbucht, nur dass sie diesmal kein Aufwand darstellt.

Soll	Haben	GegenKto	Datum	Konto	Text
	50.000,00	3960/5880		3980/1140	Bestandsveränderung

BGA	IKR	SKR03	SKR04	Kontenbezeichnung (SKR)
39	228	3980	1140	Waren
301	60	4000	5000	Aufwendungen f. RHB und bezogene Waren
3862	6095	3990	5860	Verrechnete Stoffkosten
38	6096	3960	5880	Bestandsveränd. RHB-Stoffe/Waren

Bestandsveränderungen bei eigenen Leistungen und Erzeugnissen

Auch bei Herstellungs- und Dienstleistungsbetrieben entsprechen die Umsatzerlöse eines Jahres nicht sämtlichen betrieblichen Leistungen. Es sind auch regelmäßig Bestandsveränderungen bei Beständen an noch nicht verkauften eigenen Erzeugnissen und nicht abgerechneten Leistungen zu beachten.

Bei Anwendung des Gesamtkostenverfahrens können Sie den Ansatz der Herstellungskosten und damit Ihre Steuerlast mindern, indem Sie die Gemeinkosten der allgemeinen Verwaltung, freiwillige soziale Aufwendungen sowie für soziale Einrichtungen und betriebliche Altersversorgung und die Zinsen für Fremdkapital zur Herstellung nicht berücksichtigen.

Auch unfertige Erzeugnisse sind zu erfassen und eine Bestandsveränderung zum Vorjahr ist einzubuchen. Eine Bestandserhöhung unfertiger Erzeugnisse im Vergleich zum Vorjahr wird auf dem Bestandskonto im Soll verbucht (Ertrag), ein niedriger Bestand führt zu Aufwand.

Bei Dienstleistungsbetrieben mit längerfristigen Aufträgen sind die noch nicht abgerechneten Leistungen zum Jahresende zu bewerten.

Beispiel

Das Ingenieurbüro B. aus Baden-Baden erzielte im vergangenen Jahr einen Jahresumsatz von 2,8 Mio. EUR mit Hilfe von fünf freien Mitarbeitern, die ihre Leistungen jeweils unmittelbar mit 50 % des Umsatzes der von ihnen ausgeführten Aufträge abrechneten (Fremdleistung). Auf Ingenieur B. selbst entfiel ca. der zweifache durchschnittliche Umsatz seiner Mitarbeiter.

Im laufenden Jahr bewertet er die noch nicht abgerechneten monatlichen Leistungen nach dem Stand der Fertigstellung seiner Aufträge. Seine eigene Arbeit außer Ansatz, wird der Wert nur anhand der noch zu zahlenden Fremdleistung ermittelt:

Bestand Auftragsarbeiten Ende Vorjahr	80.000 EUR
Bestand Auftragsarbeiten Ende lfd. Jahr	−75.000 EUR
Bestandsminderung	5.000 EUR

Eine Bestandsminderung zum Ende des Jahres wird auf dem Bestandskonto im Haben erfasst.

Soll	Haben	GegenKto	Datum	Konto	Text
5.000,00		8970/4815		7080/1080	Bestandsveränd. Auftr.

BGA	IKR	SKR03	SKR04	Kontenbezeichnung (SKR)
38	522	8980	4800	Bestandsveränderung fertige Erzeugnisse
39	22	7100	1100	Fertige Erzeugnisse und Waren
381	521	8960	4810	Bestandsveränderung unfertige Erzeugnisse
3962	210	7050	1050	Unfertige Erzeugnisse
382	523	8970	4815	Bestandsveränderung unfertige Leistung
3963	220	7080	1080	Unfertige Leistungen
383	5241	8975	4816	Bestandsveränderung Bauaufträge
3964	219	7090	1090	In Ausführung befindliche Bauaufträge
384	524	8977	4818	Bestandsveränderung Aufträge in Arbeit
3965	219	7095	1095	In Arbeit befindliche Aufträge

Zudem sind für die E-Bilanz folgende Differenzierungen vorzunehmen:[1]

BGA	IKR	SKR03	SKR04	Kontenbezeichnung (SKR)
3015	600	3010	5110	Einkauf Roh-, Hilfs- und Betriebsstoffe 7 % Vorsteuer
3015	600	3030	5130	Einkauf Roh-, Hilfs- und Betriebsstoffe 19 % Vorsteuer
3015	600	3060	5160	Einkauf Roh-, Hilfs- und Betriebsstoffe, innergemeinschaftlicher Erwerb 7 % Vorsteuer und 7 % Umsatzsteuer
3015	600	3062	5162	Einkauf Roh-, Hilfs- und Betriebsstoffe, innergemeinschaftlicher Erwerb 19 % Vorsteuer und 19 % Umsatzsteuer
3015	600	3066	5166	Einkauf Roh-, Hilfs- und Betriebsstoffe, innergemeinschaftlicher Erwerb ohne Vorsteuer und 7 % Umsatzsteuer
3015	600	3067	5167	Einkauf Roh-, Hilfs- und Betriebsstoffe, innergemeinschaftlicher Erwerb ohne Vorsteuer und 19 % Umsatzsteuer
3015	600	3070	5170	Einkauf Roh-, Hilfs- und Betriebsstoffe 5,5 % Vorsteuer
3015	600	3071	5171	Einkauf Roh-, Hilfs- und Betriebsstoffe 10,7 % Vorsteuer
3015	600	3075	5175	Einkauf Roh-, Hilfs- und Betriebsstoffe aus einem USt-Lager § 13a UStG 7 % Vorsteuer und 7 % Umsatzsteuer
3015	600	3076	5176	Einkauf Roh-, Hilfs- und Betriebsstoffe aus einem USt-Lager § 13a UStG 19 % Vorsteuer und 19 % Umsatzsteuer
3015	600	3089	5189	Erwerb Roh-, Hilfs- und Betriebsstoffe als letzter Abnehmer aus Dreiecksgeschäft § 13a UStG 19 % Vorsteuer/ 19 % USt

1 Eine Änderung des bisherigen Buchungsverhaltens wird jedoch nicht gefordert. Daher darf der gesamte Wareneinkauf unter den Aufwendungen für bezogene Waren ausgewiesen werden, wenn bisher die Aufwendungen für Roh-, Hilfs- und Betriebsstoffe und bezogene Waren nicht getrennt verbucht wurden. http://www.esteuer.de/ FQA.

Auch im Umlaufvermögen, den Warenvorräten und dem Bestand an Roh-, Hilfs- und Betriebsstoffen kann es Abschreibungsbedarf geben. Wertminderungen bei Vorräten werden dann als Aufwand verbucht, wenn

- die Wiederbeschaffungskosten unter die Anschaffungskosten der Vorräte gesunken sind oder
- der voraussichtliche Veräußerungspreis nicht mehr die Selbstkosten deckt (Anschaffungspreis + anteiliger betrieblicher Aufwand + anteiliger Unternehmergewinn, aus dem Vorjahr abzulesen). Gute Gründe dafür liegen z. B. beim Wandel der Mode bei Boutiquen oder bei Ersatzteilen von Auslaufmodellen im Kfz-Handel, Ausbleichen von Ware, Sortimentsumstellung etc.

Die Preisrückgänge müssen zum Bilanzstichtag nicht bereits eingetreten sein, sondern können sich auch unmittelbar anschließend ereignen.

Das Finanzamt wird sich aber möglicherweise nicht mit den Klagen über gesunkene Verkaufschancen zufriedengeben, umso eher nicht, je kräftiger abgewertet wurde. Hier heißt es, sich mit Zahlen und Berechnungen zu rüsten. Erfahrungsgemäß muss sich der Betriebsprüfer für eine Gegenrechnung nicht viel weniger Mühe geben:

Gesunkene Wiederbeschaffungspreise sind durch Preislisten der Lieferanten leicht darzustellen. Tatsächlich erzielte niedrigere Verkaufspreise für eine ausreichende Menge an herabgesetzter Ware hingegen können Sie durch Preisherabsetzungslisten, durchgestrichene Preisschilder, Werbebroschüren oder -annoncen nachweisen. Zeigen Sie anhand der Verkaufspreise vor und nach der Preissenkung, um wie viel im Einzelfall die Selbstkosten unterschritten wurden und wie sich daraus die gebuchte Teilwertabschreibung zusammensetzt.

Auch eine Wertminderung wird über »Bestandsveränderungen« erfasst.

Beispiel

Die Fensterbaufirma R. aus Rastatt zählt in ihrem Bestand 40 Kunststofffenster und 60 Alufenster alter Modelle. Der Einkaufspreis des Herstellers für diese alten Modelle ist insgesamt um 15.000 EUR gesunken.

Soll	Haben	GegenKto	Datum	Konto	Text
	15.000,00	3960/5880		3982/1142	Wertminderung Bestand Fenster

Geleistete Anzahlungen

BGA	IKR	SKR03	SKR04	Kontenbezeichnung (SKR)
114	23	1510	1180	Geleistete Anzahlungen auf Vorräte
1141	230	1511	1181	Geleistete Anzahlungen 7 % VSt.
1143	232	1518	1186	Geleistete Anzahlungen 19 % VSt.

Erhaltene Anzahlungen auf Bestellungen werden traditionell auf der Passivseite ausgewiesen. Besser ist es jedoch, die Anzahlungen von den Vorräten auf der Aktivseite offen abzusetzen und damit die Bilanzsumme zu verkürzen.

BGA	IKR	SKR03	SKR04	Kontenbezeichnung (SKR)
175	232	1710	1190	Erhaltene Anzahlungen auf Bestellungen

10.3 Forderungen und sonstige Vermögensgegenstände

Forderungen aus Lieferungen und Leistungen

Sie haben die Kundenkonten bereits abgestimmt bzw. die Forderungen gegenüber den Kunden aufgestellt. Im DATEV-System ist das Sammelkonto für die Salden sämtlicher Debitorenkonten nicht direkt bebuchbar. Wenn Sie keine Kundenkonten bebuchen, steht ein anderes Konto zur Verfügung.

BGA	IKR	SKR03	SKR04	Kontenbezeichnung (SKR)
101	24	1400	1200	Forderungen aus Lieferungen u. Leistungen (autom. Saldo)
101	24	1410	1210	Forderungen aus Lieferungen u. Leistungen (o. Kontokorrent)

Auch beim Ist-Versteuerer nach § 20 UStG sind die Forderungen zum Jahresende aufzustellen. Die Erlöse sind dem Gewinn des abzuschließenden Jahres zuzurechnen. Allerdings wird die Umsatzsteuer erst bei Zahlung durch den Kunden fällig.

Die Umsatzversteuerung nach vereinnahmten Entgelten können folgende Unternehmer beim Finanzamt formlos beantragen:

- der Gesamtumsatz im vorangegangenen Kalenderjahr betrug nicht mehr als 600.000 EUR oder
- der Unternehmer muss keine Bücher führen, z. B. Kleinunternehmer mit einem Jahresüberschuss von weniger als 60.000 EUR oder als Freiberufler.

Als vereinnahmt gilt bei Überweisungen die Gutschrift auf dem Bankkonto oder Entgegennahme eines Schecks.

Beispiel

Aufstellung Forderungen aus Lieferungen und Leistungen (Umsätze zu 19 % USt.) zum 31.12.2022

	Rg-Nummer	Rg-Datum	Rg-Betrag
Avalon GmbH	349	01.12.	1.234,04 EUR
.....			
Müller KG	234	10.08.	235,45 EUR
23.11.	303		430,68 EUR
08.12.	402		1.508,00 EUR
	....		
Xenon GmbH	103/00	06.07.	3.490,40 EUR
Gesamte Forderungen LuL			23.200,00 EUR

Als Soll-Versteuerer buchen Sie die Forderungen als Erlöse mit fälliger USt. ein:

Soll	Haben	GegenKto	Datum	Konto	Text
20.000,00		8000/4000		1410/1210	Forderungen LuL zum 31.12.
3.200,00		1776/3806		1410/1210	USt.-Forderungen LuL zum 31.12.

Als Ist-Versteuerer buchen Sie die Forderungen so ein:

Soll	Haben	GegenKto	Datum	Konto	Text
20.000,00		8000/4000		1410/1210	Forderungen LuL zum 31.12.
3.200,00		1766/3816		14101210	USt.-Forderungen LuL, nicht fällig

In der DATEV-Buchhaltung ist bei den Stammdaten Ihrer Buchhaltung die Ist- oder Soll-Versteuerung hinterlegt. Sie können als Ist-Versteuerer auch die automatischen Konten für die Umsatzerlöse ansprechen. Das System wird dann beim Buchen von Forderungen automatisch auf »nicht fällige Umsatzsteuer« erkennen.

BGA	IKR	SKR03	SKR04	Kontenbezeichnung (SKR)
18	480	1770	3800	Umsatzsteuer
1812	4801	1771	3801	Umsatzsteuer 7 %
1813	4804	1776	3806	Umsatzsteuer 19 %
1829	481	1760	3810	Umsatzsteuer nicht fällig
1829	4811	1761	3811	Umsatzsteuer nicht fällig 7 %
1829	4814	1766	3816	Umsatzsteuer nicht fällig 19 %

Für Besitzwechsel aus Umsatzgeschäften mit Ihren Kunden verwenden Sie das Konto:

BGA	IKR	SKR03	SKR04	Kontenbezeichnung (SKR)
153	245	1300	1230	Wechsel aus Lieferung und Leistung

Finanzwechsel stehen nicht im Zusammenhang mit einem Umsatzgeschäft. Sie werden als sonstige Wertpapiere erfasst (siehe dort).

Zweifelhafte Forderungen sollten nach alter Buchhalterschule auf gesonderte Konten umgebucht werden. Im neuen Handelsrecht seit 1986 interessieren nicht mehr die Zweifel an der Werthaltigkeit als solche, sondern in welcher Höhe Abschläge zu erwarten sind. Deshalb brauchen Sie sich zu den zweifelhaften Forderungen in der Bilanz nicht zu bekennen. Bebuchen Sie Kundenkonten, wäre außerdem die Einzelforderung in den Folgejahren kaum mehr zuzuordnen. Stattdessen sind die zweifelhaften Forderungen zum Jahresende neu zu bewerten:

1. Forderungsverluste sind vollständig abzuschreiben.
2. Wertminderungen einzelner Forderungen sind als Einzelwertberichtigungen zu erfassen.
3. Ein allgemeines Ausfallrisiko schließlich kann ggf. über Pauschalwertberichtigungen berücksichtigt werden.

Forderungsausfälle und Wertberichtigungen

Sofern nicht schon bei den Abstimmarbeiten geschehen, buchen Sie Totalverluste – etwa durch Konkurs oder Tod des Kunden – aufwandswirksam aus:

Beispiel

Kurz vor der Aufstellung der Bilanz im Mai 2023 wird der Konkursantrag des Kunden Müller bekannt, der mangels Masse abgelehnt wird. Mit dem Eingang auch nur eines Teils der zum Jahresende offenen Forderung aus April 2022 über brutto 3.000 EUR kann deshalb nicht mehr gerechnet werden.

a) Die Forderungen gegenüber Kunde Müller sind auf dem Konto Forderungen aus Lieferungen und Leistungen erfasst.
b) Die Forderungen sind auf dem Kundenkonto 12300 erfasst.

Soll	Haben	GegenKto	Datum	Konto	Text
	3.000,00	2406/6936		1410/1210	a) Forderungsverlust Fa. Müller
	3.000,00	2406/6936		12300/12300	b) Forderungsverlust Fa. Müller

BGA	IKR	SKR03	SKR04	Kontenbezeichnung (SKR)
231	6950	2400	6930	Forderungsverluste
2313	6953	2401	6931	Forderungsverluste 7 % USt.
2312	6952	2406	6936	Forderungsverluste 19 % USt.

Wertberichtigungen

In die Bilanz gehören realistisch bewertete Forderungen, keine Luftgeschäfte mit zahlungsfaulen Kunden. Sie können den Wert von zweifelhaften Forderungen einzeln oder pauschal berichtigen, auch wenn die Wertminderung erst später bekannt wird. Bei der Einzelwertberichtigung berücksichtigen Sie konkrete Risiken, die einzelne Forderungen betreffen.

Um die Forderung weiterhin überwachen zu können, empfiehlt sich diese indirekte Abschreibung. Die zweifelhafte Forderung bleibt in voller Höhe auf dem Forderungskonto ausgewiesen. In Höhe der Wertminderung wird ein Korrekturposten auf der Passivseite ausgewiesen oder auf der Aktivseite von den Forderungen abgesetzt.

Beispiel

Forderungen und sonstige Vermögensgegenstände

Forderungen aus Lieferungen und Leistungen	100.000 EUR
– Wertberichtigungen auf Forderungen	5.000 EUR
	95.000 EUR

Zu jeder berichtigten Forderung findet sich somit bei Wertberichtigung ein solcher spiegelbildlicher Ausgleichsposten. Kommt es in den Folgejahren zu einem Forderungsausgleich oder -totalausfall, so sind auch die Wertberichtigungen auszugleichen.

BGA	IKR	SKR03	SKR04	Kontenbezeichnung (SKR)
052	2491	0998	1246	Einzelwertberichtigung Forderung (bis 1 J.)
0521	2491	0999	1247	Einzelwertberichtigung Forderung (> 1 J.)
2345	6952	2731	6923	Einstellung Einzelwertberichtigung Forderungen
2753	5453	2731	4923	Erträge Auflösung Einzelwertberichtigung Forderungen

Beispiel

Eine Kundenforderung von 2.000 EUR kann vermutlich nur noch zur Hälfte realisiert werden. Die Forderung könnte um 1.000 EUR direkt abgeschrieben werden (direkte Abschreibungsmethode). Besser ist jedoch die indirekte Abschreibungsmethode: In der Bilanz bleibt die Forderung mit 2.000 EUR in voller Höhe bestehen und dafür ist auf der Passivseite eine Wertberichtigung in Höhe von 1.000 EUR einzustellen. In beiden Fällen wird ein Aufwand von 1.000 EUR geltend gemacht.

Soll	Haben	GegenKto	Datum	Konto	Text
	1.000,00	2731/6923		0998/1246	Einzelwertberichtigung

Mit der Pauschalwertberichtigung können Sie an einzelnen Forderungen noch nicht zuordenbare Ausfallrisiken, Erlösschmälerungen (Skonti), Zinsverluste wegen verspäteter Zahlung und Mahnkosten innerhalb des gesamten Forderungsbestandes berücksichtigen.

Als Maßstab dieses pauschalen Risikos gilt der Nettoumsatz des gesamten Jahres – abzüglich der einzelwertberichtigten Forderungen und Barumsätze.

Ein Ausfallrisiko betrifft nicht nur den Totalausfall, der meist schon an einzelnen Forderungen festzumachen ist. Gelegentlich machen manche Kunden Reklamationen geltend, wo tatsächlich mangelnde Zahlungsmoral zugrunde liegt. Und da die Zahlungsfähigkeit angesichts zunehmender Pleiten noch weiter zurückgeht, sind die Durchschnittswerte der letzten Jahre entsprechend hoch zu rechnen. Wenn Sie unterschiedliche Risiken bei Teilbeständen der Forderungen ausmachen können, sollten Sie auch unterschiedliche Prozentsätze bei Pauschalwertberichtigungen ansetzen.

Bei ausländischen Forderungen können politische Länderrisiken, Währungsrisiken, Devisenprobleme bei den Kunden und Schwierigkeiten bei der Rechtsverfolgung säumiger Zahler entstehen.

Erlösschmälerungen, Skonti, Zinsverluste und Mahnkosten lassen sich einzeln im Verhältnis zum bereinigten Nettoumsatz festmachen.

Beispiel

Die Forderungen zum Jahresende belaufen sich auf netto 525.000 EUR, wovon 25.000 EUR bereits einzelwertberichtigt sind.

Das allgemeine Ausfallrisiko stieg in den letzten Jahren um jeweils 5 % und betrug im Vorjahr im Verhältnis zum Nettoumsatz ohne Barverkäufe 2 %.	2,10 %
Die durchschnittlichen Skonti und Preisnachlässe in den Vorjahren betrugen 3 % auf 50 % der Umsätze.	1,50 %
Bei der Warengruppe IV (5 % des Forderungsbestands) kommt es wegen unausgereifter Technik zu hohen Warenrückgaben von 20 %. Die Wertminderung durch Rücksendung beträgt 50 % (demnach 5 % × 20 % × 50 %).	0,50 %
Mahn-, Prozess- und Einziehungskosten belaufen sich auf durchschnittlich 0,5 % des Umsatzes.	0,50 %
50 % der Umsätze (ohne Barverkäufe) werden nach Ablauf der Skontofrist, jedoch innerhalb von durchschnittlich 2 Monaten bezahlt. Der Kalkulationszins beträgt 9 % p. a. = 0,75 %/Monat. (= 50 % × 2 Mon. × 0,75 %).	0,75 %
	5,35 %
Pauschalwertberichtigung auf die gesamten, noch nicht wertberichtigten Nettoforderungen von 500.000 × 5,35 % =	26.750,00 EUR

Soll	Haben	GegenKto	Datum	Konto	Text
	26.750,00	2450/6920		0996/1248	Pauschalwertberichtigung Forderungen

In vielen Fällen lohnt sich eine detaillierte Forderungsanalyse, um die pauschale Wertberichtigung nachzuweisen. Geben Sie sich also nicht mit mageren 1 % zufrieden, zumal selbst auf diesen Prozentsatz kein Rechtsanspruch besteht.

BGA	IKR	SKR03	SKR04	Kontenbezeichnung (SKR)
052	2492	0996	1248	Pauschalwertberichtigung Forderungen (bis 1 J.)
0521	2492	0997	1249	Pauschalwertberichtigung Forderungen (> 1 J.)
234	6953	2450	6920	Einstellung Pauschalwertberichtigung Forderungen
2730	4920	5452	2752	Erträge Herabsetzung Pauschalwertberichtigung Forderungen

Sonstige Vermögensgegenstände des Umlaufvermögens

Sonstige Vermögensgegenstände werden auf folgenden Konten erfasst:

BGA	IKR	SKR03	SKR04	Kontenbezeichnung (SKR)
11	26	1500	1300	Sonstige Vermögensgegenstände
116	265	1530	1340	Forderungen gegen Personal
117	266	1525	1350	Kautionen
118	266	1550	1360	Darlehen
1595	2663	1590	1370	Durchlaufende Posten
113	2664	1521	1375	Agenturwarenabrechnung

Hier handelt es sich um folgende Posten:

- Forderungen gegen Personal können durch Lohn- und Gehaltsvorschüsse entstehen.
- Geleistete Kautionen werden als kurzfristige Forderungen erfasst.
- Darlehen im Umlaufvermögen sind nicht auf Dauer hingegeben.
- Durchlaufende Posten sind Betriebsausgaben und -einnahmen, die im Namen und auf Rechnung eines anderen vereinnahmt sind.
- In der Agenturwarenabrechnung bzw. Kommissionsabrechnung sind auf diesem Konto Forderungen zu erfassen.

Nicht abziehbar (vorläufig) im alten Jahr sind z. B. Vorsteuer aus Jahresabschlusskosten, Dezemberbuchhaltung u. Ä., da Vorsteuer grundsätzlich nur aus vorliegenden Rechnungen erbrachter Lieferungen und Leistungen (oder aus geleisteten Anzahlungen) gezogen werden kann. Gleichwohl gehören diese Kosten als Betriebsausgaben wirtschaftlich ins alte Jahr.

Diese Position ist somit beim Verbuchen der Verbindlichkeiten nochmals zu überprüfen. Im neuen Jahr wird in diesen Fällen »nicht abziehbare Vorsteuer« in »abziehbare« umgebucht.

BGA	IKR	SKR03	SKR04	Kontenbezeichnung (SKR)
148	2629	1548	1434	Vorsteuer im Folgejahr abziehbar

Bezogen auf den Vorsteuerabzug können sich die Verhältnisse an einem Wirtschaftsgut ändern, ein Gebäude wird z. B. nicht mehr steuerpflichtig vermietet. Findet die Änderung in den ersten fünf Jahren der Nutzung statt (bei Immobilien innerhalb von 10 Jahren), so muss die bei Erwerb erstattete Vorsteuer berichtigt werden. Sie beträgt für jedes Jahr der geänderten Verhältnisse ein Fünftel der bei der Anschaffung oder Herstellung abgezogenen Vorsteuer (bei Immobilien ein Zehntel).

BGA	IKR	SKR03	SKR04	Kontenbezeichnung (SKR)
146	2607	1578	1408	Berichtigter VSt.-Abzug früherer Jahre

Die Vorsteuer ist nicht abziehbar, soweit der Unternehmer Umsätze tätigt, die den Vorsteuerabzug ausschließen (z. B. steuerfreie nach § 4 Nr. 8 bis 28 UStG); Vorsteuerbeträge sind auf diesem Konto zu erfassen und nach wirtschaftlicher Zuordnung aufzuteilen in abziehbare und nicht abziehbare. Spätestens zum Jahresende ist das Konto »Aufzuteilende Vorsteuer« aufzulösen.

BGA	IKR	SKR03	SKR04	Kontenbezeichnung (SKR)
147	261	1560	1410	Aufzuteilende Vorsteuer
1471	2611	1561	1411	Aufzuteilende Vorsteuer 7 %
1473	2614	1566	1416	Aufzuteilende Vorsteuer 19 %
302	614	3800	5800	Anschaffungsnebenkosten
3026	6096	3610	5610	Nicht abziehbare Vorsteuer 7 %
3028	6095	3660	5660	Nicht abziehbare Vorsteuer 19 %

Beispiel

Ein Zahnarzt erzielt je zur Hälfte umsatzsteuerfreie Umsätze aus seiner Praxis und umsatzsteuerpflichtige Umsätze aus dem zahntechnischen Labor. Die Vorsteuer ist nach wirtschaftlichen Gesichtspunkten den zwei Bereichen zuzuordnen. Einige Ausgaben betreffen sowohl die Praxis als auch das Labor. Auf dem Konto »Aufzuteilende Vorsteuer« sind Ende des Jahres 5.000 EUR aufgelaufen.

Die wirtschaftliche Zuordnung der Vorsteuer erfolgt weitgehend nach dem Umsatzschlüssel.

Soll	Haben	GegenKto	Datum	Konto	Text
	2.500,00	1570/1400		1560/1410	Abziehbare Vorsteuer
	2.500,00	4300/6860		1560/1410	Nicht abziehbare Vorsteuer

Nicht abziehbare Vorsteuer kann sich auch als sonstige betriebliche Aufwendungen ergeben. Vorsteuerbeträge auf diesem Konto werden als Aufwand berücksichtigt oder bei Anschaffung oder Herstellung von Anlagegütern aktiviert, sofern sie 25 % des Vorsteuerbetrages und 260 EUR übersteigen.

BGA	IKR	SKR03	SKR04	Kontenbezeichnung (SKR)
425	7040	4300	6860	Nicht abziehbare Vorsteuer
4251	7041	4301	6865	Nicht abziehbare Vorsteuer 7 %
4253	7043	4306	6871	Nicht abziehbare Vorsteuer 19 %

Weitere Steuerforderungen sind auf folgenden Konten zu erfassen:

BGA	IKR	SKR03	SKR04	Kontenbezeichnung (SKR)
111	2621	1545	1420	USt.-Forderungen
111	2622	1545	1421	USt.-Forderungen laufendes Jahr
1111	2623	1545	1422	USt.-Forderungen Vorjahr
1112	2624	1545	1425	USt.-Forderungen frühere Jahre
111	2635	1547	1427	Forderungen aus Verbrauchsteuern
1113	263	1540	1435	Steuerüberzahlungen
1114	2631	1542	1440	Steuererstattungsanspruch gegen anderes EG-Land

Entstandene Einfuhrumsatzsteuern aus Importen aus Drittländern (außerhalb der EU) sind wie Vorsteuer abziehbar.

BGA	IKR	SKR03	SKR04	Kontenbezeichnung (SKR)
143	2628	1588	1433	Entstandene Einfuhrumsatzsteuer

Prüfen Sie bei einem nicht ausgeglichenen Geldtransit, ob zum Jahreswechsel tatsächlich ein Überhang besteht.

BGA	IKR	SKR03	SKR04	Kontenbezeichnung (SKR)
159	2667	1360	1460	Geldtransit

10.4 Wertpapiere

Wertpapiere des Umlaufvermögens sind folgendermaßen zu gliedern:

- Anteile an verbundenen Unternehmen,
- eigene Anteile.

Sonstige Wertpapiere

Wertpapiere des Umlaufvermögens müssen mit dem zum Bilanzstichtag niedrigsten Wert angesetzt werden, der sich aus Anschaffungskosten oder Kurswert ergibt. Steuerrechtlich ist eine Abschreibung auf einen niedrigeren Teilwert beim Umlaufvermögen nur bei einer voraussichtlich dauernden Wertminderung zulässig (§ 6 Abs. 1 Nr. 2 S. 2 EStG).

Beispiel

Aktien der »Fürstenpils-Brauerei AG«, die Sie spekulativ als kurzfristige Anlage liquider Mittel halten, notieren wie folgt:

Kurs 04.12.2021: 303 EUR

Kurs 31.12.2021: 220 EUR

Kurs 31.12.2022: 300 EUR

Beim Kauf von hundert Aktien am 04.12.2021 wird eine Bankprovision von 0,5 % und eine Maklercourtage von 0,1 % gezahlt.

Der korrekte Buchungssatz zum 04.12.2018 lautet:

Soll	Haben	GegenKto	Datum	Konto	Text
	30.482	1348/1510		1200/1800	Ankauf der Aktien

Bilanzansatz 31.12.2021:

vereinfacht: Ansatz des niedrigeren Kurswertes 22.000 EUR

exakt: Ansatz des Kurswertes sowie 2/3 der Gebühren 22.121 EUR

Buchen Sie die Kursverluste ein:

Soll	Haben	GegenKto	Datum	Konto	Text
	8.361,00	4875/7210		1348/1510	Abschreib. Wertpapiere UV

Bilanzansatz 31.12.2022:

Vorjahreswert (ohne Gebühren) 22.000 EUR

Vorjahreswert (inkl. Gebühren) 22.121 EUR

Wertaufholung: Ansatz des Kurswertes (inkl. Geb.) 30.180 EUR

Die Anschaffungskosten in Höhe von 30.482 EUR liegen über dem Kurswert zum 31.12.2021 und dürfen deshalb nicht angesetzt werden.

Die Wertaufholung und damit den Kursgewinn sollten Sie wie folgt erfassen:

Soll	Haben	GegenKto	Datum	Konto	Text
8.059,00		2715/4915		1348/1510	Erträge aus Wertaufholung

Dokumentieren Sie börsennotierte Wertpapiere mit Kurszetteln zum Bilanzstichtag und Depotauszügen bzw. Kopien der Papiere.

Finanzwechsel

Finanzwechsel stehen nicht im Zusammenhang mit einem Umsatzgeschäft. Hier sind nur dann Besitzwechsel auszuweisen, wenn Ihnen die zugrunde liegende Forderung nicht zusteht. Eigene Wechsel (Solawechsel) dürfen überhaupt nicht bilanziert werden.

BGA	IKR	SKR03	SKR04	Kontenbezeichnung (SKR)
121	270	1345	1500	Anteile an verbundenen Unternehmen
123	279	1348	1510	Sonstige Wertpapiere
153	275	1327	1520	Finanzwechsel
494	742	4875	7210	Abschreibungen Wertpapiere des UV
2731	545	2715	4915	Erträge Zuschreibung UV-Gegenstände
0634	324	0855	2960	Andere Gewinnrücklagen

Kopieren Sie zum Bestandsnachweis die Wechsel.

10.5 Schecks, Kassenbestand, Bundesbank- und Postgiroguthaben, Guthaben bei Kreditinstituten

Folgende Konten sind vorgesehen:

BGA	IKR	SKR03	SKR04	Kontenbezeichnung (SKR)
152	286	1330	1550	Schecks
151	288	1000	1600	Kasse
1511	289	1010	1610	Nebenkasse 1
132	285	1100	1700	Postgiro
133	284	1190	1780	LZB-Guthaben
134	287	1195	1790	Bundesbankguthaben
13	280	1200	1800	Bank

Diese Konten sind individuell mit den Namen Ihrer Hausbanken zu beschriften:

BGA	IKR	SKR03	SKR04	Kontenbezeichnung (SKR)
1311-1315	2801-2805	1210-1250	1810-1850	Bank 1 bis Bank 5

Nehmen Sie als Bestandsnachweise Kopien der jeweils letzten Auszüge, Kassenberichte, Schecks usw. in die Abschlussunterlagen.

10.6 Rechnungsabgrenzungsposten

Die Auflösung der Rechnungsabgrenzungsposten aus dem Vorjahr ist bei der Abstimmung der Buchhaltung erledigt worden. Zum Jahresende sind, soweit nicht ebenfalls bereits im Rahmen der Buchhaltung erfolgt, Vorauszahlungen größerer Betriebsausgaben – wirtschaftlich auch dem Folgejahr zuzurechnen – auf den betreffenden Zeitraum gleichmäßig zu verteilen. Eine Pflicht zur zeitlichen Abgrenzung besteht allerdings nur für erhebliche Beträge, d. h. über der GWG-Grenze von 800 EUR. In Betracht kommen hier hauptsächlich Betriebsversicherungen, Kfz-Versicherungen, Kfz-Steuer, Quartals- und Jahreszinsen u. Ä.

BGA	IKR	SKR03	SKR04	Kontenbezeichnung (SKR)
091	29	0980	1900	Aktive Rechnungsabgrenzung
426	690	4360	6400	Versicherungen
427	692	4380	6420	Beiträge
4261	691	4520	6520	Kfz-Versicherungen
422	703	4510	7685	Kfz-Steuern
212	7511	2120	7320	Zinsaufwendungen für langfristige Verbindlichkeiten
213	753	2130	7340	Diskontaufwendungen
092	290	0986	1940	Disagio

Für den ersten und letzten Monat sind ggf. die Tage abzugrenzen.

Beispiel

Die Überweisung der Jahresprämie von 1.200 EUR zur Kfz-Versicherung am 23.11. wurde als Aufwand erfasst. Tatsächlich sind aber für das alte Jahr nur monatlich 100 EUR, also insgesamt 200 EUR zu berücksichtigen.

Erstellen Sie auch für die anderen Vorauszahlungen Buchungssätze und listen Sie die Rechnungsabgrenzungen auf.

Kfz-Versicherungen	1.000 EUR
Kfz-Steuer	600 EUR
Betriebshaftpflicht	900 EUR
Summe ARAP	2.500 EUR

Umbuchung der vorausgezahlten Prämien an Kfz-Versicherung und Betriebshaftpflicht und der Kfz-Steuer:

Soll	Haben	GegenKto	Datum	Konto	Text
1.000,00		4520/6520		0980/1900	Abgrenzung Kfz-Versicherung
600,00		4510/7685		0980/1900	Abgrenzung Kfz-Steuer
900,00		4360/6400		0980/1900	Abgrenzung Haftpflichtversicherung

Disagio

Das Damnum (Disagio) ist als aktiver Rechnungsabgrenzungsposten anzusetzen und auf die Laufzeit zu verteilen. Beim Abstimmen der Konten haben Sie bereits die Disagios der Darlehen aus den Vorjahren anteilig aufgelöst und das Disagio für ein neues Darlehen eingebucht. Ermitteln Sie anhand der Laufzeit die monatlichen Anteile und buchen Sie die auf das laufende Jahr entfallende als Aufwand. Erweitern Sie die Aufstellung der Disagios auf den aktuellen Stand.

Beispiel

Das Disagio des Darlehens der C-Bank von 4.500 EUR ist in die Tabelle einzufügen.

Disagio Darlehen	Stand 01.01.	Aufwand lfd. Jahr	Stand 31.12.
Hypo-Darlehen A	102/240 Monate 6.120,00 EUR	720,00 EUR	90/240 Monate 5.400,00 EUR
Hypo-Darlehen B	60/240 Monate 5.000,00 EUR	5.000,00 EUR	Aufgelöst
Invest-Darlehen	54/60 Monate 1.620,00 EUR	360,00 EUR	42/60 Monate 1.260,00 EUR
Darlehen C-Bank	0,00 EUR	0,00 EUR	120/120 Monate 4.500,00 EUR
	12.740,00 EUR	6.080,00 EUR	11.160,00 EUR

11 Passiva

Ablaufplan Jahresabschluss
1. Vortragen der Eröffnungsbilanz
2. Abstimmen der Buchhaltung
3. Abstimmen: Aktiva
4. Abstimmen: Passiva
5. Abstimmen: Aufwendungen und Erträge
6. Inventur
7. Abschlussbuchungen – Aufstellen der Bilanz
8. Anlagevermögen, Abschreibungen, Anlagenspiegel
9. Umlaufvermögen
10. Passiva
11. Gewinn- und Verlustrechnung
12. Steuererklärungen
13. Die fertige Bilanz und GuV
14. Übertragen der E-Bilanz

Dieses Kapitel handelt von den Passivpositionen der Bilanz.

Beim Eigenkapital sind dies

- festes und variables Kapital mit Privatkonten,
- Ansatz von Reinvestitionsrücklagen nach § 6b EStG für Veräußerungsgewinne.

Als weitere Posten

- Rückstellungen als ungewisse Verbindlichkeiten
  - Pensionszusagen,
  - Steuerrückstellungen,
  - Urlaubsrückstellungen,
  - Garantierückstellungen,
  - Prozesskostenrückstellungen, für Verpflichtung zur Aufstellung und Prüfung des Jahresabschlusses mit internen und externen (Steuerberater),
  - Kosten für eine Altlastensanierung,
  - zur Aufbewahrung von Belegen und Abschlussunterlagen.
- Verbindlichkeiten
  - Anleihen,
  - Ratenkredite und Darlehen von Kreditinstituten,
  - Erhaltene Anzahlungen auf Bestellungen,
  - Verbindlichkeiten aus Lieferungen und Leistungen,
  - Steuerverbindlichkeiten,
  - Darlehen von Stillen Gesellschaftern.

Abschließend werden Rechnungsabgrenzungen auf der Passivseite für vorab erhaltene Erlöse behandelt.

11.1 Eigenkapital

Als Ausgleichsposten, damit sich Aktiva und Passiva die Waage halten, dient das Eigenkapital. Es kann als Nettovermögen bzw. Nettoverschuldung verstanden werden. Beim Einzelunternehmer zählen dazu das Kapital des Vorjahres, Einlagen, Entnahmen und das Jahresergebnis.

Beispiel

Kapital	165.394,45 EUR
Privatentnahmen	− 65.633,40 EUR
Privateinlage	+ 30.000,00 EUR
Jahresüberschuss	114.290,30 EUR
	244.051,35 EUR

BGA	IKR	SKR03	SKR04	Kontenbezeichnung (SKR)
61	30	870	2000	Festkapital
610	301	880	2010	Variables Kapital
161	302	1800	2100	Privatentnahmen allgemein
1610	3020	1880	2130	Unentgeltliche Wertabgaben
163	3022	1810	2150	Privatsteuern
162	3023	1890	2180	Privateinlagen
164	3024	1820	2200	Sonderausgaben beschränkt abzugsfähig
165	3025	1830	2230	Sonderausgaben unbeschränkt abzugsfähig
165	3026	1849	2250	Zuwendungen, Spenden
164	3027	1850	2280	Außergewöhnliche Belastungen
161	3028	1860	2300	Grundstücksaufwand, privat
162	3029	1870	2350	Grundstücksertrag, privat

11.2 Rücklagen

Reinvestitionen nach § 6b EStG

Veräußerungsgewinne bei Anlagegütern können auf Reinvestitionen übertragen werden, wenn die verkauften Anlagegüter sich mindestens sechs Jahre im Betriebsvermögen befunden haben. Dies wirkt wie eine Sonderabschreibung auf das neu angeschaffte Wirtschaftsgut.

Soll der Veräußerungsgewinn erst in einem der nächsten Jahre übertragen werden, können Sie eine Rücklage nach § 6b EStG bilden. Diese Möglichkeit können Sie nutzen, selbst wenn Sie eine spätere Übertragung nicht beabsichtigen, Sie aber mit einer Verzinsung von 6 % pro Jahr der Nichtauflösung auf den Rücklagenbetrag leben können. Sie können so mit dem gestundeten Betrag vier Jahre lang arbeiten. Soll der Veräußerungsgewinn, der bei der Veräußerung eines Wirtschaftsguts des Anlagevermögens entstanden ist, in die Neuherstellung eines Gebäudes investiert werden, beträgt der Investitionszeitraum sogar sechs Jahre.

Beispiel

Beim Verkauf eines unbebauten Grundstücks aus dem Betriebsvermögen erzielten Sie einen Veräußerungsgewinn von 100.000 EUR. Diesen Betrag wollen Sie aber erst in einem der nächsten Jahre übertragen.

Soll	Haben	GegenKto	Datum	Konto	Text
100.000,00		0931/2981		2340/6925	Einstellung 6b-Rücklage

Bei der Anschaffung des Anlagegutes wird die Rücklage übertragen. Dadurch vermindern sich die Anschaffungskosten und ggf. dadurch das Abschreibungsvolumen.

Beispiel

Die beim Verkauf eines unbebauten Grundstücks gebildete Rücklage soll auf die Anschaffungskosten für ein Gebäude übertragen werden.

Soll	Haben	GegenKto	Datum	Konto	Text
100.000,00		0090/0240		0931/2981	Übertragung 6b-Rücklage

Ist die Rücklage bis zum Ende der genannten Fristen nicht auf ein neues Wirtschaftsgut übertragen worden, so ist sie Gewinn erhöhend aufzulösen. Den Gewinn müssen Sie außerhalb der Bilanz für jedes volle Wirtschaftsjahr, in dem die Rücklage bestanden hat, um 6 % des Rücklagenbetrages erhöhen.

Beispiel

Am Ende des vierten Wirtschaftsjahres nach seiner Bildung wird ein gebildeter Sonderposten mit Rücklageanteil in Höhe von 100.000 EUR aufgelöst.

Soll	Haben	GegenKto	Datum	Konto	Text
100.000,00		2740/4935		0931/2981	Erträge Auflösung 6b-Rücklage

Außerhalb der Bilanz werden dem steuerlichen Gewinn hinzugerechnet:

4 × 6 % von 100.000 EUR = 24.000 EUR.

11.3 Rückstellungen

Bei Rückstellungen handelt es sich

- um eine Verbindlichkeit gegenüber einem Dritten oder eine öffentlich-rechtliche Verpflichtung,
- die vor dem Bilanzstichtag verursacht ist und
- ungewiss bleibt in der Höhe oder dem Zeitpunkt der Inanspruchnahme.

Rückstellungen sind aufzulösen, soweit die Gründe hierfür entfallen.

Nach Handelsrecht sind Rückstellungen in Höhe des nach vernünftiger kaufmännischer Beurteilung notwendigen Erfüllungsbetrags und unter Berücksichtigung künftiger Preis- und Kostensteigerungen zu bewerten (§ 253 Abs. 1 Satz 2 HGB).

Der Tabelle »Rückstellungen, Ansatz und Bewertung« entnehmen Sie den Bilanzansatz und die Bewertung häufig vorkommender Rückstellungssachverhalte nach Handelsrecht. Außerdem werden die steuerlichen Besonderheiten dargestellt

Die Übersicht »ABC der Rückstellungen« listet die Anlässe für Rückstellungen auf. Sie erläutert außerdem, was bei den einzelnen Rückstellungen zu beachten ist.

11.3.1 Rückstellungen für Pensionen und ähnliche Verpflichtungen

Dazu gehören auch Verpflichtungen aus einer Pensionszusage. Die Einzelunternehmer und Personengesellschafter können sich selbst als Geschäftsführer keine steuerlich anerkannte Pensionszusage geben.

BGA	IKR	SKR03	SKR04	Kontenbezeichnung (SKR)
0721	37	0950	3010	Pensionsrückstellungen

11.3.2 Steuerrückstellungen

Wenn die Steuerbelastung betrieblicher Steuern zum Bilanzstichtag noch nicht feststeht, sind entsprechende Rückstellungen zu bilden.

BGA	IKR	SKR03	SKR04	Kontenbezeichnung (SKR)
0722	38	0955	3020	Steuerrückstellungen

Gewerbesteuerrückstellung

Von der gesamten, das Wirtschaftsjahr betreffenden Gewerbesteuerschuld werden beim Ansatz der Gewerbesteuerrückstellung die bereits geleisteten Vorauszahlungen abgezogen. Eine verbleibende Schuld zum Bilanzstichtag soll auch dann als Rückstellung bilanziert werden, wenn sie exakt mathematisch berechnet wurde und der Berechnung der vom Steuerpflichtigen ermittelte steuerliche Gewinn zugrunde liegt.

Bis zur Veranlagung bleibt die Gewerbesteuerschuld eine ungewisse Verbindlichkeit. Die Gewerbesteuerrückstellung ist als letztes in der Bilanz zu bilden.

Lassen Sie also diesen Posten zunächst offen. Die Berechnung der Rückstellung wird im Abschnitt zur Gewerbesteuererklärung behandelt.

11.3.3 Sonstige Rückstellungen

Aus nachfolgenden Gründen sind Rückstellungen zu bilden. Eine Verpflichtung zur Rückstellungsbildung besteht nicht, wenn der passivierte Aufwand als unwesentlich anzusehen ist. Ein solches Passivierungswahlrecht in der Bilanz führt steuerrechtlich zu einem Passivierungsverbot. Dabei ist die »Wesentlichkeit« einer Verpflichtung nicht nach dem Aufwand für das einzelne Vertragsverhältnis zu beurteilen, sondern nach der Bedeutung der Verpflichtung für das Unternehmen (BFH vom 18.1.1995 – BStBl II S. 742 sah eine Rückstellung von 50.000 DM im Verhältnis zu Forderungen von 5.000.000 DM als wesentlich an). Bereiten Sie die entsprechenden Unterlagen und Berechnungen sicher für eine eventuelle Betriebsprüfung vor:

Urlaubsrückstellung und Gleitzeitrückstellungen

Zur Berechnung der Urlaubsrückstellung und für Gleitzeitüberhänge werden für jeden Mitarbeiter drei Werte aus der Lohnbuchhaltung herangezogen.

- Zahl der regulären Arbeitstage
  Legen Sie den Zeitraum der letzten 13 Wochen vor dem Bilanzstichtag zugrunde.

  Alternativ sind auch folgende pauschalen Ansätze möglich:

  a)

52 Wochen × 5 Tage/Woche =	260 Tage
abzüglich Feiertage	– 10 Tage
	250 Tage

  b)

52 Wochen × 6 Tage/Woche =	312 Tage
abzüglich Feiertage	– 12 Tage
	300 Tage

- Arbeitsbezüge
  Das Arbeitsentgelt wird vom Verdienst des obigen Zeitraums von 13 Wochen auf einen Tageswert herunter gerechnet. Dabei werden sämtliche Bezüge und Lohnnebenkosten sowie die Beiträge zur Berufsgenossenschaft herangezogen. Dagegen gehören Weihnachtsgelder, Tantiemen, vermögenswirksame Leistungen und Rückstellungen zur Pensionszusage nicht zu diesen Bezügen.
- Offene Urlaubstage
  Dies sind sämtliche noch nicht in Anspruch genommenen Urlaubstage aus dem laufenden Jahr zum Bilanzstichtag.

Beispiel

Mitarbeiterin Schmitt (5-Tage-Woche) hat am 31.12.2022 noch Anspruch auf 12 Tage Urlaub. Die Lohnbuchhaltung liefert folgende Zahlen für 2022:

	Jahresbruttogehalt	36.950 EUR
−	Weihnachtsgeld	1.950 EUR
=	Bruttogehalt ohne Gratifikation	35.000 EUR
+	25 % Arbeitgeberanteil	8.750 EUR
+	Berufsgenossenschaft	150 EUR
=	Arbeitsentgelt	43.900 EUR

Um zu einem Tageswert von 175,60 EUR zu kommen, ist das ermittelte Arbeitsentgelt durch 250 Tage zu teilen. Die Urlaubsrückstellung für diese eine Arbeitnehmerin beträgt:

Tageswert von 175,60 EUR × ausstehender Anspruch von 12 Urlaubstagen und Überstunden = Urlaubsrückstellung 2.107,20 EUR

Bislang unter »Rückstellungen für Personalkosten« erfasst, sind Urlaubsrückstellungen auf einem in 2015 neu definierten Konto auszuweisen. Die Aufwendungen für die Zuführung zu den Urlaubsrückstellungen werden nach der herrschenden E-Bilanz-Logik nach Gesellschafter-Geschäftsführer, Mitunternehmer im Sinne des § 15 EStG, Minijobber und einem undifferenzierten Rest an Arbeiternehmern in den großen Lohn-Auffangposten aufgeteilt.

Soll	Haben	GegenKto	Datum	Konto	Text
2.107,20		0961/3079		4156/6076	Urlaubsrückstell. Fr. Schmitt

BGA	IKR	SKR03	SKR04	Kontenbezeichnung (SKR)
724	393	961	3079	Urlaubsrückstellungen
4041	6242	4156	6076	Aufwendungen Urlaubsrückstellungen
4025	637	4157	6077	Aufwendungen Urlaubsrückstellungen Gesellschafter Geschäftsführer
4021	631	4158	6078	Aufwendungen Urlaubsrückstellungen Mitunternehmer § 15 EStG
405	627	4159	6079	Aufwendungen Urlaubsrückstellungen Minijobber

In größeren Unternehmen können Sie Durchschnittswerte für unterschiedliche Gehaltsgruppen bilden und so die Berechnung vereinfachen. Achten Sie auch darauf, dass Mitarbeiter eventuell Bildungsurlaub beantragt haben, der in das neue Jahr übertragen oder in Anspruch genommen wird.

Gratifikationen, Dienstjubiläumszuwendungen

Eine Rückstellung für Gratifikationen in bestimmter Höhe ist zulässig, sofern der Mitarbeiter weiterhin dem Betrieb zugehört und die Prämie für bereits geleistete Arbeit in den Vorjahren erhält. Ggf. ist die versprochene Prämie abzuzinsen. Allerdings dürfen Leistungsprämien für das laufende Jahr nicht zurückgestellt werden, auch wenn sie sich an früheren Jahren bemessen.

Rückstellungen für Jubiläumsaufwendungen sind steuerlich nur dann zulässig, wenn

1. das Dienstverhältnis im Zeitpunkt der Zusage mindestens zehn Jahre und
2. im Zeitpunkt der Zuwendung mindestens 15 Jahre bestanden hat und schließlich
3. die Zusage schriftlich erteilt ist.

Garantierückstellungen, Schadensersatz und Kulanz

Garantierückstellungen werden für künftigen Aufwand durch kostenlose Nacharbeiten, Ersatzlieferungen, nachträgliche Erlösminderung oder Schadensersatzleistungen gebildet.

Entweder es sind Ihnen einzelne Garantiefälle bekannt oder Sie können auch aufgrund von Betriebs- oder Branchenwerten eine pauschale Inanspruchnahme im Verhältnis zum Gesamtumsatz beziffern.

- Bei Garantieleistungen besteht eine rechtliche Verpflichtung zur Wandlung, Minderung, Nachbesserung, Ersatzlieferung oder Schadenersatz.
- Bei Kulanzen handelt es sich um freiwillige Garantieleistungen ohne eine solche Rechtspflicht. Sie lässt sich anhand von Erfahrungswerten – in der Vergangenheit erbrachte Kulanzleistungen – aus den Umsätzen abschätzen. Die Einstellung in die Gewährleistungsrückstellung erfolgt über das Aufwandskonto »Aufwand für Gewährleistungen«.
- Rückstellungen für Haftpflichtverbindlichkeiten und Produkthaftung sind als Einzelrisiko zu bewerten. Mit der Inanspruchnahme muss konkret gerechnet werden. Es muss also mehr für als gegen eine Inanspruchnahme aus einem Produkthaftungsfall sprechen.

Patent-, Urheber- oder ähnliche Schutzrechte

Rückstellungen wegen der Verletzung von fremden Patent-, Urheber- oder ähnlichen Schutzrechten sind steuerlich nur in Ausnahmefällen zulässig.

Der Unternehmer muss bereits vom Inhaber dieser Rechte in Anspruch genommen worden sein oder eine Inanspruchnahme muss ernsthaft drohen. In letzterem Fall muss die Rückstellung spätestens drei Jahre später aufgelöst werden.

Prozesskostenrückstellungen

Sie können hier die Kosten der eigenen und der gegnerischen Anwälte und die Gerichtskosten einstellen, sofern der Prozess zu verlieren gehen droht. Es sind nur Kosten für die jeweils anhängige Instanz zu berücksichtigen.

Beispiel

In einer anhängigen Klage vor dem Arbeitsgericht droht eine Niederlage. Die Rechtschutzversicherung hat aufgrund der Aussichtslosigkeit des Prozesses keine Kostenzusage gegeben, wird allerdings von den Gesamtkosten in Höhe von 5.000 EUR den Anteil an Beratungskosten in Höhe von 390 EUR übernehmen. Die Prozesskosten sind als Personalaufwand einzubuchen, da sie wirtschaftlich mit ihm zusammenhängen. Die Kosten für die schon jetzt geplante Berufung vor dem Landesarbeitsgericht dürfen nicht zurückgestellt werden.

Soll	Haben	GegenKto	Datum	Konto	Text
4.610		0970/3070		4110/6010	Kosten Arbeitsprozess

Pfandrückstellungen

Für die Verpflichtung zur Rückgabe von Pfandgeld sind Pfandrückstellungen zu bilden. Bei der Bewertung greifen Sie auf Erfahrungswerte zurück (BMF vom 11.7.1995 – BStBl I S. 363).

Wechselobligo und Bürgschaften

Für weiter gereichte Wechsel können Sie in Regress und für eingegangene Bürgschaften ebenfalls in Anspruch genommen werden. Wenn diese Fälle abzusehen sind, muss eine Rückstellung gebildet werden. Ohne drohende Gefahr sind die Wechselobligos und Bürgschaften von Kaufleuten unter der Bilanz oder ggf. im Anhang anzugeben.

Inflationsausgleichsprämie

Für die Inflationsausgleichsprämie ist zu beachten, dass es sich bei dieser grundsätzlich um eine **freiwillige Leistung des Arbeitgebers** handelt, deren Zusage und Zahlung in der Praxis je nach Unternehmensgröße und Branche stark variiert. So gibt es z. B. etwaig bereits in Tarifverträgen Festlegungen zur Zahlungsverpflichtung gegenüber den Mitarbeitern oder aber unternehmensinterne Regelungen zur Zahlung in Abhängigkeit von der Betriebszugehörigkeit. Die verschiedenen Faktoren haben einen wesentlichen Einfluss auf die Beurteilung, ob eine Rückstellung für eine Inflationsausgleichsprämie zu bilden ist, so dass eine allgemeine Aussage hier nicht getroffen werden kann. Vielmehr ist auf die betriebsinternen und/oder tarifvertraglichen Vereinbarungen abzustellen und auch Fluktuationswahrscheinlichkeiten sind – nach Aussage des IDW – im Rahmen der Rückstellungsprüfung zu berücksichtigen.

Grundsätzlich kann aber gesagt werden: Hat der Unternehmer aufgrund tarifvertraglicher oder betrieblicher Vereinbarung eine feste Zusage für die Zahlung der Inflationsausgleichsprämie im abgelaufenen Wirtschaftsjahr gegeben und ist diese bereits zum Abschlusszeitpunkt in voller Höhe erdient, ist eine Rückstellung im Jahresabschluss einzustellen, soweit die Zahlung erst im Folgejahr erfolgt. Erfolgt der tarifvertragliche Abschluss mit der Zusage einer Inflationsausgleichszahlung oder bei nicht tarifvertraglich gebundenen Unternehmen die Zusage an die Arbeitnehmer erst nach dem Abschlussstichtag, scheidet die Bildung einer Rückstellung für das abgelaufene Wirtschaftsjahr grundsätzlich aus. Als Konto für die Rückstellung kann das Konto „Rückstellung für Personalkosten“ verwendet werden.

Rückstellungen für öffentlich-rechtliche Verpflichtungen

Damit sind steuerliche, handelsrechtliche, umweltrechtliche und weitere gesetzliche Pflichten gemeint, welche die Unternehmen viel Arbeit und Geld kosten.

- Dazu gehört die Verpflichtung zur Aufstellung und Prüfung des Jahresabschlusses,
- zur Buchung laufender Geschäftsvorfälle,
- zur Erstellung der betrieblichen Steuererklärungen (Umsatzsteuer und Gewerbesteuer),
- zur Aufbewahrung von Belegen und Abschlussunterlagen, Datenspeicherung steuerlich relevanter Daten nach den Vorschriften zur digitalen Belegprüfung. Hier sind die Kosten für Räume, Einrichtung und IT für den Zeitraum von sechs bzw. zehn Jahre zu addieren (BFH, Urteil vom 19.08.2002 – VIII R 30/01) und abzuzinsen.
- für eine Altlastensanierung, wenn die maßgeblichen Tatsachen der zuständigen Fachbehörde bekannt geworden sind oder dies doch unmittelbar bevorsteht. Für laufende Lasten muss eine Behörde Maßnahmen zur Schadensverhütung, -beseitigung und -begrenzung angeordnet haben. Den Aufwand für die Beseitigung von Umweltschäden beziffern Sie anhand von Sachverständigengutachten und Kostenvoranschlägen.

Instandhaltung und Abraumbeseitigung

Bei unterlassenen Instandhaltungsarbeiten und Abraumbeseitigung handelt es sich Verbindlichkeiten »gegen sich selbst«, nicht gegen Dritte oder aufgrund einer sonstigen rechtlichen Verpflichtung. Damit sie steuerlich anerkannt werden, müssen folgende Voraussetzungen vorliegen:

1. Sie müssen in den ersten drei Monaten des neuen Jahres nachgeholt werden. In der Regel liegen Ihnen dann die Abrechnungen vor.
2. Die Arbeiten dürfen nicht turnusmäßig anfallen in ungefähr gleichem Umfang und in gleichen Zeitabständen.

Tipp

Rückstellungen für drohende Verluste aus schwebenden Geschäften sind nach Handelsrecht aus Gründen der Vorsicht zu bilden. Steuerlich sind sie nicht mehr zulässig.

Beispiel

Im Mai 2022 wurde eine Maschine des Typs TX2045 zum Preis von 50.000 EUR bestellt zur Auslieferung in der 47. KW. Die Maschinenbaufirma entwickelt im Herbst ein Nachfolgemodell TX2060, das nicht nur eine größere Leistungsfähigkeit und verbesserte Steuerungstechnik vorweisen kann – es ist außerdem bei einem Kaufpreis von 15.000 EUR erheblich billiger als der Vorgänger. Da der Einsatz der neuen Maschine in der Fertigung bis zur Auslieferung im März 2023 hinausgezögert werden kann, soll der alte Kaufvertrag storniert und das neueste Modell angeschafft werden. Die Lieferfirma besteht jedoch auf Vertragserfüllung.

Eine Rückstellung für drohende Verluste ist steuerlich zulässig, obwohl nach Handelsrecht mehr als 15.000 EUR auszuweisen sind.

Soll der Verlust dennoch bereits 2022 berücksichtigt werden, so klärt man mit dem Geschäftspartner die tatsächlichen Stornokosten ab. Wenn Sie es nicht gerade mit einem sturen Monopolisten zu tun haben, so wird man Ihnen im Sinne einer weiterhin guten Geschäftsbeziehung entgegenkommen. Um auch dem Finanzamt keine Reibungsfläche zu bieten, schaffen Sie Fakten und überweisen die Stornokosten, Vertragsstrafe o. Ä. noch im laufenden Jahr. Anderenfalls dokumentieren Sie die Stornovereinbarung mit Zahlungshöhe und -frist im alten Jahr durch eine Rechnung schriftlich und setzen eine entsprechende »Sonstige Verbindlichkeit« an.

Beispiel

Die Maschinenbaufirma ist bereit, den Kaufvertrag für einen »Mehrkostenbeitrag« von 10.000 EUR zu stornieren und eines der ersten Nachfolgemodelle TX2060 bereits im Februar 2023 auszuliefern.

1. Die Überweisung an die Maschinenbaufirma erfolgt noch im Jahr 2022.
   Die Buchung bei Zahlung lautet:

Soll	Haben	GegenKto	Datum	Konto	Text
	10.000,00	2309/6969		1200/1800	Stornokosten TX2045
	1.600,00	1571/1401		1200/1800	Stornokosten TX2045 Vorst.

2. Die Überweisung an die Maschinenbaufirma erfolgt erst im folgenden Jahr 2023. Nun sind die Stornokosten als Verbindlichkeiten zu erfassen:

Soll	Haben	GegenKto	Datum	Konto	Text
	10.000,00	2309/6969		1700/3500	Stornokosten TX2045
	1.600,00	1571/1401		1700/3500	Stornokosten TX2045 Vorst.

BGA	IKR	SKR03	SKR04	Kontenbezeichnung (SKR)
0724	39	0970	3070	Sonstige Rückstellungen
0724	398	0971	3075	Rückstellungen Instandhaltung bis 3 Monate
0724	399	0973	3085	Rückstellungen Abraum-/Abfallbeseitigung
0724	397	0976	3092	Rückstellungen für drohende Verluste
0724	392	0977	3095	Rückstellungen für Abschluss und Prüfung
0724	395	0966	3096	Rückstellungen zur Erfüllung von Aufbewahrungspflichten
0724	394	0979	3099	Rückstellungen für Umweltschutz
0724	391	0974	3090	Rückstellungen f. Gewährleistungen
4739	6992	2309	6969	Sonstige Aufwendungen unregelmäßig

11.4 Verbindlichkeiten

11.4.1 Anleihen, davon konvertibel

Anleihen sind langfristige, am Kapitalmarkt aufgenommene Kredite, durch Wertpapiere verbrieft. Man unterscheidet zwischen konvertiblen Anleihen, die in Eigenkapitalanteile umgetauscht werden können und nicht konvertiblen.

BGA	IKR	SKR03	SKR04	Kontenbezeichnung (SKR)
0811	415	0600	3100	Anleihen, nicht konvertibel
0812	410	0615	3120	Anleihen konvertibel

11.4.2 Verbindlichkeiten gegenüber Kreditinstituten

Ratenkredite und Darlehen von Banken, Sparkassen und anderen Kreditinstituten werden auf dem folgenden Konto verbucht:

BGA	IKR	SKR03	SKR04	Kontenbezeichnung (SKR)
082	42	0630	3150	Verbindlichkeiten gegenüber Kreditinstituten

11.4.3 Erhaltene Anzahlungen auf Bestellungen

Erhaltene Anzahlungen auf Bestellungen stellen für das Unternehmen Verbindlichkeiten gegenüber seiner Kunden dar, die erst mit deren Erfüllung (= Lieferung oder Leistung) umzugliedern sind und mit der nunmehr entstandenen Forderung gegenüber dem Kunden verrechnet werden können.

BGA	IKR	SKR03	SKR04	Kontenbezeichnung (SKR)
175	43	1710	3250	Erhalt. Anzahlungen auf Bestellungen

Der aktive Ausweis erfolgt auf dem Konto:

BGA	IKR	SKR03	SKR04	Kontenbezeichnung (SKR)
175	232	1722	1190	Erhaltene Anzahlungen auf Bestellungen
1751	4301	1711	3260	Erhaltene Anzahlungen 7 % USt.
1753	4303	1717	3270	Erhaltene Anzahlungen 19 % USt.

11.4.4 Verbindlichkeiten aus Lieferungen und Leistungen

Dieses Konto ist nicht direkt bebuchbar, da es für den automatischen Saldo sämtlicher Kreditorenkonten vom DATEV-System reserviert ist.

BGA	IKR	SKR03	SKR04	Kontenbezeichnung (SKR)
171	44	1600	3300	Verbindlichkeiten aus Lieferungen u. Leistungen

Die Lieferantenkonten sind vollständig abgestimmt. Buchen Sie ggf. die sich nachträglich in Absprache mit Ihren Lieferanten ergebenden Änderungen ein, z. B. Preisnachlässe, Erhöhung Wareneinkauf etc. In Streitfällen sind Rückstellungen für eventuelle Nachzahlungen zu bilden.

Nehmen Sie die Saldenbestätigungen der von Ihnen angeschriebenen oder von sich aus aktiven Lieferanten zu den Abschlussunterlagen. Wenn Sie keinen Rücklauf auf Ihre Schreiben erhalten haben, so legen Sie die Durchschrift mit einem entsprechenden Vermerk ab. Das Schweigen auf ein Bestätigungsschreiben/Saldenmitteilung in einem Kontokorrent gilt unter Kaufleuten als Genehmigung.

Wenn Sie keine Lieferantenkonten bebuchen, steht das folgende Konto zur Verfügung:

BGA	IKR	SKR03	SKR04	Kontenbezeichnung (SKR)
171	44	1610	3310	Verbindlichkeiten aus Lieferungen u. Leistungen ohne Kontokorrent

Stellen Sie eine Liste über sämtliche Verbindlichkeiten aus Lieferungen und Leistungen auf und unterscheiden Sie nach Umsatzsteuersätzen und Aufwandsarten (ggf. auf Tippstreifen addieren). Der Saldo auf dem Verbindlichkeitskonto muss mit der Gesamtsumme dieser Liste übereinstimmen – Ist-Versteuerer müssen ggf. die Beträge noch einbuchen.

Beispiel

Aufstellung Verbindlichkeiten aus Lieferungen und Leistungen zum 31.12.2022:

	Rg-Nummer	Rg-Datum	Rg-Betrag
Aga Aga GmbH	5301	02.12.	1.235,04 EUR
…….			
Meier KG	5401	04.10.	234,12 EUR
	5401	12.12.	3.231,80 EUR
……			
Zadeck GmbH	103/00	07.07.Vj	1.492,40 EUR
Gesamte Verbindlichkeiten LuL brutto			29.500,00 EUR

Da die Verbindlichkeiten noch nicht erfasst wurden, sind sie zum Jahresende einzubuchen:

Wareneinkauf 7 % auf Konto 5300
(automatisches Vorsteuerkonto) 5.700,00 EUR
Wareneinkauf 19 % auf Konto 5400
(automatisches Vorsteuerkonto) 23.800,00 EUR

Soll	Haben	GegenKto	Datum	Konto	Text
	5.700,00	3300/5300		1610/3310	Verbindlichkeiten Wareneinkauf zu 7 %
	23.800,00	3400/5400		1610/3310	Verbindlichkeiten Wareneinkauf zu 19 %

Für weitere Verbindlichkeiten kommen die unten angeführten Konten infrage.

BGA	IKR	SKR03	SKR04	Kontenbezeichnung (SKR)
194	48	1700	3500	Sonstige Verbindlichkeiten
1941	4871	1701	3501	Sonstige Verbindlichkeiten (bis 1 J.)
195	4875	0780	3540	Partiarische Darlehen
172	4863	1705	3550	Erhaltene Kautionen
196	4874	0630	3560	Verbindlichkeiten gegenüber Kreditinstituten

11.4.5 Verbindlichkeiten aus der Annahme gezogener Wechsel und der Ausstellung eigener Wechsel

Schuldwechsel sind auf folgenden Konten zu erfassen:

BGA	IKR	SKR03	SKR04	Kontenbezeichnung (SKR)
176	45	1660	3350	Wechselverbindlichkeiten

Sie benötigen als Bestandsnachweis Blattkopien des Wechselbuchs.

Verbindlichkeiten aus Agenturwaren- und Kommissionsabrechnung werden auf diesem Konto erfasst.

BGA	IKR	SKR03	SKR04	Kontenbezeichnung (SKR)
173	4891	1731	3600	Agenturwarenabrechnung

Dazu gehören etwa Lottogelder oder Telefonkartenumsätze.

Auch hier empfiehlt es sich, eine Saldenbestätigung vom Geschäftspartner einzuholen, sofern keine Endabrechnung vom »Geschäftsherrn« (Kommittent bzw. Vertriebsagentur) vorliegt. Denn gerade wegen Verrechnungen, Rücksendungen und Provisionskürzungen sind die Kommissions- und Vertreterabrechnungen ziemlich unübersichtlich.

Passivische Verrechnungskonten sind:

BGA	IKR	SKR03	SKR04	Kontenbezeichnung (SKR)
1939	4892	1709	3620	Gewinnverfügung stille Gesellschaft
199	4893	1792	3630	Sonstige Verrechnung
199	4894	1793	3695	Verrechnung geleistete Anzahlungen

Konten für Steuerverbindlichkeiten sind:

BGA	IKR	SKR03	SKR04	Kontenbezeichnung (SKR)
1926	4835	1741	3730	Verbindlichkeiten Lohn- und Kirchensteuer
191	483	1736	3700	Verbindlichkeiten Betriebssteuern und -abgaben
191	4836	1747	3761	Verbindlichkeiten für Verbrauchsteuern

Auf diesem Konto stehen z. B. Dezemberlöhne und -gehälter:

BGA	IKR	SKR03	SKR04	Kontenbezeichnung (SKR)
1925	4851	1740	3720	Verbindlichkeiten aus Lohn und Gehalt
1929	4852	1755	3790	Lohn- und Gehaltsverrechnungen

Das Verrechnungskonto sollte zum Jahresende aufgelöst sein.

Ausstehende Sozialversicherungsbeiträge sind auf diesem Konto zu erfassen:

BGA	IKR	SKR03	SKR04	Kontenbezeichnung (SKR)
192	484	1742	3740	Verbindlichkeiten soziale Sicherheit
1927	4846	1750	3770	Verbindlichkeiten aus Vermögensbildung
194	4845	1746	3760	Verbindlichkeiten aus Einbehaltungen

Ist-Versteuerer (Umsatzsteuer wird nur auf vereinnahmte Entgelte fällig) verbuchen nicht fällige Umsatzsteuer auf ihre ausstehenden Verbindlichkeiten.

BGA	IKR	SKR03	SKR04	Kontenbezeichnung (SKR)
1829	481	1760	3810	Umsatzsteuer nicht fällig
1829	4811	1761	3811	Umsatzsteuer nicht fällig 7 %
1829	4812	1762	3812	USt. nicht fällig, EG-Lieferungen
1829	4814	1764	3814	USt. nicht fällig, EG-Lieferungen 19 %
1829	4816	1766	3816	Umsatzsteuer nicht fällig 19 %

Weitere Konten zu Umsatzsteuerverbindlichkeiten sollen im Abschnitt zur Umsatzsteuererklärung erläutert werden.

11.5 Rechnungsabgrenzungsposten

Auch auf der Passivseite der Bilanz gibt es Rechnungsabgrenzungen. Hier werden Einnahmen eingestellt, die wirtschaftlich dem Folgejahr zuzurechnen sind. Die Zahlung wird zunächst aufwandsneutral auf diesem Konto eingestellt. Um den monatlichen Ertrag zu berücksichtigen, wird anschließend die gebildete Rechnungsabgrenzung zeitanteilig aufgelöst.

BGA	IKR	SKR03	SKR04	Kontenbezeichnung (SKR)
093	49	0990	3900	Passive Rechnungsabgrenzung

Beispiel

Die jährlich im Voraus vereinnahmte Pacht beträgt 12.000 EUR.

Zunächst erfolgt die Gutschrift der Pachtzahlung erfolgsneutral. Monatlich sind nachfolgend jeweils 1.000 EUR Pachtertrag zu berücksichtigen.

Rechnungen, die einen Zeitraum betreffen, der sich über das Geschäftsjahr hinaus erstreckt, müssen per Rechnungsabgrenzungsposten abgegrenzt werden.

12 Gewinn- und Verlustrechnung

Ablaufplan Jahresabschluss

1. Vortragen der Eröffnungsbilanz
2. Abstimmen der Buchhaltung
3. Abstimmen: Aktiva
4. Abstimmen: Passiva
5. Abstimmen: Aufwendungen und Erträge
6. Inventur
7. Abschlussbuchungen – Aufstellen der Bilanz
8. Anlagevermögen, Abschreibungen, Anlagenspiegel
9. Umlaufvermögen
10. Passiva
11. Gewinn- und Verlustrechnung
12. Steuererklärungen
13. Die fertige Bilanz und GuV
14. Übertragen der E-Bilanz

In der Gewinn- und Verlustrechnung (GuV) sind die Erlöse und Aufwendungen des abgelaufenen Jahres gegenüberzustellen.

Nach § 275 HGB ist die Gewinn- und Verlustrechnung (GuV) von Kapitalgesellschaften in Staffelform aufzustellen. Einzelunternehmer und Personengesellschaften können sich freiwillig an dieser Gliederung orientieren. Kleine und mittlere GmbHs dürfen die Positionen 1. bis 5. zu einem Posten »Rohergebnis« zusammenfassen. Zwei Verfahren für die Gewinn- und Verlustrechnung sind zulässig, wobei das hier gewählte nach dem Gesamtkostenverfahren überwiegend eingesetzt wird. Hier fließen sämtliche Leistungen und Aufwendungen des Unternehmens ein, somit auch Bestandsveränderungen. Das nicht verbreitete Umsatzkostenverfahren kommt zum gleichen Ergebnis. Hier werden jedoch nur solche Kosten angesetzt, die mit den erzielten Erlösen unmittelbar zusammenhängen.

Die GuV ist eine Kontrollrechnung zur Bilanz. In der Bilanz werden Vermögensgegenstände und Schulden am Bilanzstichtag gegenübergestellt, in der GuV die Erlöse und Aufwendungen des abgelaufenen Jahres. Nach dem System der doppelten Buchführung ist die Vermögensänderung des Kaufmanns in der Bilanz mit dem Jahresergebnis in der GuV identisch. In der elektronischen GuV nach § 5b EStG sind keine Vereinfachungen vorgesehen. Darüber hinaus gelten die Vorschriften für alle bilanzierungspflichtigen Kaufleute (Umsätze > 600.000 EUR und Gewinn über 60.000 EUR) nicht nur für Kapitalgesellschaften.

12.1 Positionen der GuV

Eine tief gegliederte, handelsrechtliche GuV weist die folgenden Positionen aus:

1. Umsatzerlöse
2. Erhöhung oder Verminderung des Bestands an fertigen und unfertigen Erzeugnissen
3. andere aktivierte Eigenleistungen
4. sonstige betriebliche Erträge
5. Materialaufwand:
   a) Aufwendungen für Roh-, Hilfs- und Betriebsstoffe und für bezogene Waren
   b) Aufwendungen für bezogene Leistungen
6. Personalaufwand:
   a) Löhne und Gehälter
   b) soziale Abgaben und Aufwendungen für Altersversorgung und für Unterstützung, davon für Altersversorgung
7. Abschreibungen
   a) auf immaterielle Vermögensgegenstände und Sachanlagen
   b) auf Vermögensgegenstände des Umlaufvermögens, soweit diese die in der Kapitalgesellschaft üblichen Abschreibungen überschreiten
8. sonstige betriebliche Aufwendungen
9. Erträge aus Beteiligungen, davon aus verbundenen Unternehmen
10. Erträge aus anderen Wertpapieren und Ausleihungen des Finanzanlagevermögens, davon aus verbundenen Unternehmen
11. sonstige Zinsen und ähnliche Erträge, davon aus verbundenen Unternehmen
12. Abschreibungen auf Finanzanlagen und auf Wertpapiere des Umlaufvermögens
13. Zinsen und ähnliche Aufwendungen, davon an verbundene Unternehmen
14. Steuern von Einkommen und Ertrag
15. Ergebnis nach Steuern
16. sonstige Steuern
17. Jahresüberschuss/Jahresfehlbetrag

Bei den Abstimmarbeiten der Buchführung sind Sie bereits systematisch die Erfolgskonten des laufenden Jahres durchgegangen. Etliche dieser Konten können Sie im Folgenden abschließen und den obigen Positionen zuordnen.

Sie sollten jedoch insbesondere die kritischen Betriebsausgaben ein zweites Mal überprüfen. Spezielle Aufzeichnungspflichten verlangen eine jeweils fehlerfreie Erfassung auf den Konten.

12.2 Lohnkosten

Die Beträge aus der Lohnbuchhaltung müssen sich auf den Sachkonten wiederfinden. Achten Sie auf die richtige zeitliche Zuordnung der Lohn- und Lohnnebenkosten, d. h. die Erfassung der Lohnkosten für Dezember. Bei den Aushilfslöhnen gibt es neue Konten für den richtigen Ausweis in der E-Bilanz. Außerdem benötigen Sie entweder einzelne Arbeitsverträge mit Angabe der regelmäßigen Beschäftigungszeiten und Stundensatz oder Einzelbelege, worauf die Arbeitszeiten festgehalten sind (Mindestlohngesetz).

Zuordnung	SKR03	SKR04	Kontenbezeichnung
unspezifisch	4190	6030	Aushilfslöhne
E-Bilanz	4195	6035	Löhne für Minijobs

12.3 Bewirtungskosten

Stellen Sie sicher, dass die Bewirtungskosten ausschließlich, zeitnah und vollständig auf dem gesonderten Konto verbucht sind. Daneben müssen auch die Belege selbst einer Überprüfung standhalten.

12.4 Dividenden- und Zinserträge

Ob Sie nun Wertpapiere im Privatvermögen oder im Betriebsvermögen halten: Einbehaltene Kapitalertragsteuer, Zinsabschlagsteuer und Solidaritätszuschläge können Sie auf die Einkommensteuer anrechnen lassen.

- Erfassen Sie private Zinseinkünfte als Privateinlagen. Bei betrieblichen Zinserträgen sind die Steuerabzüge gesondert zu buchen.
- Geben Sie zum Nachweis die originalen Dividenden- und Zinsbescheinigungen zusammen mit den Steuererklärungen an das Finanzamt.

12.5 Spenden

Unterscheiden Sie den Zweck Ihrer Zuwendungen nur bei unterschiedlicher Abzugsfähigkeit:

- Spenden und Beiträge für wissenschaftliche und mildtätige Zwecke können bis zur Höhe von insgesamt 20 % des Gesamtbetrags der Einkünfte abgezogen werden.
- Spenden und Beiträge für kirchliche und religiöse und anerkannt gemeinnützige Zwecke können seit 2007 ebenfalls bis zur Höhe von insgesamt 20 % des Gesamtbetrags der Einkünfte abgezogen werden.

- Spenden und Beiträge an politische Parteien werden zu 50 % direkt von der Steuerschuld abgezogen bis zum Höchstbetrag von 1.534 EUR (Splitting 3.068 EUR), darüber hinaus zu gleichen Höchstbeträgen als Sonderausgaben angesetzt.

BGA	IKR	SKR03	SKR04	Kontenbezeichnung (SKR)
207	6869	2380	6390	Spenden
2073	6869	2381	6391	Beitr./Spenden wissensch./kult. Zwecke
2074	6869	2382	6392	Beitr./Spenden mildtätige Zwecke
2075	6869	2383	6393	Beitr./Spenden kirchl./relig./gemeinnütz. Zwecke
2076	6869	2384	6394	Beitr./Spenden politische Parteien

Sortieren Sie sämtliche Original-Spendenbescheinigungen aus und halten diese für Rückfragen des Finanzamtes vor.

Andere Erfolgskonten haben Sie erst bei den Jahresabschlussbuchungen angesprochen:

- Abschreibungen,
- Aufwendungen und Erträge aus Bestandsveränderungen,
- Steuerzahlungen.

Insbesondere diese Abschlussbuchungen sind auf den Konten nochmals abzustimmen:

- Abschreibungen
  Vergleichen Sie die Buchwerte und die Höhe der Abschreibungen im Anlagenspiegel und Bilanz mit den Anlagekonten und Abschreibungen.
- Bestandsveränderungen und Wertberichtigungen
  Auch hier sind Endbestände und Bestandsveränderungen auf den Konten mit den vorgegebenen Inventarwerten abzugleichen. Überprüfen Sie, ob jede uneinbringliche Forderung abgeschrieben und darüber hinaus die Höhe der Wertberichtigungen richtig erfasst wurde.
- Steuerzahlungen
  Vergleichen Sie endgültige Kontensalden mit den Angaben in den Steuererklärungen.

13 Steuererklärungen

Ablaufplan Jahresabschluss
1. Vortragen der Eröffnungsbilanz
2. Abstimmen der Buchhaltung
3. Abstimmen: Aktiva
4. Abstimmen: Passiva
5. Abstimmen: Aufwendungen und Erträge
6. Inventur
7. Abschlussbuchungen – Aufstellen der Bilanz
8. Anlagevermögen, Abschreibungen, Anlagenspiegel
9. Umlaufvermögen
10. Passiva
11. Gewinn- und Verlustrechnung
12. Steuererklärungen
13. Die fertige Bilanz und GuV
14. Übertragen der E-Bilanz

In diesem Kapitel werden die Jahressteuererklärungen aufbereitet. Seit 2012 sind die Jahreserklärungen zur Körperschaftsteuer, Umsatzsteuer, zur Feststellung der Einkünfte und zur Gewerbesteuer elektronisch zu übermitteln.

Wer dazu keine Möglichkeit über einen Softwareanbieter hat, kann mit dem amtlichen ELSTER-Verfahren Formulare sowohl online als auch in einer PC-Anwendung ausfüllen (ELSTER = **EL**ektronische **ST**euer**ER**klärung. Der Doppelsinn von einem diebischen Vogel ist ein ungewohnter Anflug von Selbstironie).

Als Voraussetzung für die sogenannten authentifizierten Übermittlungen über ELSTER muss sich der Absender mit einer Signatur eindeutig ausweisen. Dazu bietet sich das kostenlose Softwarezertifikat als eine von drei Möglichkeiten an.

Registrieren Sie sich zunächst mit ihrer betrieblichen Steuernummer über ElsterOnline. Innerhalb von zehn Tagen erhalten Sie Post vom Betriebsfinanzamt mit einem Aktivierungscode. Auf www.elsteronline.de können Sie nun die Registrierung vervollständigen und eine kleine Datei mit dem Softwarezertifikat herunterladen. Mit Benutzername, Passwort und dem Zugriff auf dieses Zertifikat können Sie sich nicht nur bei ElsterOnline oder dem Bundeszentralamt für Steuern einwählen, sondern z. B. auch auf dem PC im ELSTER-Formular oder mit dem Telemodul der DATEV authentifizierte Daten übermitteln.

Auch für die Übertragung der E-Bilanz ist in der Regel die Authentifizierung eine unbedingte Voraussetzung. Eine Möglichkeit, die E-Bilanz wie eine Steuererklärung in einem

Formular auszufüllen, sucht man jedoch auf ElsterOnline vergeblich. Vonseiten der Finanzverwaltung wird auf kommerzielle Softwareanbieter verwiesen. Die aktuellen Buchhaltungsprogramme stellen vereinfacht gesagt die Bilanzdaten in einem XML-Format her und mittels der Schnittstelle ERiC[2] übergeben Sie die Datensätze an ELSTER.

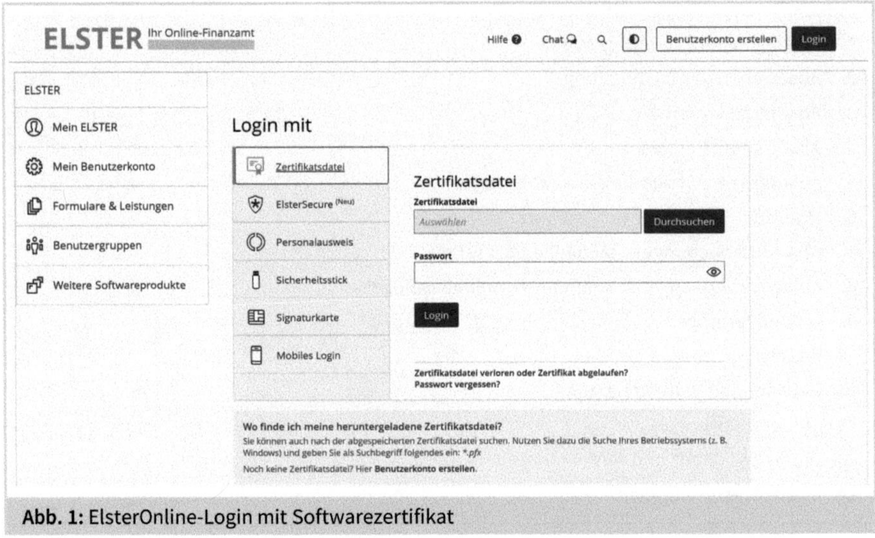

Abb. 1: ElsterOnline-Login mit Softwarezertifikat

Nach dem Login stehen Ihnen einige Formulare zur Verfügung.

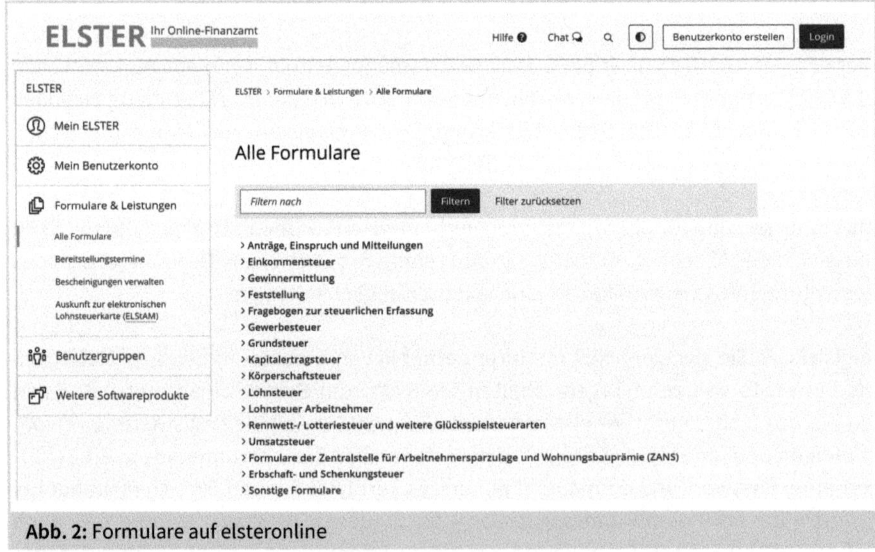

Abb. 2: Formulare auf elsteronline

2 ERiC ist eine Schnittstelle der Steuerverwaltung, die in Verbindung mit einem Steueranwendungsprogramm auf dem PC eines Anwenders läuft. Es prüft die von diesem Programm gelieferten Daten auf Plausibilität und übermittelt die Daten elektronisch an die Rechenzentren der jeweiligen Steuerverwaltungen der Bundesländer.

Die Abgabe von Papierformularen ist nur noch in Härtefällen zulässig. Die Abbildungen in diesem Kapitel veranschaulichen somit lediglich den Zusammenhang innerhalb des jeweiligen Formulars. Im Einzelnen kommen ggf. folgende Jahreserklärungen auf Sie zu:

- In die **Umsatzsteuererklärung** tragen Sie die Summen steuerpflichtiger Erlöse, Vorsteuerbeträge und Vorauszahlungen ein. Mit der Umsatzsteuerverprobung gleichen Sie die den Umsätzen entsprechende Umsatzsteuer mit der gebuchten Umsatzsteuer ab.
- In der **Gewerbesteuererklärung** wird der Gewerbeertrag durch Hinzurechnungen und Kürzungen aus dem Jahresüberschuss ermittelt. Für eventuelle Gewerbesteuernachzahlungen bildet man eine Gewerbesteuerrückstellung, Erstattungen werden aktiviert.
- Einzelunternehmer haben den erzielten Jahresgewinn in der Einkommensteuererklärung auf der Anlage G als Einkünfte aus Gewerbebetrieb anzusetzen oder als Einkünfte aus selbstständiger Tätigkeit auf der Anlage S.

13.1 Umsatzsteuererklärung

Nach dem Abstimmen der Umsätze, der Vorsteuerbeträge sowie der Umsatzsteuer sollte das Ausfüllen der Umsatzsteuererklärung keine Schwierigkeiten mehr bereiten.

Wenn Sie ausschließlich steuerfreie Umsätzen erzielen, sind Sie zur Abgabe der Umsatzsteuererklärung ohnehin nicht verpflichtet.

Steuerfreie Umsätze erzielen Sie z. B. durch:

- Honorare als Arzt (Ausnahme z. B. zahntechnisches Labor),
- Umsätze von Krankenhäusern, Altenheimen,
- Provisionen der Versicherungsvertreter und Versicherungsentschädigungen,
- Geldgeschäfte der Banken (sofern keine Option zur Umsatzsteuer ausgeübt wird),
- Vermietungen und Handel von Grundstücken
- Umsätze aus Lehrtätigkeit,
- Jugendhilfe und ehrenamtliche Aufwandsentschädigung,
- Exporte, d. h. Lieferungen in ein Land außerhalb der EU oder eine Beförderungsleistung dorthin,
- Seeschifffahrt und Luftfahrt und diesbezügliche Reisebüroumsätze sowie
- Offshore-Geschäfte.

Auf der Vorderseite der Erklärung sind folgende Angaben zu machen:

1. Finanzamt und Steuernummer
2. Allgemeine Angaben zum Unternehmen in den Zeilen 8 bis 15
3. Mehrere Betriebe eines Einzelunternehmers sind in einer einzigen Erklärung zusammenzufassen.
4. Wenn Ihr Unternehmen kein ganzes Kalenderjahr bestanden hat, geben Sie in der Zeile 20 (ggf. auch 21) den Zeitraum an.

Auch als Kleinunternehmer sind Sie verpflichtet, eine Umsatzsteuerjahreserklärung einzureichen. Sie sind Kleinunternehmer im Sinne des § 19 (1) UStG, wenn Ihre Umsätze einschließlich Umsatzsteuer im laufenden Jahr 22.000 EUR und im Folgejahr 50.000 EUR nicht übersteigen. Als Kleinunternehmer müssen Sie die Zeilen 33 und 34 ausfüllen.

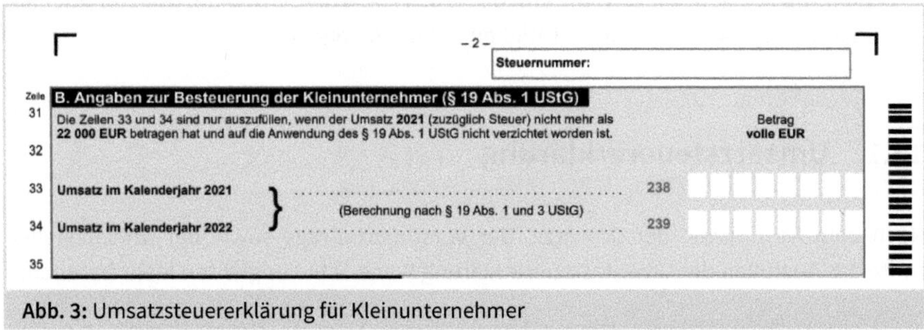

-2-

Steuernummer:

Zeile	**B. Angaben zur Besteuerung der Kleinunternehmer (§ 19 Abs. 1 UStG)**		
31	Die Zeilen 33 und 34 sind nur auszufüllen, wenn der Umsatz **2021** (zuzüglich Steuer) nicht mehr als **22 000 EUR** betragen hat und auf die Anwendung des § 19 Abs. 1 UStG nicht verzichtet worden ist.		Betrag volle EUR
32			
33	**Umsatz im Kalenderjahr 2021**	(Berechnung nach § 19 Abs. 1 und 3 UStG)	238
34	**Umsatz im Kalenderjahr 2022**		239
35			

Abb. 3: Umsatzsteuererklärung für Kleinunternehmer

13.1.1 Steuerpflichtige Umsätze

Auf der zweiten Seite der Umsatzsteuererklärung sind die steuerpflichtigen Umsätze und die zugehörige Steuer aufzulisten.

Kleinunternehmer müssen nur noch Zeile 33 und 34 auf der Vorderseite ausfüllen. Die Umsatzsteuer auf die Umsätze von Kleinunternehmern wird nicht erhoben.

- Der Jahresumsatz – bei weniger als 12 Monaten auf das Jahr hochzurechnen – hat im Vorjahr nicht mehr als 22.000 EUR betragen.
- im laufenden Kalenderjahr wird der Umsatz von 50.000 EUR voraussichtlich nicht übersteigen.
- Auf die Steuerbefreiung für Kleinunternehmer wurde nicht verzichtet.
- Es wurde in den Rechnungen weder Umsatzsteuer gesondert ausgewiesen noch Vorsteuer abgezogen.

Nach den Steuersätzen von 19 % USt. und 7 % USt. sind jeweils zusammengefasst:

- Lieferungen und Leistungen, Verkäufe von Anlagegütern,
- unentgeltliche Wertabgaben in Form von Entnahmen von Gegenständen und Leistungen aus dem Unternehmen.

Darunter sind land- und forstwirtschaftliche Umsätze einzutragen.

Achten Sie auf abgestimmte Beträge in der Gewinn- und Verlustrechnung bzw. Bilanz und in der Steuererklärung – denn genau dies wird auch das Finanzamt abgleichen. Dabei sind Cent-Differenzen wegen der Rundung völlig normal. Wenn die Zuordnung der in einem Feld zusammengefassten Umsätze zu den verschiedenen Konten unübersichtlich wird, sollten Sie dies in einer Anlage erläutern. Gehen Sie von den Kontensalden aus und entwickeln den Eintrag im Formular.

Zum Beispiel sind die Umsätze bei Ist-Versteuerern nicht ohne Weiteres nachzuvollziehen. Die Umsatzerlöse stehen als Erträge im Jahresabschluss. Umsatzsteuerlich wird jedoch nur auf die (teilweise spätere) Zahlung abgestellt und ggf. sind Erträge aus dem Vorjahr zu berücksichtigen. Die »Lieferungen und Leistungen« in der Umsatzsteuererklärung beziehen sich deshalb abweichend von der Gewinn- und Verlustrechnung nur auf die im Kalenderjahr umsatzsteuerpflichtigen Umsätze.

Beispiel

Anlage zur Umsatzsteuererklärung für das KJ. 2022
Karl Herdt, Dahlem, Steuernummer: ...

Umsatzerlöse 19 % lt. Gewinnermittlung		156.462,42 EUR
-	im Vorjahr bereits versteuerte erhaltene Anzahlungen auf unfertige Arbeiten 2021 abgerechnet mit 19 % USt.	– 20.000,00 EUR
+	Forderungen zu 19 % USt. 01.01.2022 netto	+ 5.909,83 EUR
-	Forderungen zu 19 % USt. 31.12.2022 netto	– 4.965,37 EUR
+	Unentgeltliche Wertabgaben	+ 1.400,00 EUR
Ist-Umsatz zu 19 % USt. netto einzutragen in der USt.-Erklärung		138.806,88 EUR

BGA	IKR	SKR03	SKR04	Kontenbezeichnung (SKR)
18	480	1770	3800	Umsatzsteuer
1812	4801	1771	3801	Umsatzsteuer 7 %
1813	4804	1776	3806	Umsatzsteuer 19 %

	C. Steuerpflichtige Lieferungen, sonstige Leistungen und unentgeltliche Wertabgaben		Bemessungsgrundlage ohne Umsatzsteuer volle EUR	Steuer EUR	Ct
37					
38	**Umsätze zum allgemeinen Steuersatz** Lieferungen und sonstige Leistungen .... zu 19 %	177	137.406	26.107,14	
39	Unentgeltliche Wertabgaben a) Lieferungen nach § 3 Abs. 1b UStG .... zu 19 %	178	1.400	266,00	
40	b) Sonstige Leistungen nach § 3 Abs. 9a UStG .. zu 19 %	179			
41	**Umsätze zum ermäßigten Steuersatz** Lieferungen und sonstige Leistungen .... zu 7 %	275			
42	Unentgeltliche Wertabgaben a) Lieferungen nach § 3 Abs. 1b UStG .... zu 7 %	195			
43	b) Sonstige Leistungen nach § 3 Abs. 9a UStG ... zu 7 %	196			

Abb. 4: Umsatzsteuererklärung Seite 2

13.1.2 Vorsteuerbeträge

Vorsteuerbeträge werden auf der fünften Seite der Umsatzsteuererklärung eingetragen. Hier wird nicht nach Steuersätzen unterschieden.

- Die normale Vorsteuer ist im ersten Feld in der Zeile 122 zusammengefasst.

BGA	IKR	SKR03	SKR04	Kontenbezeichnung (SKR)
141	260	1570	1400	Abziehbare Vorsteuer
142	2601	1571	1401	Abziehbare Vorsteuer 7 %
143	2604	1576	1406	Abziehbare Vorsteuer 19 %

- In der Zeile 123 steht die Vorsteuer aus EG-Erwerb,

BGA	IKR	SKR03	SKR04	Kontenbezeichnung (SKR)
145	2602	1572	1402	Abziehbare VSt. aus EG-Erwerb
145	2603	1573	1403	Abziehbare VSt. aus EG-Erwerb 19 %

- in der Zeile 124 die Einfuhrumsatzsteuer von Importen aus Drittländern,

BGA	IKR	SKR03	SKR04	Kontenbezeichnung (SKR)
143	2628	1588	1433	Entstandene Einfuhrumsatzsteuer

- in der Zeile 127 die Vorsteuer nach unterschiedlichen Durchschnittssätzen.

Zeile	J. Abziehbare Vorsteuerbeträge		Steuer EUR	Ct
121	(ohne die Berichtigung nach § 15a UStG)			
122	Vorsteuerbeträge aus Rechnungen von anderen Unternehmern (§ 15 Abs. 1 Satz 1 Nr. 1 UStG)	320	8.815,52	
123	Vorsteuerbeträge aus innergemeinschaftlichen Erwerben von Gegenständen (§ 15 Abs. 1 Satz 1 Nr. 3 UStG)	761		
124	Entstandene Einfuhrumsatzsteuer (§ 15 Abs. 1 Satz 1 Nr. 2 UStG)	762		
125	Vorsteuerabzug für die Steuer, die der Abnehmer als Auslagerer nach § 13a Abs. 1 Nr. 6 UStG schuldet (§ 15 Abs. 1 Satz 1 Nr. 5 UStG)	466		
126	Vorsteuerbeträge aus Leistungen im Sinne des § 13b UStG (§ 15 Abs. 1 Satz 1 Nr. 4 UStG)	467		
127	Vorsteuerbeträge, die nach den allgemeinen Durchschnittssätzen berechnet sind (§ 23 UStG)	333		

Abb. 5: Umsatzsteuererklärung Seite 5

Zur Vereinfachung können bestimmte Berufsgruppen (bis zum Vorjahresumsatz von 61.356 EUR und sofern nicht buchführungspflichtig) sowie gemeinnützige Vereine (bis 35.000 EUR Jahresumsatz) anstatt der Vorsteuer, die sich aus den Rechnungen tatsächlich ergibt, eine Pauschale abziehen.

Dies gilt zusätzlich auch für Erlöse aus berufsfremden Nebentätigkeiten, soweit sie 25 % der Gesamterlöse nicht übersteigen (UStR 261 Abs. 2). Dabei wird ein entsprechender Prozentsatz der Umsätze als Vorsteuer nach allgemeinen Durchschnittssätzen geltend gemacht (Seite 5 Feld 333 in der Zeile 127). An die Durchschnittssätze sind Sie allerdings fünf Jahre gebunden.

Achtung

Mit dem Jahressteuergesetz 2022 vom 16.12.2022 wurde der Vorsteuerabzug auf Grundlage von Durchschnittssätzen statt tatsächlich entstandener Vorsteuerabzugsbeträge ab dem Jahr 2023 aufgehoben.

Durchschnittssätze in % vom Umsatz	
Bäckereien	5,4 %
Bau- und Möbeltischler	9,0 %
Beschlag-, Kunst- u. Reparaturschmiede	7,5 %
Blumen- und Pflanzenhandel	5,7 %
Buchbindereien	5,2 %
Drogerien	10,9 %
Druckerei	6,4 %
Elektroinstallation	9,1 %
Elektrotechnische Erzeugnisse, Handel	11,7 %
Fahrrad- und Mopedhandel	12,2 %
Fliesen- und Plattenleger	8,6 %
Friseure	4,5 %
Gastwirtschaft	8,7 %
Gebäude/Fensterreinigung	1,6 %
Gemüse- und Obsthandel	6,4 %

Durchschnittssätze in % vom Umsatz	
Journalisten	4,8 %
Kfz-Reparatur	9,1 %
Klempner, Gas- und Wasserinstallation	8,4 %
Maler, Lackierer, Tapezierer	3,7 %
Oberbekleidung Textilien, Handel	12,3 %
Schlosserei, Schweißerei	7,9 %
Schneider	6,0 %
Schriftsteller	2,6 %
Schuhmacher	6,5 %
Schuhhandel	11,8 %
Taxiunternehmen	6,0 %
Vereine, gemeinnützig in Zeile 66	7,0 %
Zeitschriftenhandel	6,3 %

Beispiel

Schreiner Säger erzielte in 2022 einen Gewinn von 20.000 EUR bei 50.000 EUR Umsatz. Überschlägig lässt die Hälfte der Betriebsausgaben von 30.000 EUR keinen Vorsteuerabzug zu (Miete, Aushilfslöhne, Versicherung). Anstelle der tatsächlich maximal 2.850 EUR abziehbaren Vorsteuer (15.000 EUR x 19 %) wird der Durchschnittssatz 9 % vom Umsatz gewählt.

Soll	Haben	GegenKto	Datum	Konto	Text
4.500,00		1583/1483		1587/1484	9 % VSt. v. 50.000 EUR

BGA	IKR	SKR03	SKR04	Kontenbezeichnung (SKR)
146	2606	1587	1484	Vorsteuer allgemeine Durchschnittssätze
1461	2607	1583	1483	Gegenkonto Vorsteuer allgem. Durchschnittssätze

Bei einem Anlagegut, das nicht nur einmalig zur Ausführung von Umsätzen eingesetzt wurde, können sich die für den Vorsteuerabzug maßgeblichen Verhältnisse ändern. Geschieht das innerhalb von fünf Jahren seit dem Beginn der Verwendung, so ist für jedes Kalenderjahr der Änderung die Vorsteuer nachträglich zu berichtigen. Bei Gebäuden (auch bei Gebäuden auf fremdem Boden) gilt sogar ein Zeitraum von zehn Jahren.

13.1.3 Umsatzsteuerabschlusszahlung oder Erstattungsanspruch

Auf der Seite 6 werden von der geschuldeten Umsatzsteuer (Zeile 152) die Vorsteuerbeträge (Zeile 158) abgezogen. Die verbleibende Steuer ist in einigen Sonderfällen noch zu korrigieren. Die Abschlusszahlung bzw. der Erstattungsanspruch gegenüber dem Finanzamt in Zeile 169 ergibt sich nach dem Abzug des Vorauszahlungssolls (Zeile 168).

Zeile	L. Berechnung der zu entrichtenden Umsatzsteuer		Steuer EUR Ct
151			
152	**Umsatzsteuer auf steuerpflichtige Lieferungen, sonstige Leistungen und unentgeltliche Wertabgaben** ... (aus Zeile 60)		26.373,14
153	**Umsatzsteuer auf innergemeinschaftliche Erwerbe** ... (aus Zeile 86)		
154	Umsatzsteuer, die vom Auslagerer oder Lagerhalter geschuldet wird (§ 13a Abs. 1 Nr. 6 UStG) ... (aus Zeile 90)		
155	Umsatzsteuer, die vom letzten Abnehmer im innergemeinschaftlichen Dreiecksgeschäft geschuldet wird (§ 25b Abs. 2 UStG) ... (aus Zeile 97)		
156	Umsatzsteuer, die vom Leistungsempfänger nach § 13b UStG geschuldet wird ... (aus Zeile 103)		
157	Zwischensumme ...		26.373,14
158	**Abziehbare Vorsteuerbeträge** ... (aus Zeile 131)		8.815,52
159	Vorsteuerbeträge, die auf Grund des § 15a UStG nachträglich abziehbar sind ... (aus Zeile 150)		
160	Verbleibender Betrag ...		17.557,62
161	Vorsteuerbeträge, die auf Grund des § 15a UStG zurückzuzahlen sind ... (aus Zeile 150)		
162	In Rechnungen unrichtig oder unberechtigt ausgewiesene Steuerbeträge (§ 14c UStG) sowie Steuerbeträge, die nach § 6a Abs. 4 Satz 2 UStG geschuldet werden ...	318	
163	Steuerbeträge, die nach § 17 Abs. 1 Satz 6 UStG geschuldet werden ...	331	
164	Steuer-, Vorsteuer- und Kürzungsbeträge, die auf frühere Besteuerungszeiträume entfallen (nur für Kleinunternehmer, die § 19 Abs. 1 UStG anwenden) ...	391	
165	**Umsatzsteuer** / **Überschuss** – bitte dem Betrag ein Minuszeichen voranstellen - ...		17.557,62
166	Anrechenbare Beträge ... (aus Zeile 23 der Anlage UN)		
167	**Verbleibende Umsatzsteuer** / **Verbleibender Überschuss** – bitte dem Betrag ein Minuszeichen voranstellen - ... **(bitte in jedem Fall ausfüllen)**	816	17.557,62
168	Vorauszahlungssoll 2019 (einschließlich Sondervorauszahlung) ...		17.550,00
169	**Noch an die Finanzkasse zu entrichten** - Abschlusszahlung - / **Erstattungsanspruch** – bitte dem Betrag ein Minuszeichen voranstellen – **(bitte in jedem Fall ausfüllen)**	820	7,62

Abb. 6: Umsatzsteuererklärung Seite 6

Das Soll der Vorauszahlungen umfasst nicht nur die tatsächlichen Vorauszahlungen im Kalenderjahr und ggf. die Sondervorauszahlung.

Beispiel

Die Voranmeldungen für November und Dezember werden im Folgejahr abgegeben und Vorauszahlungen erst dann geleistet.

Monat	Zahllast/Soll EUR	
Sondervorauszahlung	3.000	
Januar	2.000	
Februar	4.000	
März	- 8.000	
....	....	
Oktober	2.000	Summe: Jan. bis Okt. 48.000 EUR
November	1.500	
Dezember	5.000	abzgl. Sondervorauszahlung 3.000 EUR
Vorauszahlungssoll Jan.-Dez.	17.550	

Das Vorauszahlungssoll von 17.550 EUR ist auf dem Konto »Umsatzsteuervorauszahlungen« ausgewiesen.

BGA	IKR	SKR03	SKR04	Kontenbezeichnung (SKR)
182	482	1780	3820	Umsatzsteuervorauszahlungen
182	4821	1781	3830	Umsatzsteuervorauszahlungen 1/11
1821	4824	1789	3840	Umsatzsteuer laufendes Jahr
1822	4825	1790	3841	Umsatzsteuer Vorjahr
1822	4826	1791	3845	Umsatzsteuer frühere Jahre

Ergibt sich rechnerisch eine Abschlusszahlung, so haben Sie diese innerhalb eines Monats ab Eingang beim Finanzamt zu leisten. Bei der Umsatzsteuer dürfen Sie nicht etwa auf einen Bescheid warten, sondern sollen ohne gesonderte Aufforderung zahlen. Eine »Mitteilung zur Umsatzsteuer« erhalten Sie auch meist nur dann, wenn das Finanzamt von Ihrer Erklärung abweicht.

Die folgenden weiteren Angaben sind ggf. zu machen:

- Innergemeinschaftliche Erwerbe (EU-Importe) sind in den Zeilen 80 bis 86 einzutragen.
- Weitere steuerfreie Umsätze tragen Sie in den Zeilen 62 bis 77 ein.
- Steuerpflichtige Leistungen als Leistungsempfänger nach § 13b UstG sind in die Zeile 99 bis 102 einzutragen. Hierzu gehören nicht nur Leistungen ausländischer Unternehmer (wie Google, Amazon, Ebay usw.), sondern auch empfangene Bauleistungen und Gebäudereinigung vom Subunternehmer, Lieferung von Metallen und Schrott sowie Mobilfunkgeräte und Chips über 5.000 EUR usw. (siehe Steuerschuldnerschaft nach § 13b UStG).

Wenn Sie eine Fristverlängerung zur Abgabe der Umsatzsteuer-Voranmeldung in Anspruch nehmen möchten, müssen Sie einen **Antrag auf Dauerfristverlängerung** abgeben. Bei der monatlichen Umsatzsteuer-Voranmeldung wird dann eine sogenannte Sondervorauszahlung zum 10. Februar fällig (1/11 der letzten Jahressteuer), die mit der Dezember-Voranmeldung wieder verrechnet wird.

Jeder Unternehmer muss dem Finanzamt die steuerbaren Umsätze gemäß § 2 Umsatzsteuergesetz mitteilen. Die **Umsatzsteuer-Voranmeldung** ist vierteljährlich, monatlich oder jährlich abzugeben und sie muss bis zum 10. des Folgemonats beim Finanzamt eingegangen sein. Umsatzsatzsteuer-Voranmeldungen dürfen nur noch elektronisch per ELSTER an das Finanzamt übermittelt werden. Nur zur »Vermeidung unbilliger Härten« kann der Fiskus auf Antrag Ausnahmen zulassen, wenn z. B. kein Computer und Internetanschluss vorhanden ist. In der Voranmeldung erfolgt eine Verrechnung der Umsatzsteuer und der abziehbaren Vorsteuer.

13.2 Gewerbesteuererklärung

Die Gewerbesteuer ist seit 2008 nicht mehr als Betriebsausgabe abzugsfähig (§ 4 Abs. 5b EStG). Die Auflösung einer zu hohen Gewerbesteuerrückstellung oder Nachzahlungen für Vorjahre bleiben daher erfolgsneutral.

In der Bilanz muss eine Rückstellung in Höhe der das laufende Wirtschaftsjahr betreffenden und am Abschlussstichtag noch geschuldeten Gewerbesteuer gebildet werden. Es ist nicht zulässig, bis auf den Bescheid zu warten und dann die Abschlusszahlung erstmalig zu erfassen.

Deshalb müssen Sie die Gewerbesteuerbelastung für das abgelaufene Jahr berechnen. Wenn Sie schon dabei sind, so können Sie auch gleich die Gewerbesteuererklärung (GewSt 1A) ausfüllen. Tragen Sie die Zahlen in die entsprechenden Kästchen ein (Zeilennummer und Kästchennummer sind im nachfolgenden gekennzeichnet).

Die Gewerbesteuer bemisst sich nach dem Gewerbeertrag. Gehen Sie von dem vorläufigen Gewinn aus, wie er sich nach der Gewinn- und Verlustrechnung ergibt. Durch folgende Hinzurechnungen und Kürzungen ergibt sich der Gewerbeertrag.

13.2.1 Hinzurechnungen

Die **Hinzurechnung der Hälfte der Dauerschuldzinsen zum Gewerbeertrag entfällt seit 2008**. Stattdessen sind nun **25 % sämtlicher Zinsen** hinzuzurechnen soweit sie bei der Gewinnermittlung gewinnmindernd geltend gemacht wurden. In das Formular tragen Sie gleichwohl die Zinsen in voller Höhe ein.

- Der Eintrag über das Entgelt für Schulden erfolgt auf Seite 3, Zeile 50, Kästchen 31.
- Renten und dauernde Lasten sind auf Seite 3, Zeile 51 in Kästchen 32 einzutragen.
- Verlustanteile an einer Personengesellschaft (Eintrag Seite 4, Zeile 67c, Kästchen 16).

Bei Mieten, Pachten, Leasingraten und Lizenzgebühren zählt nur der sogenannte **Finanzierungsanteil** dazu.

- Der Finanzierungsanteil beträgt bei mobilen Wirtschaftsgütern pauschal 20 % (Eintrag in voller Höhe auf Seite 3, Zeile 53, in Kästchen 34). Bei Elektrofahrzeugen gilt ein Hinzurechnungssatz von 50 % der 20 %. Für Hybridfahrzeuge gilt dies ebenso, wenn sie maximal eine Kohlendioxidemission von 50 g je km oder eine Reichweite bei ausschließlicher Nutzung der elektrischen Antriebsmaschine von 80 km vorweisen können oder es sich um Fahrräder handelt, die keine Kraftfahrzeuge sind.
- Bei immobilen Wirtschaftsgütern beträgt der Finanzierungsanteil 50 % (Eintrag in voller Höhe auf Seite 3, Zeile 55, in Kästchen 35).
- einem Viertel der Aufwendungen für die zeitlich befristete Überlassung von Rechten wie Konzessionen und Lizenzen (Eintrag auf Seite 3, Zeile 56, in Kästchen 36).

Allerdings gilt nunmehr ein **Freibetrag** in Höhe von **200.000 EUR** für die Summe sämtlicher Zinsen und Finanzierungsanteile. Nur übersteigende Beträge werden dem Gewinn hinzugerechnet.

13.2.2 Kürzungen

Die Summe des Gewinns und der Hinzurechnungen wird gekürzt um (u. a.):

1. 120 % des Einheitswerts der Betriebsgrundstücke (letzter Feststellungszeitpunkt; Eintrag Seite 4, Zeile 87, Kästchen 51).
2. Gewinnanteile an einer Personengesellschaft oder bei mehr als 10 % Beteiligung an einer inländischen Kapitalgesellschaft, wenn sie als Einnahmen bei der Gewinnermittlung angesetzt sind (Eintrag Seite 5, Zeile 89c, Kästchen 31).
3. den Teil des Gewerbeertrags, der auf eine ausländische Betriebsstätte entfällt (Seite 5, Zeile 91, Kästchen 33).
4. Spenden bis in Höhe von 20 % des Gewerbeertrags zur Förderung steuerbegünstigter Zwecke (Eintrag Seite 5, Zeile 92, Kästchen 71).

Der Gewerbeertrag ist auf volle 100 EUR nach unten abzurunden.

Für Einzelunternehmer und Personengesellschaften gilt für den Gewerbeertrag ein Freibetrag von 24.500 EUR. Für alle Unternehmer gilt ein einheitlicher Tarif von 3.5 %.

Beispiel

Einzelunternehmer Schmidt erzielte in 2022 einen vorläufigen Gewinn von 275.050 EUR. Die Gewerbesteuervorauszahlungen betrugen 30.000 EUR. Hinzuzurechnen sind – nach Abzug des Freibetrags von 100.000 EUR – Schuldzinsen von 23.200 EUR und 30 % der Bewirtungskosten von 2.650 EUR = 795 EUR. Eine Spende an den Sportverein über 1.000 EUR wurde als Betriebsausgabe abgezogen. Am Firmensitz lag der Hebesatz bei 450 %. wird die vorläufige Steuerschuld folgendermaßen ermittelt:

Vorläufiger Gewinn	275.050 EUR
Gewerbesteuervorauszahlungen	+ 30.000 EUR
Schuldzinsen	+ 23.200 EUR
Spendenabzug	– 1.000 EUR
30 % Bewirtungskosten	+ 795 EUR
Gewerbeertrag vor Rundung und Freibetrag	328.045 EUR
Gewerbeertrag, gerundet	328.000 EUR
Freibetrag	– 24.500 EUR
Gewerbeertrag	303.500 EUR
Steuermessbetrag 3,5 % von Gewerbeertrag 303.500 EUR	10.622 EUR

Wie errechnet sich aus dem Steuermessbetrag die jeweilige Steuerschuld und damit die Steuerrückstellung?

Zur Ermittlung der vorläufigen Steuerschuld wird der Messbetrag mit dem Hebesatz der Gemeinde multipliziert. Die Gewerbesteuerrückstellung ergibt sich aus der verbleibenden Steuerschuld nach Abzug der Vorauszahlungen.

Beispiel Fortsezung

Gewerbesteuer 450 % des Steuermessbetrages	47.799 EUR
Bei Vorauszahlungen von 30.000 EUR	– 30.000 EUR
beträgt die verbleibende Steuerschuld	– 17.799 EUR

Soll	Haben	GegenKto	Datum	Konto	Text
550,00		0957/3030		4320/7610	Einstellung GewSt-Rückstellung

BGA	IKR	SKR03	SKR04	Kontenbezeichnung (SKR)
0722	380	0957	3030	Gewerbesteuerrückstellung
0722	380	0956	3035	Gewerbesteuerrückstellung, § 4 Abs. 5b EStG
4211	770	4320	7610	Gewerbeertragsteuer

Hat Ihr Gewerbebetrieb mehrere Betriebsstätten in verschiedenen Gemeinden, füllen Sie bitte die **Zerlegungserklärung** aus. Dann erlässt das Finanzamt einen Zerlegungsbescheid. Dieser legt die anteilige Gewerbesteuer pro Gemeinde fest.

13.3 Einkommensteuererklärung

Einzelunternehmer haben den erzielten Jahresgewinn in der Einkommensteuererklärung anzusetzen

- als Einkünfte aus Gewerbebetrieb auf der Anlage G,
- als Einkünfte aus selbstständiger Tätigkeit auf der Anlage S.

Beispiel

Für das Geschäftsjahr 2022 hat Karl Bayer einen Gewinn von 29.502 EUR ermittelt. Da sein Betriebsstättenfinanzamt auch das seines Wohnortes ist, trägt er den Gewinn in Zeile 4 ein, bei abweichenden Finanzämtern ansonsten in Zeile 7.

Einkünfte als Gesellschafter und Mitunternehmer werden in Zeile 8 eingetragen.

Beispiel

Karl Bayer ist neben seinem Betrieb mit 50 % an der Modellbau Meier und Bayer GbR beteiligt. In 2022 betrug sein Verlustanteil 4.680 EUR.

Das Finanzamt prüft, ob den Modellbauer überhaupt Gewinnerzielungsabsichten zuzubilligen sind oder es sich bei den Aktivitäten um Liebhaberei handelt.

So wird auch in diesem Jahr dieser Verlust unter dem Vorbehalt der Nachprüfung festgesetzt.

Die Gewerbesteuer kann auf die Einkommensteuer angerechnet werden. Tragen Sie ab der Zeile 18 die Gewerbesteuer-Messbeträge ein, die für Ihr Einzelunternehmen bzw. anteilmäßig für Sie als Mitunternehmer festgesetzt werden.

Das Finanzamt zieht das 3,8-fache des Gewerbesteuer-Messbetrags von der Einkommensteuer ab, maximal die tatsächlich gezahlte Gewerbesteuer (= Messbetrag × Hebesatz) unter Berücksichtigung weiterer positiver Einkünfte.

Es werden also keine Abzüge von den Einkünften vorgenommen, sondern die Einkommensteuer wird direkt gemindert.

Ehefrau / Person B

Einkünfte aus Gewerbebetrieb **Für jeden Betrieb ist zusätzlich eine Bilanz oder – soweit keine Bilanz erstellt wird – eine Anlage EÜR elektronisch zu übermitteln.**

Gewinn (ohne die Beträge in den Zeilen 31, 36, 42, 44, 45 und 48; bei ausländischen Einkünften: Anlage AUS beachten) 44

Zeile		Kennzahl	EUR
	als Einzelunternehmer (Art des Gewerbes, bei Verpachtung: Art des vom Pächter betriebenen Gewerbes)		
4	1. Betrieb	10/11	,–
5	2. Betrieb	62/63	,–
	Weitere Betriebe		
6		12/13	,–
	lt. gesonderter Feststellung (Betriebsfinanzamt und Steuernummer) – ggf. Gesamtsumme –		
7		58/59	,–
	als Mitunternehmer (Gesellschaft, Finanzamt und Steuernummer)		
8	1.	14/15	,–
9	2.	16/17	,–
10	3.	18/19	,–
11	4.	20/21	,–
	als Mitunternehmer in Fällen von geringer Bedeutung (Gesellschaft, Steuernummer) – § 180 Abs. 3 Satz 1 Nr. 2 AO z. B. Ehegattengemeinschaften –		
12		38/39	,–
	Gesellschaften / Gemeinschaften / ähnliche Modelle i. S. d. § 15b EStG		
13			,–
14	In den Zeilen 4 bis 12 und 48 nicht enthaltener steuerfreier Teil der Einkünfte, für die das **Teileinkünfteverfahren** gilt	24/25	,–
15	In den Zeilen 4 bis 12 und 48 enthaltene positive Einkünfte i. S. d. § 2 Abs. 4 UmwStG		,–
16	Ich beantrage für den in den Zeilen 4 bis 12 und 36 enthaltenen Gewinn die Begünstigung nach § 34a EStG und / oder es wurde zum 31.12.2021 ein nachversteuerungspflichtiger Betrag festgestellt. Einzureichende **Anlage(n) 34a**		Anzahl
17	Es wurden steuerfreie Sanierungserträge i. S. d. § 3a EStG erzielt.		1 = Ja

Zusätzliche Angaben bei Steuerermäßigung nach § 35 EStG

Zeile		Kennzahl	EUR
18	Für 2022 festzusetzender (anteiliger) Gewerbesteuer-Messbetrag i. S. d. § 35 EStG des Betriebs / des Mitunternehmeranteils lt. Zeile (ohne Gewerbesteuer-Messbetrag, der auf nach § 5a Abs. 1 EStG ermittelten Gewinn oder Gewinn i. S. d. § 18 Abs. 3 UmwStG entfällt) – Berechnung lt. gesonderter Aufstellung –	64/65	,–
19	Für 2022 tatsächlich zu zahlende Gewerbesteuer, die auf den Gewerbesteuer-Messbetrag lt. Zeile 18 entfällt – Berechnung lt. gesonderter Aufstellung –	66/67	,–

Abb. 7: Einkommensteuererklärung Anlage G

Einkünfte aus selbstständiger Tätigkeit

Freiberufler und andere nach § 18 EStG selbstständig Tätige erklären Einkünfte aus selbstständiger Arbeit. Diese Unternehmergruppe wird nicht zur Gewerbesteuer veranlagt und kann auch bei Gewinnen über 60.000 EUR den Gewinn durch Einnahmen-Überschussrechnung ermitteln.

14 Die fertige Bilanz und GuV

Ablaufplan Jahresabschluss
1. Vortragen der Eröffnungsbilanz
2. Abstimmen der Buchhaltung
3. Abstimmen: Aktiva
4. Abstimmen: Passiva
5. Abstimmen: Aufwendungen und Erträge
6. Inventur
7. Abschlussbuchungen – Aufstellen der Bilanz
8. Anlagevermögen, Abschreibungen, Anlagenspiegel
9. Umlaufvermögen
10. Passiva
11. Gewinn- und Verlustrechnung
12. Steuererklärungen
13. Die fertige Bilanz und GuV
14. Übertragen der E-Bilanz

Auf den folgenden Seiten sehen Sie die Bilanz und Gewinn- und Verlustrechnung der Karl Berghoff Mineralöle zum 31.12.2022. Das gleiche Gliederungsschema können Sie für Einzelunternehmen, Personengesellschaften und für Kapitalgesellschaften verwenden (mit den entsprechenden Besonderheiten, die im Anschluss an die Gewinn- und Verlustrechnung behandelt werden). Auf den Ausweis der Vorjahreszahlen dürfen Einzelunternehmer verzichten. Bei diesem Einzelunternehmen wurden sie ausgewiesen.

Bilanz

Karl Berghoff Mineralöle, Neustadt zum 31. Dezember 2022

AKTIVA							PASSIVA
		Euro	Euro			Euro	Euro
A	Anlagevermögen			A	Eigenkapital		300.000,00
I	Immaterielle Vermögensgegenstände						
1.	Konzessionen, gewerbliche Schutzrechte			B	Privatkonten		259.386,93
	und ähnliche Rechte und Werte sowie						
	Lizenzen an solchen Rechten und Werten		1,00	C	Rückstellungen		
				1.	Steuerrückstellungen	576,00	
II	Sachanlagen			2.	sonstige Rückstellungen	99.640,00	100.216,00
1.	Grundstücke, grundstücksgleiche Rechte						
	und Bauten, einschließlich der Bauten						
	auf fremden Grundstücken		0,00				
2.	technische Anlagen und Maschinen	493.320,00					
3.	andere Anlagen, Betriebs- und						
	Geschäftsausstattung	78.816,00	572.136,00				

Bilanz

Karl Berghoff Mineralöle, Neustadt zum 31. Dezember 2022

AKTIVA							PASSIVA
		Euro	Euro			Euro	Euro
B	Umlaufvermögen			D	Verbindlichkeiten		
I	Vorräte			1.	Verbindlichkeiten gegenüber		
1.	Roh-, Hilfs- und Betriebsstoffe	536.717,00			Kreditinstituten	410.058,98	
2.	unfertige Erzeugnis., unfert. Leistungen	8.875,00		2.	Verbindlichkeiten aus		
3.	fertige Erzeugnisse und Waren	93.514,00	639.106,00		Lieferungen und Leistungen	236.064,87	
				3.	Verbindlichkeiten aus der An-		
II	Forderungen und sonstige Vermögens-				nahme gezogener Wechsel und		
	gegenstände				der Ausstellung eigener Wechsel	199.073,94	
1.	Forderungen aus Lieferungen und			4.	sonstige Verbindlichkeiten	197.585,41	1.042.783,20
	Leistungen	329.501,08					
2.	sonstige Vermögensgegenstände	18.048,22					
3.	Umsatzsteuerforderung	9.960,24	357.509,54				

Bilanz

Karl Berghoff Mineralöle, Neustadt zum 31. Dezember 2022

AKTIVA						PASSIVA
		Euro	Euro		Euro	Euro
III	Flüssige Mittel					
1.	Kassenbestand, Bundesbank-					
	und Postgiroguthaben	5.215,22				
2.	Guthaben bei Kreditinstituten	125.418,37	130.633,59			
C	Rechnungsabgrenzungsposten		3.000,00			
			1.702.386,13			1.702.386,13
02.03.2023						

Beispiel: GuV-Rechnung

GEWINN- UND VERLUSTRECHNUNG
vom 01.01.2022 bis 31.12.2022 Karl Berghoff Mineralöle

		Euro	Geschäftsjahr Euro		Vorjahr Euro
1.	Umsatzerlöse		3.361.135,87		3.557.780,34
2.	Verminderung des Bestands an fertigen und unfertigen Erzeugnissen		22.422,00		2.937,00-
3.	Gesamtleistung		3.338.713,87		3.560.717,34
4.	sonstige betriebliche Erträge		38.169,47		27.541,06
5.	Materialaufwand				
a)	Aufwendungen für Roh-, Hilfs- und Betriebsstoffe und für bezogene Waren	1.289.893,60			1.367.466,07
b)	Aufwendungen für bezogene Leistungen	70.117,54	1.360.011,14		82.994,87
6.	Personalaufwand				
a)	Löhne und Gehälter	1.213.077,51			1.230.282,55
b)	soziale Abgaben und Aufwendungen für Altersversorgung und Unterstützung	238.188,85	1.451.266,36		242.018,05
7.	Abschreibungen				
a)	auf immaterielle Vermögensgegenstände des Anlagevermögens und Sachanlagen		178.343,92		198.395,04
8.	sonstige betriebliche Aufwendungen		590.777,30		462.543,40
9.	sonstige Zinsen und ähnliche Erträge		5.523,07	0,16	4.631,63
10.	Zinsen und ähnliche Aufwendungen		91.945,32	2,75	128.249,44
11.	Ergebnis der gewöhnlichen Geschäftstätigkeit		289.937,63-	8,68	119.059,39-
12.	Steuern vom Einkommen, Ertrag und Vermögen	6.602,70			9.520,00
13.	sonstige Steuern	2.796,00	9.398,70	0,28	5.884,11
14.	Verlust		299.336,33	8,96	134.463,50

Hier zwei weitere Hinweise aus dem Handelsrecht:

1. Der Jahresabschluss ist mit Datum vom Kaufmann zu unterzeichnen.
2. Unter der Bilanz sind anzugeben:
   - Verbindlichkeiten aus der Begebung und Übertragung von Wechseln (Indossaments),
   - Verbindlichkeiten aus Bürgschaften,

- Wechsel- und Scheckbürgschaften und aus Gewährleistungsverträgen sowie
- Haftungsverhältnisse aus der Bestellung von Sicherheiten für fremde Verbindlichkeiten.

Mit der E-Bilanz-Taxonomie 6.2 wird der Anlagenspiegel für Wirtschaftsjahre, die nach dem 31.12.2018 beginnen, ein verpflichtender Bestandteil des E-Bilanz-Datensatzes. Form und Aufbau ist in der E-Bilanz-Taxonomie verbindlich geregelt. Die bisherigen (freiwilligen) Formen des Anlagenspiegels (Anlagenspiegel netto, Anlagenspiegel (brutto – Kurzform)) entfallen.

15 Übertragen der E-Bilanz

Ablaufplan Jahresabschluss

1. Vortragen der Eröffnungsbilanz
2. Abstimmen der Buchhaltung
3. Abstimmen: Aktiva
4. Abstimmen: Passiva
5. Abstimmen: Aufwendungen und Erträge
6. Inventur
7. Abschlussbuchungen – Aufstellen der Bilanz
8. Anlagevermögen, Abschreibungen, Anlagenspiegel
9. Umlaufvermögen
10. Passiva
11. Gewinn- und Verlustrechnung
12. Steuererklärungen
13. Die fertige Bilanz und GuV
14. Übertragen der E-Bilanz

Nach dem neu geschaffenen § 5b EStG sind die Inhalte der Handelsbilanz einschließlich der steuerlichen Überleitungsrechnung oder der Steuerbilanz, der Gewinn- und Verlustrechnung, ab 2017 des Anlagenspiegels sowie weiterer steuerrelevanter Daten für die Geschäftsjahre elektronisch an die Finanzverwaltung zu übermitteln.

Der Gesetzgeber versprach mit der Einführung der E-Bilanz einen nachhaltigen Bürokratieabbau sowie entsprechende Verwaltungsvereinfachungen. Anstatt aber die Unternehmen durch die elektronische Datenübermittlung zeit- und kosteneinsparend zu unterstützen, belastet der Staat sie mit einem erheblichen personellen und finanziellen Aufwand.

Einsparungen sind allenfalls aufseiten des Fiskus zu erwarten, der sich von der Vorerfassung, der elektronischen Auswertung und der Überprüfung der Daten Vorteile erhofft.

Mit dem Portal »ElsterOnline« hat das Finanzamt zwar die Möglichkeiten geschaffen, Steuererklärungen kostenlos online auszufüllen und zu übermitteln. Um jedoch eine E-Bilanz wie eine Steuererklärung in einem Formular auszufüllen, wird man auf kommerzielle Software verwiesen, die vereinfacht gesagt die Bilanzdaten in einem XML-Format herstellen und über die Schnittstelle ERiC die Datensätze an ELSTER übergeben.

Die Aufstellung und Übermittlung der E-Bilanz stellte sich auch als technisches Problem dar, dem sich spezialisierte Dienstleister und viele Softwareanbieter gestellt haben – allen voran die DATEV eG.

15.1 Der E-Bilanz-Assistent

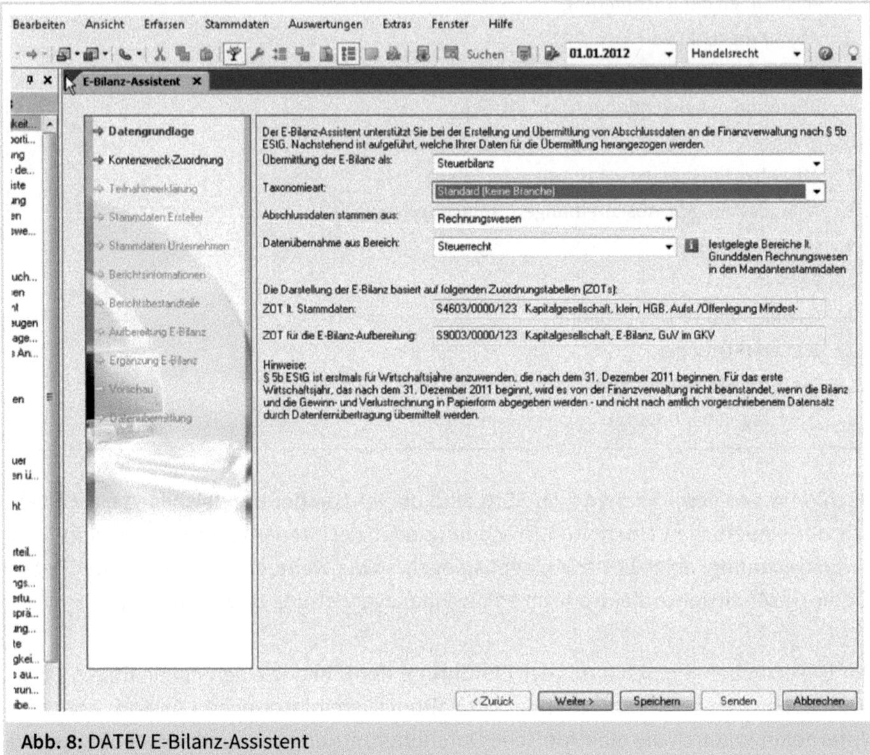

Abb. 8: DATEV E-Bilanz-Assistent

Das Rechnungswesenprogramm der DATEV eG wurde dazu um einen **E-Bilanz-Assistenten** erweitert: In 2017 kam die Aufbereitung eines Anlagenspiegels hinzu.

Vor der Übermittlung sind Fehlermeldungen abzuarbeiten. So müssen fehlende Zuordnungen aus der Handelsbilanz zu E-Bilanz-Positionen nachträglich getroffen werden. Hinweisen zur nachträglichen Aufteilung von zulässigen Auffangposten lassen sich dagegen (zurzeit) noch weitgehend ignorieren.

Beispiel

Auf dem Konto »sonstige Verbindlichkeiten« besteht wegen einer Überzahlung ein Sollsaldo von 8.976,62 EUR, das in der Handelsbilanz unter »Sonstige Aktiva« angesetzt ist. Ohne Entsprechung und Zuordnung in der E-Bilanz kommt es zu unterschiedlichen Bilanzsummen auf der Aktiv- und Passivseite der Bilanz.

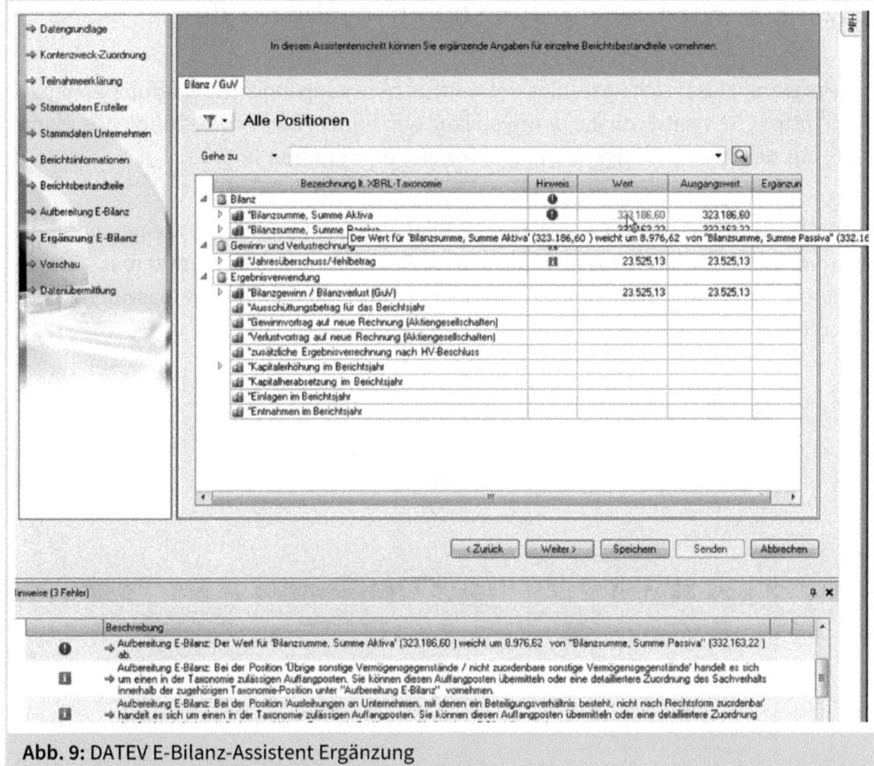

Abb. 9: DATEV E-Bilanz-Assistent Ergänzung

Die Lösung: Buchen Sie die Überzahlung nachträglich auf ein Forderungskonto um und starten Sie den Assistenten erneut.

Auch andere Softwareanbieter wie z. B. Haufe-Lexware in seinem »Buchhalter« bieten Assistentenlösungen für das Erstellen und die Übertragung der E-Bilanz über die ELSTER-Schnittstelle an.

Informationen über programmspezifische Abläufe erhalten Sie besser aus erster Hand vom jeweiligen Anbieter. Daneben bleiben jedoch Fragen zur Struktur und zum Inhalt der E-Bilanz, die unabhängig von der Software und der Wahl der Dienstleister gleich oder ähnlich zu beantworten sind.

Im folgenden Kapitel wird aus der Fülle an externen Dienstleistern der Service von myebilanz.de behandelt.

Auch für die Übertragung durch myebilanz benötigen Sie ein gültiges ELSTER-Zertifikat.

15.2 E-Bilanz-Übermittlung durch myebilanz.de

Das Programm lässt sich kostenlos unter https://www.myebilanz.de/setup.php laden. Unter https://www.myebilanz.de/myebilanz.pdf finden Sie ein ausführliches Handbuch, aus dem die nachfolgenden Kurzhinweise entnommen sind.

Unter »Datei – Neu« legen Sie eine neue E-Bilanz an. Sie können dabei eine der mitgelieferten Vorlagen verwenden. Für den SKR03 können Sie unmittelbar »einzel-skr03.ini« für Einzelunternehmer verwenden, beim SKR04 ist eine Anpassung an den anderen Kontenrahmen vorzunehmen.

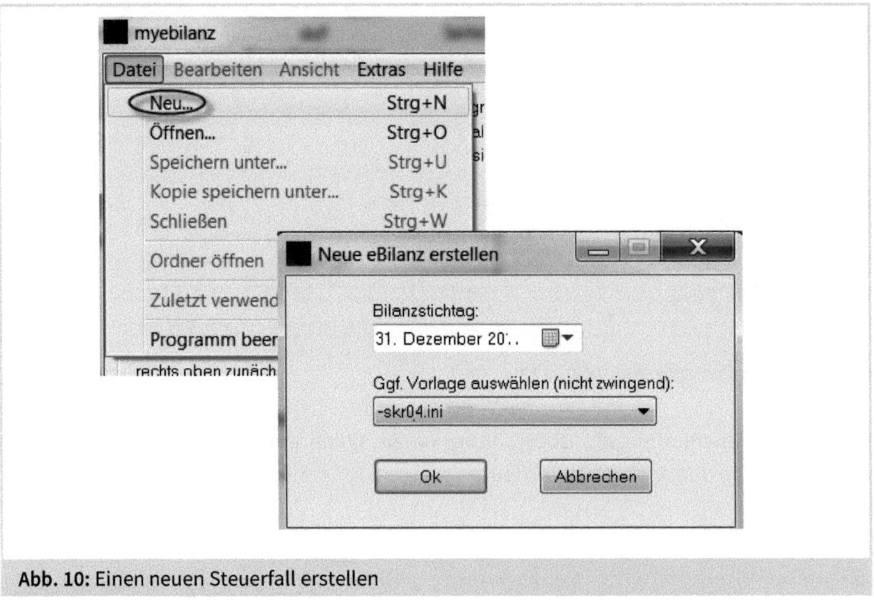

Abb. 10: Einen neuen Steuerfall erstellen

Mit der kostenlosen Basisversion von myebilanz kann der Anwender

- aus einer Excel-Datei E-Bilanz-konforme XML-Nutzdaten erzeugen,
- diese zu Kontrollzwecken in einer Tabelle anzeigen lassen,
- einen Prüflauf der Daten durch die ELSTER-Software der Finanzverwaltung (inhaltliche Validierung) durchführen,
- eine Testsendung der Daten an die Finanzverwaltung (Internetverbindung, Erreichbarkeit der ELSTER-Server etc.) veranlassen sowie
- einen rechtlich verbindlichen Echtfall an die Finanzverwaltung senden.

Es können die folgenden Berichtsbestandteile übermittelt werden:

- Gewinn- und Verlustrechnung
- Ergebnisverwendung
- Bilanz
- steuerliche Überleitungsrechnung

- steuerliche Gewinnermittlung
- Anlagenspiegel
- Kontensalden
- und ein »globaler« Anhang, in dem Sie formlos beliebige Erläuterungen zur Bilanz mitsenden können

15.3 Wie funktioniert myebilanz?

Sie steuern das Übertragungsprogramm über die Konfigurationsdatei (»INI-Datei«).

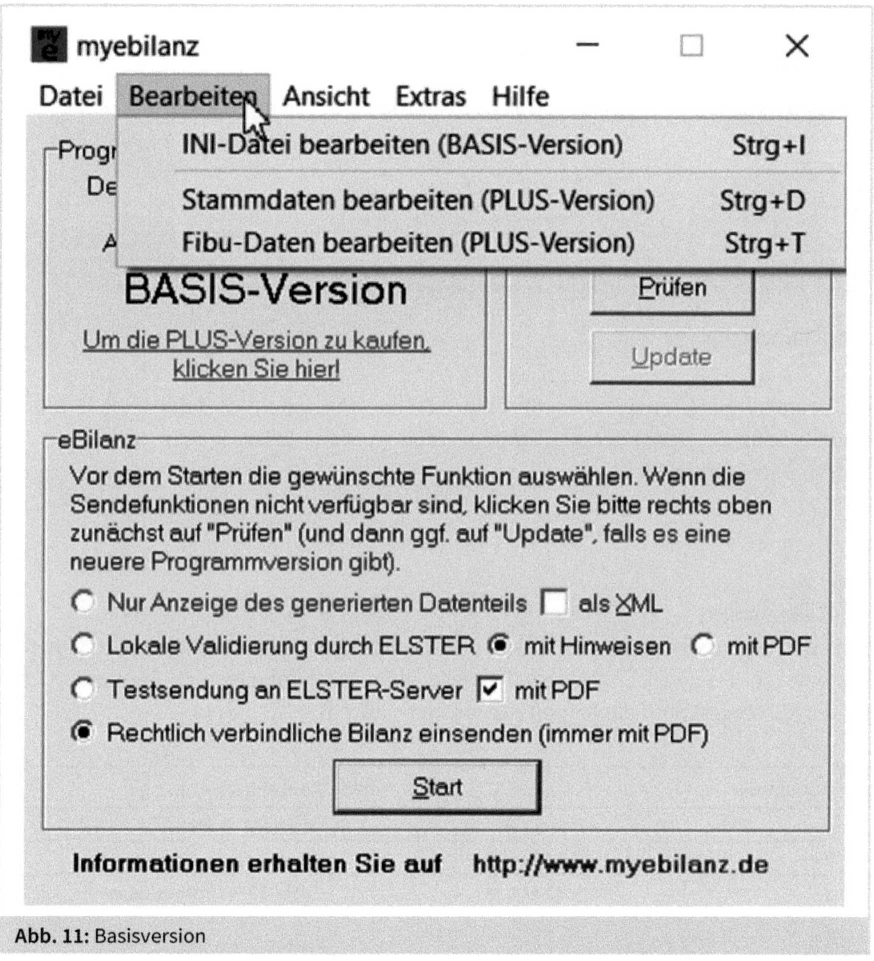

Abb. 11: Basisversion

Hier geben Sie mit einem Texteditor Ihre Firmendaten (Name, Adresse, Steuernummer etc.) an sowie die spezielle Kontenzuordnung zu den Bilanz- und GuV-Positionen.

```
[company]
Firmendaten:
name=Max Mustermann & Renate Musterfrau GbR
legalStatus=GBR
street=Teststr.
houseNo=123
zipCode=99999
city=Irgendwo
country=Deutschland
ST13=9238020100234
STID=12345678901
BF4=9238
Firmen-Steuernummern (13stellige Bundessteuernummer, persönliche Steuer-Identifikationsnummer, Bundesfinanzamtsnummer)
Hilfe zum Aufbau der 13stelligen Bundessteuernummer finden Sie z.B. auf
https://de.wikipedia.org/wiki/Steuernummer#Aufbau_der_Steuernummer
Kann keine Steuer-Identifikationsnummer angegeben werden, kann ein Minuszeichen als Nummer verwendet werden,
dann wird das Feld im Datensatz als "nicht angegeben" gekennzeichnet.
Die Finanzamtsnummer aus "BF4" wird automatisch als Empfänger der eBilanz verwendet!

[shareholder1]
Aufzählung der Gesellschafter. Für jeden Gesellschafter muss ein Abschnitt "shareholder" mit
der unmittelbar anschließenden laufenden Nummer existieren. Die Nummer muss bei Personen-
gesellschaften mit der Gesellschafter-Nummer aus der Gesonderten und Einheitlichen Fest-
stellungserklärung übereinstimmen.
name=Max Mustermann
id=Max-1
Sofern ein unternehmensbezogenes / betriebsinternes Zuordnungsmerkmal bzw. Gesellschafterschlüssel
zur Zuordnung genutzt wird oder vorhanden ist (bspw. hinsichtlich der Zuordnung der Kapitalkonten-
entwicklung / Ergänzungsbilanzen etc.) ist dieses Zuordnungsmerkmal hier zu hinterlegen.
taxnumber=9238020100567
taxid=23456789012
legalStatus=NPP
Natürliche Person/Privatvermögen. Andere mögliche Werte: NPB (natürliche Person/Betriebs-
vermögen), PG (Personengesellschaft), KOER (Körperschaft)
group=unlimitedPartner
numerator=1
denominator=2
Die letzten beiden Zeilen sind der Quotient des Beteiligungs-Anteils, hier 1/2
Die folgenden Zeilen sind die Kapitalkontenentwicklung (Eigenkapital, Vollhafter, Variables Kapital)
de-gaap-ci:table.kke.allKindsOfEquityAccounts.unlimitedPartners.VK!de-gaap-ci:table.kke.sumEquityAccounts.sumYearEnd.begin=0880
de-gaap-ci:table.kke.allKindsOfEquityAccounts.unlimitedPartners.VK!de-gaap-ci:table.kke.sumEquityAccounts.sumYearEnd.deposits=1890
de-gaap-ci:table.kke.allKindsOfEquityAccounts.unlimitedPartners.VK!de-gaap-ci:table.kke.sumEquityAccounts.sumYearEnd.withdrawals=1800,1810,1820,1860
de-gaap-ci:table.kke.allKindsOfEquityAccounts.unlimitedPartners.VK!de-gaap-ci:table.kke.sumEquityAccounts.sumYearEnd.withdrawals.privateTax=1810
de-gaap-ci:table.kke.allKindsOfEquityAccounts.unlimitedPartners.VK!de-gaap-ci:table.kke.sumEquityAccounts.sumYearEnd.withdrawals.specialExtordExpense
de-gaap-ci:table.kke.allKindsOfEquityAccounts.unlimitedPartners.VK!de-gaap-ci:table.kke.sumEquityAccounts.sumYearEnd.withdrawals.costRealEst=1860
de-gaap-ci:table.kke.allKindsOfEquityAccounts.unlimitedPartners.VK!de-gaap-ci:table.kke.sumEquityAccounts.sumYearEnd.incomeShare=9580
```

Abb. 12: INI-Datei

Als Grundvoraussetzung muss deshalb bereits eine inhaltlich fehlerfreie E-Bilanz erstellt sein, die entweder als Kontensalden in einer Excel-Tabelle (CSV) oder in MySQL-Datensätzen vorliegt.

Im Abschnitt

- [csv]
- filename=INI

wird der Dateiname angegeben, aus der die Kontensalden eingelesen wird. In der kostenlosen Version ist das üblicherweise eine Excel-Tabelle (CSV-Format) in der diesen Kontonummern die Salden zugeordnet sind z. B.:

Kontonummer	Saldo	Kontenbezeichnung
0410	10.000.00	Geschäftsausstattung
3400	1.248.49	Wareneingang 19 % Vorsteuer
8400	– 32.842.34	Erlöse 19 % Umsatzsteuer

Mit internen Prüfungsroutinen und Testsendungen an das ELSTER-Portal sind Sie früher oder später in der Lage, die fertige E-Bilanz zu übermitteln. Die kostenlose Basisversion von myebilanz ist somit für diejenigen Unternehmer geeignet, die bereit sind, sich neben dem Rechnungswesen auch auf IT-Aufgaben einzulassen wie z. B. Zeileneingaben mit dem Texteditor, Dateien erstellen und kopieren sowie eine ausgiebige Fehlersuche.

In der kostenpflichtigen PLUS-Version (ca. 36 EUR für eine Taxonomieversion bzw. pro Jahr) geschieht das Erstellen einer korrekten INI-Datei bzw. den E-Bilanz-Datensätzen automatisch programmseitig. Die nötigen Angaben werden hier nicht Zeile für Zeile per Hand, sondern bequem im Eingabefenster gemacht.

Als Erstes sind die Stammdaten zum Unternehmen einzugeben. Unter »Bericht« geben Sie den Umfang der Bestandteile der E-Bilanz sowie die Taxonomie an (6.2 für 2018/2019).

Anschließend folgt die Kontenzuordnung zu den E-Bilanzpositionen:

Abb. 13: Fibudaten bearbeiten

Soweit in der Bilanz und der Gewinn- und Verlustrechnung spezielle Handelsbilanzwerte erfasst wurden, besteht die Möglichkeit zu ergänzenden Angaben wie z. B. die steuerliche Überleitung, die Anlagenbuchhaltung usw.

In der »Überleitungsrechnung« werden Anpassungsbeträge zwischen handelsbilanziellen und steuerlichen Wertansätzen erfasst. Die häufigsten Unterschiede finden sich durch den Ansatz von steuerlichen Sonderabschreibungen mit Auswirkungen auf den Wert von Anlagegütern.

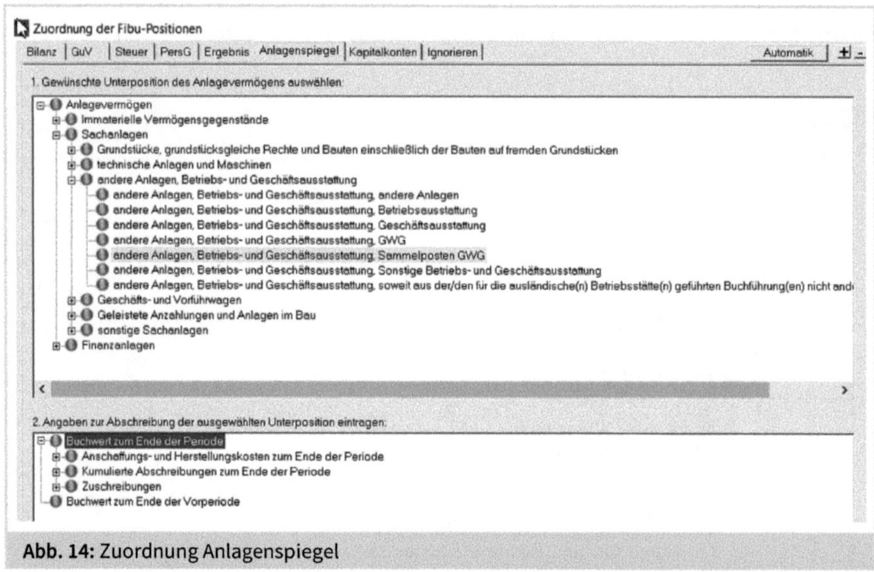

Abb. 14: Zuordnung Anlagenspiegel

Wählen Sie zur Ansicht der Daten in der Basisversion die Funktion »Nur Anzeige des generierten Datenteils« (und kreuzen Sie **nicht** »als XML« an) bzw. in der PLUS-Version die Funktion »Ansicht – HTML-Anzeige«. Korrigieren Sie ggf. Ihre Kontenzuordnungen, bis die angezeigten Werte mit Ihrer »Papier-Bilanz« übereinstimmen.

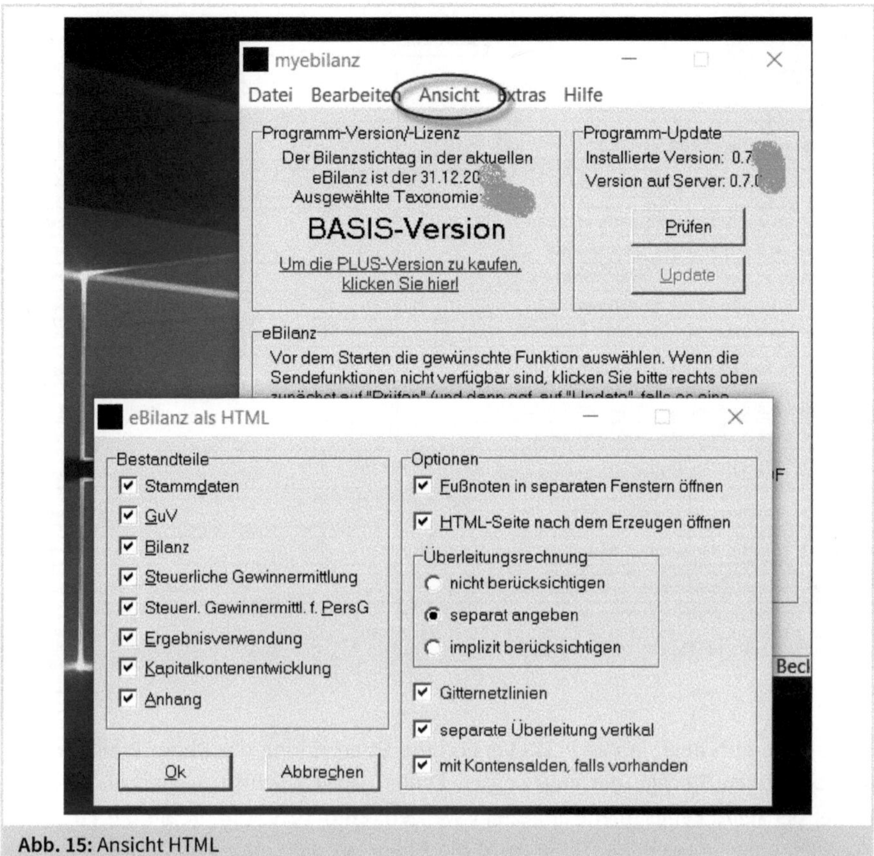

Abb. 15: Ansicht HTML

STAMMDATEN	
genInfo.doc.id.generationDate	20[illegible]25
genInfo.report.id.reportType.reportType.JA	Jahresabschluss
genInfo.report.id.reportStatus.reportStatus.E	endgültig
genInfo.report.id.revisionStatus.revisionStatus.E	erstmalig
genInfo.report.id.reportElement.reportElements.GuV	Gewinn- und Verlustrechnung
genInfo.report.id.reportElement.reportElements.B	Bilanz
genInfo.report.id.reportElement.reportElements.SGE	Steuerliche Gewinnermittlung
genInfo.report.id.reportElement.reportElements.KS	Kontensalden
genInfo.report.id.reportElement.reportElements.SGEP	Steuerliche Gewinnermittlung bei Personengesellschaften
genInfo.report.id.statementType.statementType.E	Jahresabschluss
genInfo.report.id.statementType.tax.statementTypeTax.GHB	Gesamthandsbilanz
genInfo.report.id.incomeStatementendswithBalProfit	false
genInfo.report.id.accountingStandard.accountingStandard.HAOE	deutsch.Handelsrecht/Einheitsbilanz
genInfo.report.id.specialAccountingStandard.K	Kerntaxonomie
genInfo.report.id.incomeStatementFormat.incomeStatementFormat.GKV	Gesamtkostenverfahren
genInfo.report.id.consolidationRange.consolidationRange.EA	nicht konsolidiert/ Einzelabschluss

Abb. 16: Ansicht HTML 2

Starten Sie nun auch in der PLUS-Version die Überprüfung der Daten (**Validierung**) und beseitigen Sie ggf. die angezeigten Fehler. Diesen Schritt wiederholen Sie so lange, bis keine Fehler mehr angezeigt werden. Zum Test können Sie die Funktion »Testsendung« verwenden. Dabei wird die Bilanz an die Finanzverwaltung übermittelt, allerdings mit einem Testmerker, so dass sie unmittelbar nach dem Empfang vernichtet wird.

Und wenn Sie schließlich ganz sicher sind, dass alles stimmt, können Sie die Bilanz rechtlich verbindlich als »Echtfall« übertragen.

Stichwortverzeichnis

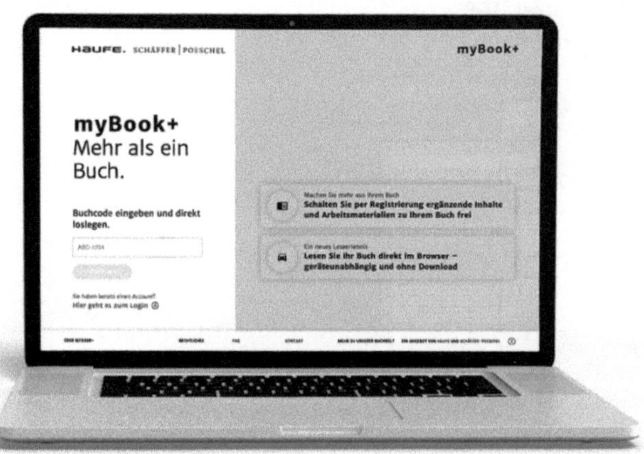

Ihre Online-Inhalte zum Buch: Exklusiv für Buchkäuferinnen und Buchkäufer!

- https://mybookplus.de
- Buchcode: MJK-54550

PI1 365 506 3

9758104